# 区域陆地碳收支评估的理论与实践

朱先进 著

中国水利水电出版社
www.waterpub.com.cn
·北京·

## 内 容 提 要

碳在生物代谢及气候调节中发挥着重要作用。准确评估碳收支可以为应对气候变化提供理论支撑。本书梳理了地球碳的储存状态及其循环过程，揭示了人类活动对碳循环的影响，并就主要碳收支分量的评估方法进行归纳总结，可为陆地碳收支评估提供理论依据。同时，本书就中国陆地生态系统碳通量、人为干扰碳输出、陆地碳汇的区域评估开展了实证分析，同时揭示了全球农田碳输出量及其强度的时空变化，可为区域碳收支评估提供实践认知。

本书可以为生态学、环境科学、大气科学等专业的研究生及科研人员开展碳循环研究提供参考，也可以为政府管理部门开展区域碳管理提供理论依据。

## 图书在版编目（CIP）数据

区域陆地碳收支评估的理论与实践 / 朱先进著.
北京 : 中国水利水电出版社, 2024. 8. -- ISBN 978-7
-5226-2532-4
Ⅰ. X511
中国国家版本馆CIP数据核字第2024G1X424号

审图号：GS京（2024）1305号

| 书　　名 | **区域陆地碳收支评估的理论与实践**<br>QUYU LUDI TAN SHOUZHI PINGGU DE LILUN YU SHIJIAN |
|---|---|
| 作　　者 | 朱先进　著 |
| 出版发行 | 中国水利水电出版社<br>（北京市海淀区玉渊潭南路1号D座　100038）<br>网址：www.waterpub.com.cn<br>E - mail：sales@mwr.gov.cn<br>电话：（010）68545888（营销中心） |
| 经　　售 | 北京科水图书销售有限公司<br>电话：（010）68545874、63202643<br>全国各地新华书店和相关出版物销售网点 |
| 排　　版 | 中国水利水电出版社微机排版中心 |
| 印　　刷 | 天津嘉恒印务有限公司 |
| 规　　格 | 184mm×260mm　16开本　14印张　341千字 |
| 版　　次 | 2024年8月第1版　2024年8月第1次印刷 |
| 定　　价 | 86.00元 |

凡购买我社图书，如有缺页、倒页、脱页的，本社营销中心负责调换

**版权所有·侵权必究**

# 前 言

碳是生物体的重要组成成分，在生物代谢、环境变化中发挥着重要作用。大气圈中 $CO_2$ 含量的增加导致地表温室效应加剧，引发了温度升高、海平面上升等一系列的环境变化，引起了人类社会的关注与重视。人类亟须采取恰当措施降低大气 $CO_2$ 浓度增加速率，以减缓气候变化趋势。

大气中 $CO_2$ 源自地球其他圈层生命代谢活动的释放与归还，同时也可以通过植被光合、人类蓄积等手段流入各个圈层，使地表各圈层与大气之间呈现碳的循环。陆地是大气 $CO_2$ 的重要吸收场所，表现为大气 $CO_2$ 的汇，在减缓大气 $CO_2$ 浓度增加速率中发挥重要作用。受制于地表的异质性、地表碳循环过程的复杂性及人类活动的强烈干扰，区域陆地碳收支的时空变化存在极大的不确定性，限制了区域陆地碳汇强度的准确评估。

有鉴于此，本书作者以区域陆地生态系统为研究对象，系统归纳了碳在区域生态系统的主要赋存形式及分布，揭示了碳循环的具体过程及人类活动的影响，提出了区域陆地生态系统的碳循环过程（第1章），并结合文献调研就总初级生产力（GPP）、生态系统呼吸（ER）、净生态系统生产力（NEP）、人为干扰碳输出（HCT）和陆地碳汇的区域评估理论基础与方法进行归纳与总结（第2章），为区域碳收支评估提供理论依据。在此基础之上，本书作者进一步利用模型模拟及统计数据，对主要碳收支分量的评估开展实践论证，评估了不同碳收支分量的时空变化，包括：基于北美碳计划15个过程模型及1个数据驱动模型的碳通量空间数据，结合中国陆地生态系统通量观测结果，筛选得到表征中国区域碳通量时空变异的最优模型输出结果，并以简单扩展法和统计降尺度法相结合，将低分辨率碳通量空间数据降尺度至高分辨率结果，分析2000—2011年主要碳通量的时空变异规律及影响因素（第3章）；基于统计年鉴报道的粮食产量及林草产品产量结果，结合经验统计关系，描述了中国人为干扰碳输出量的时空变化规律，并就北方部分省份（辽宁省、吉林省、黑龙江省、河北省）农田碳输出量的时空变化及主导因素开展分析（第4章）；基于陆地碳汇形成过程，改进了区域碳汇评估方法，结合公开数据通过量化碳汇形成过程中各收支分量的空间分布，评估了中国北方典型区域的陆地碳汇强度及其时空变化（第 5 章）；基于联合国粮农组织统计的各国家或地区作物产量及面积数据，量化了全球不同国家或地区农田碳输出量（CCT）总量的时空变化，揭示了各组分对 CCT 总量时空变化的影响，同步构建了高空间分辨率农田碳输出强度（MCT）数据的生成方法，揭示了 MCT 时空变化的主导因素（第 6 章）。本书内容既包括了区域陆地碳收支的基础理论与方法，就区域陆地主要碳收支分量的评估实践开展了具体描述，可以为陆地碳循环及管理提供理论及实践指导，服务于区域碳中和战略的实施。

本书是作者在 2016 年博士后出站、回到沈阳农业大学工作后的部分成果的总结，在此过程中得到沈阳农业大学生态学专业已毕业研究生（张函奇、曲芙瑶）及本科生（蒙检、李秋慧、杨婉秋、冯艳蕊、蔡欣彤）的大力支持，同时得到恩师于贵瑞院士、中国科学院地理科学与资源研究所王秋凤研究员和陈智研究员、沈阳农业大学殷红教授和赵天宏教授的积极指导与帮助。值此阶段性成果出版之际，在此一并表示衷心感谢。

在书撰写过程中，本书作者有幸获得国家自然科学基金委员会项目（32071585、31500390）、国家重点研发计划青年科学家项目（2023YFF1305902）、科技部科技基础资源调查专项（2019FY101303-2）、沈阳市科技局软科学项目（18-015-7-25）、辽宁省社会科学界联合会青年课题（2019lslktqn-027）及辽宁省教育厅科学研究一般项目（LSNYB201603）的经费支持，为本书研究内容的顺利执行提供了经费保障，在此对各项目管理部门的支持表示感谢。

由于作者水平有限，书中内容难免有不当之处，恳请读者不吝指正。

**作者**
2024 年 4 月

# 目 录

前言

## 第1章 人类活动与碳循环 ... 1
1.1 碳的赋存形式及分布 ... 1
1.2 碳循环过程 ... 2
1.3 人类活动对碳循环的影响 ... 5
1.4 区域陆地生态系统的碳循环过程 ... 6
1.5 小结 ... 8

## 第2章 区域陆地碳收支评估的基础理论 ... 9
2.1 GPP 区域评估的理论基础 ... 9
2.2 ER 区域评估的理论基础 ... 13
2.3 NEP 区域评估的理论基础 ... 17
2.4 HCT 区域评估的理论基础 ... 19
2.5 陆地碳汇区域评估的理论基础 ... 22
2.6 小结 ... 24

## 第3章 基于空间降尺度的中国陆地生态系统碳通量时空变化 ... 26
3.1 空间降尺度概述 ... 26
3.2 模型简介 ... 28
3.3 数据分析 ... 38
3.4 基于空间降尺度的中国陆地生态系统 AGPP 的时空变化 ... 40
3.5 基于空间降尺度的中国陆地生态系统 AER 的时空变化 ... 48
3.6 基于空间降尺度的中国陆地生态系统 ANEP 的时空变化 ... 56
3.7 讨论 ... 64
3.8 小结 ... 66

## 第4章 中国陆地人为干扰碳输出的时空变化 ... 67
4.1 数据分析方法 ... 67
4.2 中国陆地 HCT 的时空变化 ... 69
4.3 辽宁省陆地 CCT 的时空变化 ... 72
4.4 吉林省陆地 CCT 的时空变化 ... 78
4.5 黑龙江省陆地 CCT 的时空变化 ... 83
4.6 河北省陆地 CCT 的时空变化 ... 89

|   | 4.7 讨论 | 98 |
|---|---|---|
|   | 4.8 小结 | 100 |
| 第5章 | 区域陆地碳汇评估的新实践 | 102 |
|   | 5.1 研究方案 | 103 |
|   | 5.2 辽宁省陆地碳汇的时空变化 | 106 |
|   | 5.3 沈阳市陆地碳汇的时空变化 | 111 |
|   | 5.4 吉林省陆地碳汇的时空变化 | 117 |
|   | 5.5 河北省陆地碳汇的时空变化 | 122 |
|   | 5.6 碳汇评估不确定性分析 | 131 |
|   | 5.7 小结 | 132 |
| 第6章 | 全球农田碳输出量及其强度的时空变化规律 | 134 |
|   | 6.1 数据来源及分析 | 134 |
|   | 6.2 全球 CCT 的时空变异 | 147 |
|   | 6.3 高分辨率全球 MCT 的时空变异 | 161 |
|   | 6.4 讨论 | 164 |
|   | 6.5 小结 | 165 |
| 参考文献 | | 166 |

# 第 1 章 人类活动与碳循环

碳是地球表面各个圈层如大气圈、生物圈、水圈等广泛存在的元素（Chapin et al.，2012；朴世龙 等，2010），且极易与其他元素如氧、氢等结合形成有机物质（碳水化合物、蛋白质、挥发性有机物等）及无机物质（碳酸盐、$CO_2$ 等）（于贵瑞，2003），在生物体新陈代谢（王志恒 等，2004）、能量转化（Farquhar et al.，1980；Monteith，1972）及气候调节（Friedlingstein et al.，2006；方精云，2000；方精云 等，2007；徐雨晴 等，2020）中发挥着重要作用。在生物活动、大气环流、地质沉积等过程驱动下，碳在地球表面各个圈层之间发生循环流动，表现为碳循环（Falkowski et al.，2000；汪业勖 等，1999；于贵瑞，2003）。由于人类活动的影响，地球表面的碳循环发生明显改变，引起各圈层碳元素含量的波动，进而导致一系列的生态环境问题（Maestre et al.，2013；Mitchard，2018）。经过自然和人为活动影响后，区域陆地生态系统的碳循环过程也发生明显改变（Busch，2015；Chapin et al.，2006；陶波 等，2001；于贵瑞，2009；于贵瑞 等，2011a）。因而，本章基于碳在各个圈层的分布与储存状况描绘地球表面的碳循环过程，并就人类活动对碳循环的影响进行系统阐述，揭示区域陆地碳循环过程，为开展区域陆地碳收支评估提供理论基础。

## 1.1 碳的赋存形式及分布

碳是地球表层重要的非金属元素，在元素周期表中排名第 6 位（高胜利 等，2016），其丰度在地壳构成要素中位列第 17 位（Chapin et al.，2012；黎彤，1992）。碳在地球表层的赋存形式多种多样，既可以以游离单体的形式独立存在（连东洋 等，2019），又可以与其他元素（钙、镁、氢、氧等）（张洪铭 等，2012）相结合以无机物或有机物的形式而呈现（Chapin et al.，2012）。

碳的单体存在形式表现为多个碳原子以化学键相连接所形成的聚合体（如金刚石、石墨等）（丛秋滋 等，1992；连东洋 等，2019）。尽管都是由碳原子所组成，各个碳原子的空间构建在不同单体之间存在明显区别，进而导致物理性质存在明显差异，比如金刚石是地表迄今为止所发现的最坚硬的物质（连东洋 等，2019；张宏福 等，2009），石墨则质地柔软（丛秋滋 等，1992）。然而，由于碳的单体赋存形式均由碳原子聚合而成，其化学性质较为相似，普遍表现为不活跃的特征（连东洋 等，2019；王殿坤 等，1997）。

碳的无机物赋存形式则表现为碳原子与其他元素相结合形成无机物质（Doney et al.，

2009；Ola et al.，2015；Sabine et al.，2004；李学刚 等，2004；潘德炉 等，2012；朱先进 等，2012），根据其物理形态可以分为气态无机物和固态无机物。气态含碳无机物主要体现为碳与氧结合生成的 $CO_2$、$CO$ 等。由于 $CO$ 的不稳定性，地球各圈层存在的气态碳的无机物主要为 $CO_2$，也是植物光合作用的主要原料（Behrenfeld et al.，2006；Iglesias-Rodriguez et al.，2008；Paul et al.，2001）。固态含碳无机物则以碳酸盐矿物为主，如 $CaCO_3$、$Na_2CO_3$、$NaHCO_3$ 等（Feely et al.，2004；Riebesell et al.，2007）。$CaCO_3$ 是地表岩石尤其是石灰岩的主要组成部分（Feely et al.，2004；Zamanian et al.，2016；Zhu et al.，2016a），而 $Na_2CO_3$、$NaHCO_3$ 等易溶于水在水中形成 $CO_3^{2-}$ 或者 $HCO_3^-$ 等离子形态（Bauer et al.，2013；Iglesias-Rodriguez et al.，2008；Riebesell et al.，2000；Zhu et al.，2016a）。

碳的有机物赋存形式则表现为碳与氢、氧等非金属元素结合形成的有机物（Field et al.，1998；Lal，2004），根据有机物的物理形态可以分为气态含碳有机物、固态含碳有机物及液态含碳有机物。气态含碳有机物主要是碳与氢、氧、硫等元素结合所形成的化合物，如甲烷（$CH_4$）（Kirschke et al.，2013；Tsuruta et al.，2017；Yan et al.，2009）、羰基硫（COS）（Berry et al.，2013；Sandoval-Soto et al.，2005）、异戊二烯（Isoprene）（Guenther et al.，2006）、单萜烯（Acosta Navarro et al.，2014）等。固态含碳有机物种类繁多，既包括小分子的葡萄糖、氨基酸等，也包括由有机小分子聚合而成的淀粉、蛋白质等（Scartazza et al.，2013；Wiley et al.，2016）。液态含碳有机物则是含碳原子数量相对较少的有机分子，如醋酸（$CH_3COOH$）、脂肪等（袁增玉 等，1963）。

在地球表层的各大圈层中，碳的赋存形式及数量有所不同，且在不同研究之间存在巨大差异。海洋是地球表层最大的碳库（Falkowski et al.，2000；Mikaloff Fletcher et al.，2006；潘德炉 等，2012），但不同研究所得海洋碳储量有所差异，Falkowski 等（2000）估计的海洋碳储量可以超过 3.8 万 Pg C（10 亿 t，$10^{15}$ 克），并以固态、液态等无机形式的储存为主（>3.7 万 Pg C），而有机碳的储量仅为 1000Pg C。但在最新的 IPCC 报告中，海洋碳储量的强度可以超过 4.0 万 Pg C，包括中深层次海洋的 3.7 万 Pg C 的固碳赋存、表层沉积物的 1750Pg C 的固碳赋存、表层海洋的 900Pg C 的固态及液态有机赋存和 700Pg C 的液态赋存（Canadell et al.，2021）。土壤是地球表层第二大的碳库，总量达到 1700Pg C（Canadell et al.，2021），其中 2/3 以有机物的形式存在，剩余 1/3 以无机碳的形式存在（Batjes，1996）。冻土层的碳储量位居第三位，可以达到 1200Pg C（Canadell et al.，2021）。化石燃料也以有机物的形式赋存了 928Pg C（Canadell et al.，2021）。大气和植被的碳储量相对较小，分别为 875Pg C 和 450Pg C（Canadell et al.，2021），也有研究认为植被碳库可以达到 706Pg C（Wang，2019）。尽管这两个碳库的总量相对较小，但却是地球各个圈层中最为活跃的库存。除此之外，生物库中也有部分碳的赋存，人和动物对碳在地球各个圈层的周转运输发挥了重要作用（Cai et al.，2018；Schmitz et al.，2018）。

## 1.2 碳循环过程

碳循环是碳元素在地球表层各个圈层之间周转流动的过程，由若干个相互联系的环节共同组成（Chapin et al.，2009；Grace，2004）。人们通常以自身所在的生物圈为研究对象，故将碳循环的起点界定为植被的光合作用，即植被吸收大气中的 $CO_2$ 通过光合作用转化为有机态碳并将光能转化为生物化学能储存在植物体内（Huner et al.，1993；Kriebitzsch et al.，1996；Lajtha and Getz，1993；Murchie et al.，2009），具体表现为

$$6CO_2 + 12H_2O \rightarrow C_6H_{12}O_6 + 6O_2 + 6H_2O + 能量 \tag{1.1}$$

尽管植物光合作用均表现为植物吸收大气 $CO_2$ 合成葡萄糖储存能量，但不同作物中间过程产物存在差异，进而导致光合效率的不同（Farquhar et al.，1989，1982）。叶片光合作用的强度称为光合速率，而植被光合作用的速率称之为总初级生产力（gross primary productivity，GPP），是碳元素从大气进入生态系统的起点（Leuning et al.，1995；Wohlfahrt and Gu，2015）。

植物光合作用积累的葡萄糖经过糖代谢过程合成淀粉、蛋白质等稳定性化合物，并从源器官运输至库器官（如果实、花等），完成光合产物的分配（Gea-Izquierdo et al.，2015；Wang et al.，2010）。同时植物消耗部分自身固定的有机物释放能量，维持植物新陈代谢过程，表现为植物的呼吸作用，即通过消耗自身固定的有机物质释放能量及 $CO_2$ 的过程，即自养呼吸（autotrophic respiration，AR）（Piao et al.，2010；Ryan et al.，1997）。在完成基本代谢的同时，植物受到外界胁迫如干旱、病虫害等也会引起自身应激反应，表现为次生代谢，生成酚类、萜类等次生代谢产物，其中异戊二烯、单萜烯等气态次生代谢产物合称为挥发性有机物（volatile organic compounds，VOCs）（Acosta Navarro et al.，2014；Bracho-Nunez et al.，2013；Davison et al.，2008；Derendorp et al.，2010；Grote et al.，2010；Seco et al.，2007；闫雁等，2005），也是碳循环的重要过程。

植被光合作用固定的有机物质（GPP）经过自养呼吸消耗后的残留物即为净初级生产力（net primary productivity，NPP），是生态系统中其他生物获取能量的主要来源（Fang et al.，2003；Field et al.，1995）。NPP被动物取食后进入动物体内，通过动物代谢消耗形成动物有机物质，动物新陈代谢过程中消耗有机物质释放能量并排放 $CO_2$，该过程表现为动物的异养呼吸（heterotrophic respiration，HR）（Harmon et al.，2011；Konings et al.，2019；Li et al.，2013a；Melton et al.，2015），是生态系统异养呼吸的重要组成部分。

动植物新陈代谢过程中产生的废弃物及残体掉落至地面被微生物分解，将有机态的残体分解成无机态养分，并将有机碳分解成 $CO_2$ 返回大气（Bradford et al.，2016；Wang et al.，2009；Wu et al.，2014b），微生物分解释放 $CO_2$ 的强度也表现为异养呼吸，构成生态系统异养呼吸的另一重要组成部分。

分解后的动植物残体与土壤微生物相结合，经过腐殖化等过程形成土壤有机质，表现为养分的固持，转变为环境中的碳储存（Castellano et al.，2015；Pansu et al.，2010）。而土壤有机质在适宜的温度与水分、养分等条件下发生矿化作用（Rousk et al.，2016；Xu et al.，2015），向大气释放 $CO_2$，构成异养呼吸的另外一个组分（Dungait et al.，2012；Rousk et al.，2015）。此外，在淹水等厌氧条件下，土壤有机质在甲烷生成菌的作用下合成甲烷（$CH_4$）并释放至大气中，构成大气 $CH_4$ 的重要来源（Bridgham et al.，2013；Klapstein et al.，2014；Mikhaylov et al.，2015；Yvon-Durocher et al.，2014）。

## 第1章 人类活动与碳循环

土壤中除了有机碳赋存以外，部分无机碳溶解到水中经过地表径流及地下径流的作用或经过风力搬运输送至江河湖泊，并在河流中发生沉积（徐嵩龄 等，1995），经过地质年代沉淀叠加后形成岩石（Dong et al.，2012；Ran et al.，2014；Song et al.，2016；Tamooh et al.，2014；VandenBygaart et al.，2012；中华人民共和国水利部，2009；朱先进 等，2012）。只有发生地壳运动才会再次露出地面发生风化分解并再次进入大气（Davies et al.，2016；Hartmann et al.，2013），为植物吸收所利用。

此外，部分动植物残体没有经过微生物的分解利用，而是长期掩埋在地下。经过地质年代的高温、沉积等地质过程的作用，动植物残体还原为化石燃料，储存在地壳之中（滕吉文 等，2010；邹才能 等，2015），只有经过人类开采利用才会再次进入大气中。裸露在地面的岩石经过长期的风化过程也会发生分解，完成岩石中储存的碳向大气碳的转化（Zondervan et al.，2023；刘再华，2012；邱冬生 等，2004）。自然干扰如地震（Girault et al.，2018；Hao et al.，2015；Wang et al.，2016；Zoback et al.，2012）、火灾（Aragao et al.，2018；Liu et al.，2021；Sommers et al.，2014；van der Werf et al.，2010；Yang，2022；Zhang et al.，2016c）、火山喷发（Burton et al.，2013；Fischer and Aiuppa，2020；Hernandez et al.，2015；Ilyinskaya et al.，2018）等活动也会将地表储存的有机碳排放至大气，完成地表碳的释放。

海洋中的碳循环过程与陆地动植物碳吸收利用相似（DeVries，2022；Heinze，2014；殷建平 等，2006）。海洋浮游植物利用光能及溶解在水中的$CO_2$进行光合作用，合成有机物质（Burd and Thomson，2022；殷建平 等，2006），尤其是微生物泵在碳固定中发挥了至关重要的作用（戴民汉 等，2004；宋金明，2011；殷建平 等，2006）。浮游植物及微生物固定的有机物质被浮游动物及海洋动物所取食，进入海洋生态系统（Marra，2015；宋金明，2011）。海洋生物在固定有机物质的同时为完成自身代谢过程也需要进一步消耗有机物质，并释放出$CO_2$，表现为海洋的生态系统呼吸（del Giorgio et al.，2002；Marra，2015；Robinson，2019）。此外，海洋动植物的残体沉积到海底，经过长期沉积成岩过程形成岩石，只有经过地壳运动才会再次露出地面完成风化分解过程（Cordier et al.，2022；Keil，2011；Yamashita et al.，2022）。

海洋与陆地之间会通过碳输送过程紧密地联系在一起。陆地固定的有机碳及无机碳通过河流输送及风力传播的方法进入海洋，完成陆地向海洋的碳输送（戴民汉 等，2004；方精云 等，1996；朱先进 等，2012）。海洋中的有机碳又以鱼类迁徙、海产品捕捞等方式进一步回补陆地，完成海洋与陆地之间的碳循环（Regnier et al.，2013，2022；曹磊 等，2013；宋金明，2011）。

总体而言，陆地生态系统的碳循环起步于植物的光合作用，表现为植被的总初级生产力（GPP），经过生态系统代谢过程释放$CO_2$即生态系统呼吸（表现为植物与动物自身基本代谢过程释放出$CO_2$、土壤有机质分解释放$CO_2$），同时伴随植物次生代谢消耗、风蚀水蚀消耗及土壤厌氧消耗等过程，形成残存在地表的有机物质量，表现为陆地对大气$CO_2$的净碳吸收，即陆地碳汇（Chapin et al.，2012；Steffen et al.，1998；方精云 等，1996）。

## 1.3 人类活动对碳循环的影响

自然界中碳循环各个环节彼此相连，经过长期的相互适应，各个环节达到相对稳定状态，使得碳元素在各个库存之间呈现大致平衡。然而，随着科学技术的进步和人口增长，人类活动强烈影响碳循环过程（Canadell et al.，2007；Liu et al.，2021；Maa et al.，2022；Nai et al.，2023），进而导致碳在各个库存之间的平衡发生破坏，引起局部碳素的富集，表现为大气$CO_2$浓度升高等具体现象（Canadell et al.，2021）。人类活动对碳循环的影响主体呈现为农事活动、化石燃料燃烧、水泥生产等方面。

### 1.3.1 农事活动对碳循环的影响

农事活动是影响陆地碳循环的主要措施（MacBean et al.，2014；Mohamad et al.，2016；Van Oost et al.，2007；刘慧 等，2002）且在不同时期存在明显差异。在早期原始农业阶段，人类对农业生产的投入相对较少，表现为农事活动对碳循环的影响较小（Selecky et al.，2017；刘慧 等，2002），进而使得陆地碳循环各个环节可以通过自身的调节作用维持原有循环过程稳定在平衡位置附近。随着农业的发展，为了获得更多的农产品来满足自身需求，人类不断改进农事措施，包括育种技术的进步和耕作栽培措施的发展，提高了农产品的产量，也使得人类从生态系统移出的有机碳量增多，并伴随着大量的石油、种子、化肥等辅助能的投入，表现为碳的输入与输出均在大幅增加，周转效率加速，持续改变原有陆地碳循环过程（Selecky et al.，2017；Suo et al.，2021；Zhang et al.，2016a）。

农事活动对碳循环的改变主要包括影响陆地碳循环的输入与输出等两大类的多个方面。在输入方面，除了依靠植物自身光合作用固定有机物质以外，人类通过农事活动（播种、施肥、秸秆还田等）往农田输入其他类型的碳素（Bai et al.，2014；Fan et al.，2019；Kimura et al.，2011；Wang，2016；Zhang et al.，2016a）。比如，人类通过播种的方式将种子所蕴含的碳素输入至农田，秸秆还田或者施用有机肥也是将移出农田的有机碳部分或者全部返还至农田的重要措施（Kimura et al.，2011；Zhang et al.，2016a），化肥施用虽以引入氮磷钾等养分为主，但也同时引入部分无机碳素如$CO_3^{2-}$等（Bezyk et al.，2021）。相比较于输入的多元化，碳输出量仅通过作物收获的方式来体现（She et al.，2017；鲁春霞 等，2005；朱先进 等，2014）。

此外，农事活动影响碳循环还表现为农事活动对碳循环强度的改变。各种农事措施对碳输入与碳输出的改变使得其对农田净碳吸收的影响有所不同（Chen et al.，2022b；Li et al.，2023；Lu et al.，2017；Suo et al.，2021）。已有研究表明，秸秆还田下高水高肥的精细管理农田系统正在以 77g $C/m^2$ 的速度丢失碳，同时长期施用氮肥虽然显著增加 0～100cm 土体中的土壤有机碳含量，但同时会造成 0～60cm 土体中土壤无机碳含量显著降低（胡春胜 等，2018）。

### 1.3.2 化石燃料燃烧对碳循环的影响

化石燃料燃烧是人类活动影响碳循环的重要方面。化石燃料是远古时期动植物残体埋藏在地下经过沉积、固持等过程所形成的含碳化合物（邹才能 等，2015）。化石燃料未被开采前，其在地壳中相对稳定，不会引起其他库存的明显改变。然而，随着工业技术的逐渐发展及人们生活水平的提高，大量化石燃料被开采利用（Liu et al.，2013，2015），使得岩石圈中储存的化石燃料库存量减少而其他库存量明显增加，尤其是活跃的大气圈及生物圈碳储量持续增加，表现为大气 $CO_2$ 浓度等的持续增加。长期历史观测数据表明，大气 $CO_2$ 浓度已经从工业革命前的 $275\mu mol/mol$ 上升至 2021 年的 $414.7\mu mol/mol \pm 0.1\mu mol/mol$，且增加速率呈现逐渐加快的特征（Canadell et al.，2021）。

大气 $CO_2$ 浓度持续增加引发了一系列的生态环境问题（Ainsworth et al.，2005；Kooperman et al.，2018；Verspagen et al.，2014）。$CO_2$ 是地表温室气体的重要组成部分，对维持地表气温稳定性、防止水分散失、避免地表生物受到有害射线的侵扰具有重要作用（Canadell et al.，2021）。然而，大气 $CO_2$ 浓度持续增加也会进一步加剧温室效应，引发一系列的环境问题，对地表碳循环产生影响（Baig et al.，2015；Hou et al.，2013；Mohren et al.，1999）。大量研究发现，大气 $CO_2$ 浓度增加使得植物的光合作用及 GPP 均呈现显著的增加趋势，但增加速率及比例在不同作物之间呈现明显差异（Ainsworth et al.，2002，2005；Boisvenue et al.，2006；Hou et al.，2013）。除了大气 $CO_2$ 浓度升高对碳循环的直接影响以外，其引起的生态环境问题（Boisvenue et al.，2006；Duveneck et al.，2017；Friend，2010；Melillo et al.，1993）也进一步改变碳循环过程。已有研究普遍认为，大气 $CO_2$ 浓度与地表气温增加幅度之间存在着显著的相关性，大气 $CO_2$ 浓度升高引起全球性的增温（Canadell et al.，2021）。而温度增加使得 GPP 及 ER、NEP 均呈现明显的改变，且改变方向与幅度在不同生态系统之间呈现明显的区别（Hobbie et al.，1998；Kim et al.，2017；Ma et al.，2017；Su et al.，2015；Sun et al.，2020）。

### 1.3.3 水泥生产对碳循环的影响

水泥生产也是影响碳循环的重要途径。与化石燃料开采一致，水泥生产也是将地壳中储存的含碳化合物进行开发，并将碳的库存从稳定的地壳库转移至活跃的大气及植物库中（崔素萍 等，2008；魏军晓 等，2015）。工业中，水泥生产是将岩石（石灰石等）进行高温煅烧得到水泥熟料并添加混合材料及石膏混合而成。在高温煅烧岩石时，岩石的主要组成部分 $CaCO_3$、$MgCO_3$ 遇高温分解成 $CO_2$ 和 $CaO$、$MgO$，其中 $CO_2$ 直接进入大气，影响大气中 $CO_2$ 的储量及浓度（Nie et al.，2022；Shen et al.，2015；魏军晓 等，2015）。因而，水泥生产过程将原有稳定储存在地壳中的无机碳转移至大气，使大气 $CO_2$ 浓度升高进而影响植物光合、呼吸等生物体及生态系统碳循环过程。

## 1.4 区域陆地生态系统的碳循环过程

经过人类活动的强烈干扰后，陆地生态系统的碳循环发生明显改变。区域陆地生态系统碳循环过程可以用图 1.1 来描述。

陆地生态系统对大气 $CO_2$ 的固定是区域陆地生态系统碳吸收的起点。陆地生态系统的初级生产者通过光合作用将大气中的 $CO_2$ 固定为有机物并储存能量，形成总初级生产力（gross primary productivity，GPP）。在固定有机物的同时，初级生产者也会消耗其固

## 1.4 区域陆地生态系统的碳循环过程

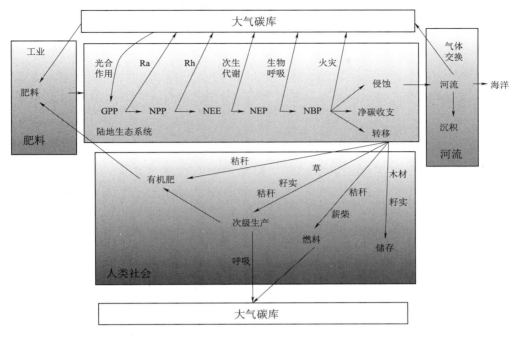

图 1.1 区域陆地生态系统碳循环过程示意图

定的有机物、释放能量，以维持其自身的生长，即自养呼吸（autotrophic respiration，Ra）。经过自养呼吸消耗后的 GPP 成为初级生产者所固定的净生产力，即净初级生产力（net primary productivity，NPP）。生态系统的微生物等进一步分解土壤有机质及凋落物、向大气返还 $CO_2$，以维持生态系统的物质与能量平衡，即异养呼吸（heterotrophic respiration，Rh）。经过自养呼吸和异养呼吸的消耗后，GPP 在生态系统中形成净生态系统 $CO_2$ 吸收量（net ecosystem $CO_2$ uptake，NECU）。NECU 与气象学上植被与大气间净交换 $CO_2$ 量大小相等、符号相反。与大气进行 $CO_2$ 交换的同时，生态系统还以挥发性有机物（volatile organic compound，VOC）、甲烷（$CH_4$）、一氧化碳（CO）、异戊二烯（isoprene）等还原性碳（reactive carbon，FR）形式向大气释放碳，消耗 GPP。经还原性碳消耗后的 NECU 即为生态系统净存的生产力，即净生态系统生产力（net ecosystem productivity，NEP）。

$$NPP = GPP - Ra \tag{1.2}$$
$$NECU = NPP - Rh \tag{1.3}$$
$$NEP = NECU - FR \tag{1.4}$$

受到生物、自然和人为等的干扰，生态系统净存的生产力（NEP）会进一步被消耗。常见的生物干扰表现为动物的捕食（animal predation，AP），如病虫害及大型动物的啃噬等，其引起的碳排放可以表达为生物干扰的碳消耗（carbon consumption from biological disturbance，$C_{bd}$）。自然干扰则包括火灾、水蚀等，其引起的碳排放可以表达为自然干扰的碳排放（carbon consumption from natural disturbance，$C_{nd}$）。人为活动引起的碳移出包括因人为活动引起的农产品、林产品及草产品的输出，其引起的碳排放可以表达为人为干扰的碳输出（carbon removal from human disturbance，HCT）。经过各种干扰消耗后的NEP即为生态系统的净碳平衡（NCEB）。即

$$NCEB = NEP - C_{bd} - C_{nd} - HCT \tag{1.5}$$

$$C_{nd} = C_{nd,f} + C_{nd,w} \tag{1.6}$$

$$HCT = CCT + GCT + FCT \tag{1.7}$$

式中：$C_{nd,f}$ 和 $C_{nd,w}$ 分别为火灾和水蚀干扰的碳消耗；CCT、GCT 和 FCT 分别为农产品、草产品及林产品输出的碳消耗。

水蚀干扰的碳消耗（$C_{nd,w}$）有三条归宿：①部分 $C_{nd,w}$ 进入水体后在河流及湖泊中悬浮、沉积，最终储存在河床及湖泊底部，即沉积的水蚀碳（Deposited Carbon，DC）；②部分 $C_{nd,w}$ 进入水体后在波浪等的扰动下通过水-气界面与大气进行着碳交换，即交换的水蚀碳（exchanged carbon，EC）；③部分 $C_{nd,w}$ 在河流输送作用下进入海洋移出区域，即输送的水蚀碳（transferred carbon，TC）。

除了可以根据不同行业如农业、林业等划分外，人为干扰的碳输出（HCT）还可以按照移出原有生态系统后的消耗途径进行区分。$C_{hd}$ 的消耗途径大致可以归纳为以下几个方面：①大多数 HCT（如农产品、草产品等）以粮食、饲料等形式被次级消费者（如人、家畜、家禽等）所食用，进而通过次级消费者的呼吸作用部分返还大气，即次级消费者呼吸消耗的碳（secondary consumer respiring carbon，$R_{sc}$）；②部分被次级消费者消耗的 HCT 形成有机肥，并有部分 HCT 直接以秸秆还田的形式归还到农田中，即为有机肥料碳（manure carbon，$M_c$）；③部分 HCT（如薪柴林木、秸秆等）被直接用作燃料，最终以 $CO_2$ 的形式返回大气，即为燃料碳（feuled carbon，$F_c$）；④部分 HCT 以各种形式（如储备粮、家具、建筑工具、纸品、生物炭等）长期储存在人类社会，而没有返回大气，即储存的碳（stored carbon，$S_c$）。因此，HCT 除了可以用式（1.7）表达外还可以表达为

$$HCT = R_{sc} + M_c + F_c + S_c \tag{1.8}$$

此外，大气中的 $CO_2$ 还可以通过工业途径及沉降途径进入生态系统。工业上以 $CO_2$ 为原料合成各类肥料如氮肥，在为陆地生态系统提供养分来源的同时也引入了碳｛如化肥尿素[$CO(NH_2)_2$]中含碳率达到20%｝，成为陆地生态系统碳输入的一条途径，即化学肥料输入的碳（fertilizer transferred carbon，FTC）。

## 1.5 小结

碳是构成生物体的骨架，但在地球表层赋存形式和赋存区域存在明显差异，主体以无机化合物（$CO_2$、$CaCO_3$ 等）与有机化合物（碳水化合物等）分布在地球的各个圈层，并以岩石圈的储量为最大，而生物圈与大气圈的储量为最小，但生物圈与大气圈的活跃度为最高。在地球的不同圈层之间，碳元素通过生物代谢活动及物理化学过程发生循环周转，并受到农事活动、化石燃料开采及水泥生产等人类活动的强烈影响，使得现有区域陆地碳循环既包括原有自然循环的阶段也涵盖人类活动的影响。因而，区域碳收支评估既要刻画碳循环的生物过程，又要揭示人为活动对碳循环的影响。

# 第2章 区域陆地碳收支评估的基础理论

区域陆地生态系统碳收支评估是以典型区域（流域、省份、国家、洲际等）为研究对象，就该区域内特定时段内（通常为一年）碳收支总量进行系统评价（于贵瑞 等，2011a；于贵瑞 等，2011b），是开展区域碳管理、增进区域碳吸收的前提基础（Piao et al.，2009；Piao et al.，2022b；于贵瑞 等，2002）。区域陆地生态系统碳收支评估以生态系统的碳代谢过程（Le Quéré et al.，2013；Smith et al.，2008）为依据，结合区域内的生物气候土壤状况而开展。由于碳收支各分量的涉及生物学、物理学、化学过程不同（于贵瑞，2022），各分量评估的理论基础也存在差异，故本章就不同碳收支分量区域评估的理论基础分别展开评述，以期为区域陆地碳收支评估的实践提供理论依据。同时，尽管区域陆地碳收支涉及碳循环过程的每一个分量，但不同分量在碳收支中的重要性存在差异（Tian et al.，2016；Tian et al.，2011b；Wang et al.，2015），本章仅就碳收支评估中常用的总初级生产力（GPP）、生态系统呼吸（ER）、净生态系统生产力（NEP）、人为干扰碳输出（HCT）、陆地碳汇（Sink）等5个分量的评估理论进行系统评述。

## 2.1 GPP区域评估的理论基础

区域GPP是形成其他碳通量的前提与基础（Baldocchi et al.，2015；Collalti and Prentice，2019；Ryu et al.，2019；Wohlfahrt and Gu，2015），其估算最早开始于1978年Box（1978）利用年总净初级生产力（annual net primary productivity，NPP）与GPP间的统计关系估算了全球GPP的大小。此后，随着联网性涡度相关观测（Baldocchi，2008；Baldocchi，2014；Yu et al.，2017）的不断开展及遥感数据（Liang et al.，2013；Running et al.，2004）的大量获取，区域GPP的研究也蓬勃发展。回顾区域GPP研究的发展历程可以发现，区域GPP的评估方法大致可以归纳为两类：基于瞬时GPP累加得到GPP总量，以一年内的GPP总量为对象直接评估。

### 2.1.1 基于瞬时GPP累加得到GPP总量

基于瞬时GPP累加得到GPP总量是通过不同途径（如观测、统计模拟、过程模拟等）得到短时间尺度（如30min尺度、8天尺度、月尺度等）GPP的完整时间序列，通过算术累加的方法得到GPP总量。鉴于瞬时GPP获取途径的不同，该类方法又可以细分为6类。

#### 2.1.1.1 基于观测的瞬时 GPP 累加得到 GPP 总量

该方法以涡度相关观测的净生态系统 $CO_2$ 交换量为基础,利用光响应曲线与夜间呼吸的温度响应函数,将瞬时净生态系统 $CO_2$ 交换量拆分为 GPP 和生态系统呼吸(Beringer et al., 2017; Dragomir et al., 2012; Falge et al., 2001; Reichstein et al., 2005; Yu et al., 2006),获取完整时间序列的瞬时 GPP(30min 尺度),然后累加完整年份的瞬时 GPP 得到 GPP 总量。该方法无须破坏性采样而直接观测高大植被下生态系统的 GPP,是其他途径计算 GPP 总量的基础,是站点尺度计算 GPP 总量的最直接途径(Baldocchi, 2003; Baldocchi, 2020; Griffis et al., 2008),但也受到涡度相关通量观测基本观测条件(均匀下垫面、常通量层等)(Lee and Massman, 2011; Lee, 1998, 2004; Zhang et al., 2011)及数据缺失的限制(Aubinet, 2008)。

#### 2.1.1.2 基于统计方法模拟的瞬时 GPP 累加得到 GPP 总量

该方法以涡度相关观测的瞬时 GPP 为基础,结合遥感(如植被指数、叶面积指数、地表温度等)和常规气象(如气温、光合有效辐射等)数据,利用机器学习语言(如回归树、人工神经网络、支持向量机等)(Beer et al., 2010; Jung et al., 2011; Xiao et al., 2010; Zeng et al., 2020; Zhu et al., 2023a)或回归方程(Chai et al., 2017; Xin et al., 2019)构建 8 天或月尺度的 GPP 模型,进而模拟得到完整时间序列的瞬时 GPP(8 天或者月尺度),然后累加完整时间序列的 GPP 得到 GPP 总量。该方法充分利用了当前可以获取的多源数据以减少模型模拟的不确地性,目前在区域 GPP 总量评估中发挥着越来越重要的作用,但其过分依赖训练数据而大多忽视 GPP 形成的生物学机制。

#### 2.1.1.3 基于光能利用率模型模拟的瞬时 GPP 累加得到 GPP 总量

该方法以涡度相关观测的瞬时 GPP 为基础构件模型参数数据集,基于光能利用率理论计算其他站点完整时间序列的瞬时 GPP(一般为 8 天尺度)(Liao et al., 2023; Xiao et al., 2004; Yuan et al., 2015; Yuan et al., 2014; Yuan et al., 2007; 袁文平 等, 2014)、进而基于完整时间序列的瞬时 GPP 累加得到 GPP 总量。

光能利用率理论是将 GPP 视为光能利用率与光合有效辐射的乘积(Cannell et al., 1988; Chang et al., 2014, 2023; Kong et al., 2023; Wang and Zhou, 2012),其中光能利用率表现为植物转化光能的效率与植物截获光能比例的乘积(Monteith, 1972; Running et al., 2004),即 GPP 为吸收的光合有效辐射比例(fraction of photosynthetically active radiation, $f$PAR)、入射的光合有效辐射(photosynthetically active radiation, PAR)、最大光能利用率 $\varepsilon$ 和环境胁迫因子 $f$ 的乘积。

$$GPP = \varepsilon \times APAR \times f \tag{2.1}$$

$$APAR = PAR \times fPAR \tag{2.2}$$

式中:$\varepsilon$ 为植物在理想环境中的最大 LUE,(g C/MJ);APAR 为冠层吸收的光合有效辐射。

常用的光能利用率模型包括 VPM 模型(Li et al., 2007; Wang et al., 2014b; Wu et al., 2008; Xiao et al., 2004; 陈静清 等, 2014)、CASA 模型(Potter et al., 1993, 2003; Wu et al., 2022)、Cfix 模型(Maselli et al., 2009a, 2009b; Veroustraete et al., 2002;陈斌 等,2007)、CFlux 模型(King et al., 2011;Turner et al., 2006, 2015)、EC-LUE 模型(Yu et al., 2023;Yuan et al., 2007)等(Yuan et al., 2014)。该方法结构相对较为简单,所用的参数个数也相对较少,并且可通过遥感数据直接获取,适用于区域和全球尺度高时空分辨率的动态分析等特点,成为目前陆地生态系统生产力模型研究的一个重要发展方向,在森林、农田、草地等各类生态系统中都得到了广泛的应用。

#### 2.1.1.4 基于过程机理模型模拟的瞬时 GPP 累加得到 GPP 总量

通过充分理解植物的生长过程,该方法模拟太阳能转化为化学能的过程以获取瞬时 GPP(半小时、小时尺度等)的完整时间序列,进而累加得到 GPP 总量。

基于过程的光合作用模型普遍以(Farquhar et al., 1980)提出的生理生化模型为基础。Farqhuar 提出的生理生化模型将 GPP 表征为 $CO_2$ 同化速率($A$),由羧化酶(RUBP)限制的下的 $CO_2$ 同化速率($A_c$)和光限制下的 $CO_2$ 同化速率($A_j$)的较小值所共同决定(于贵瑞,2009)。其中 $A_c$ 和 $A_j$ 可以分别表达为

$$A_c = V_m \frac{C_i - \Gamma}{C_i + K} \tag{2.3}$$

$$A_j = J \frac{C_i - \Gamma}{4.5 C_i + 10.5 \Gamma} \tag{2.4}$$

式中:$C_i$ 为胞间 $CO_2$ 浓度;$\Gamma$ 为 $CO_2$ 补偿点;$V_m$ 为最大羧化速率;$J$ 为光电传输效率;$K$ 为酶动力学常数。

$\Gamma$ 是依赖于温度($T$)的参数,可以通过 $T$ 及大气中氧气浓度($O_2$)计算而得到:

$$\Gamma = 1.92 \times 10^{-4} \times O_2 \times 1.75^{(T-25)/10} \tag{2.5}$$

$K$ 也通过 $O_2$ 结合 $CO_2$ 及 $O_2$ 的米氏常数($K_c$ 和 $K_o$)计算而得:

$$K = K_c (1 + O_2 / K_o) \tag{2.6}$$

其中 $K_c$ 可以通过 $T$ 计算得到:

$$K_c = 30 \times 2.1^{(T-25)/10} \tag{2.7}$$

$K_o$ 也可以通过 $T$ 计算得到

$$K_o = 30000 \times 1.2^{(T-25)/10} \tag{2.8}$$

$V_m$ 可以表达为温度和叶片 N 含量($N$)的函数:

$$V_m = V_{m25} \times 2.4^{(T-25)/10} f(T) f(N) \tag{2.9}$$

式中:$V_{m25}$ 为 25℃时的 $V_m$ 值,是取决于植被类型的常数;$f(T)$ 和 $f(N)$ 分别为 $T$ 和 $N$ 对 $V_m$ 的限制作用。

$f(T)$ 可以表征为 $T$ 的函数:

$$f(T) = (1 + \exp\{[-220000 + 710(T+273)]/[R_{gas}(T+273)]\})^{-1} \tag{2.10}$$

式中:$R_{gas}$ 为摩尔气体常数。

$f(N)$ 则是 $N$ 与最大叶片 N 含量($N_m$)的比值:

$$f(N)=N/N_m \tag{2.11}$$

$J$ 为依赖于吸收的光量子通量密度（PPFD）的函数：

$$J=J_{max}\text{PPFD}/(\text{PPFD}+2.1J_{max}) \tag{2.12}$$

其中 $J_{max}$ 为光电子传输饱和速率，可以通过 $V_m$ 计算而得：

$$J_{max}=29.1+1.64V_m \tag{2.13}$$

因而，$A$ 可以通过光合速率与暗呼吸速率（$R_d$）计算而得：

$$A=\min(A_c,A_j)-R_d \tag{2.14}$$

其中 $R_d$ 也可以表征为 $V_m$ 的函数：

$$R_d=0.015V_m \tag{2.15}$$

常用的过程机理模型包括 BEPS 模型、CEVSA 模型、IBIS 模型、SiB 模型、LPJ 模型等（Baker et al., 2003；Chen et al., 1999；Gu et al., 2006；Huang et al., 2007；Kirschbaum et al., 2020；Liu et al., 2014；Pillai et al., 2019；Sitch et al., 2003）。近年来也有研究以 Fick 扩散方程为基本形式模拟光合作用，发现基于 Fick 扩散方程可以充分模拟生态系统 GPP 的时间动态，模拟结果与涡度相关观测结果具有良好的一致性（Hu et al., 2010；Wang et al., 2014a；Zhao et al., 2005）。该类方法涉及的过程机制较为清楚，时间尺度也较为精细，反映了 GPP 形成的瞬时生理过程，参数较多，而 Fick 扩散方程涉及的参数相对较少。

### 2.1.1.5　基于大气反演模型模拟的瞬时 GPP 累加得到 GPP 总量

由于植物光合作用和呼吸作用同时发生，当前 GPP 的估算存在一定的争议，有研究利用 $^{18}$O 同位素反演模型得出，全球 GPP 总量为 150～175Pg C/a，远高于现有通过机器学习语言等方法得到的值（Welp et al., 2011）。$^{18}$O（Kahmen et al., 2011；Santos et al., 2012；Welp et al., 2011）和羰基硫（carbonyl sulfide，COS）（Berry et al., 2013；Billesbach et al., 2010，2014）是植物光合过程中的产物但与呼吸作用无关，与 GPP 存在着明显的对应关系。因此，利用 $^{18}$O 或者 COS 通量与 GPP 的关系，结合地面或遥感观测到的大气中氧同位素比值（Liang et al., 2023；Welp et al., 2011）或者 COS 浓度（Asaf et al., 2013；Berry et al., 2013；Campbell et al., 2017）反演 GPP 的空间分布可以准确估算 GPP 的季节变化，进而累加得到 GPP 总量。该方法技术较为先进，过程机理较为明确，但氧同位素观测值的代表性（Welp et al., 2011）以及区域 COS 在生态系统中的不同来源（Maseyk et al., 2014；Wohlfahrt et al., 2012）限制了大气反演模型在 GPP 空间评估中的应用。

### 2.1.1.6　基于遥感数据驱动的模型预测所得 GPP 累加得到 GPP 总量

该类方法的实质是利用遥感数据对 LUE 模型进行简化，获得基于遥感数据的 GPP 模型。基于 GPP 模型预测所得 GPP 累加得到 GPP 总量。常见的遥感数据驱动的模型包括基于增强植被指数（enhanced vegetation index，EVI）与地面温度（land surface temperature，LST）的温度绿度模型（TG 模型）（Sims et al., 2008），基于植被指数（vegetation index，VI）和光合有效辐射（photosynthetic active radiation，PAR）的植被指数模型（VI模型）（Wang et al.，2023；Wu et al.，2010a），基于植被指数（VI）和光合有效辐射（PAR）的绿度辐射模型（GR模型）（Wu et al.，2014a），以及基于EVI及陆地表面水分指数（land surface water index，LSWI）的光合能力模型（PCM模型）（Gao et al.，2014）。该方法基于遥感数据驱动，结构较为简单，但大多数模型中相关变量的生理学含义较为模糊。

#### 2.1.2 基于年均环境要素直接估算GPP总量

该类方法通过不同途径（如统计方法、经验理解、机器学习算法等）直接获取生态系统的GPP总量。根据GPP总量获取途径的不同，该类方法可以细分为以下3类。

##### 2.1.2.1 基于统计方法直接估算GPP总量

以统计方法为主要手段，该方法通过中间变量（如NPP年总量、年均气温、年总降水量、生长季累加吸收光合有效辐射所占比例等）直接估算GPP总量。比如利用NPP年总量与GPP总量间的统计关系，基于迈阿密模型估算NPP年总量，获取GPP总量（Box，1978）；利用联网化涡度相关观测的数据构建GPP总量与生物环境要素（如气候要素、植被指数等）的关系进而获取GPP总量（Jung et al.，2008；Yang et al.，2013；Zhu et al.，2014b）。该方法所需参数较少且估算GPP总量的方程较为简单，便于该方法的普遍应用。

##### 2.1.2.2 基于经验理解直接估算GPP总量

该方法通过经验理解将GPP总量分解为不同组分，进而基于环境因素对各个组分的影响量化各个组分、估算GPP总量。比如Xia等（2015）将GPP总量分解为$CO_2$吸收时间（$CO_2$ uptake period，CUP）和最大光合速率（$GPP_{max}$）及固定常数（$\alpha$）的乘积，基于CUP、$GPP_{max}$及$\alpha$可以直接估算GPP总量。此外，我们还可以将GPP总量视为生长季长度与生长季平均GPP的乘积，通过探讨生长季长度和生长季平均GPP的影响因素揭示GPP总量的估算途径。除了具有较少的模型参数，该类方法估算GPP总量的方程也较为直观。

##### 2.1.2.3 基于机器学习算法估算GPP总量

该方法建立在大量站点观测GPP总量积累的基础上，利用已有观测数据训练机器学习算法，使用黑箱模式捕捉GPP总量与主要生物气候土壤要素之间的非线性关系。鉴于机器学习语言的智能化，该方法对GPP总量的评估具有较高的精度，且方法简便，但该方法背后的生物学机制尚不明确。基于中国区域联网观测数据，近期研究发现，利用随机森林回归树、综合考量气候土壤生物要素并通过预测单位叶面积的GPP总量可以实现中国GPP总量自站点扩展至区域，并可以解释观测结果86%的空间变异（Zhu et al.，2023b）。

### 2.2 ER区域评估的理论基础

生态系统呼吸（ecosystem respiration，ER）是生态系统以$CO_2$的形式向大气释放碳的途径，是土壤微生物呼吸、根系呼吸、叶片呼吸及树干呼吸等的总和（Chapin et al.，

2012；Gao et al.，2015；Matteucci et al.，2015；Tang et al.，2008；Valentini et al.，2000）。根据其养分供给的来源，生态系统呼吸可以分解为自养呼吸和异养呼吸（Braendholt et al.，2018；Chen et al.，2016；Griffis et al.，2004；Khomik et al.，2010；朱先进 等，2017）。

ER 的区域评估以典型站点 ER 的准确观测为基础。自 ER 开始观测起，典型站点 ER 的观测方法经历了从简单到复杂的 4 种方法（朱先进 等，2017）：

(1) 静态箱-碱液吸收法：该方法是最早测定生态系统呼吸的方法之一，其原理是用密闭容器（即静态箱）封闭生态系统，并在容器内放置碱液（NaOH 溶液）吸收生态系统所释放的 $CO_2$，进而利用酸碱平衡的原理测定剩余碱液量、计算生态系统呼吸所释放的 $CO_2$ 总量，结合观测时间及观测面积计算得到生态系统呼吸强度（Schiedung et al.，2016；胡春胜 等，2018；李成芳 等，2009；鲁如坤，2000；盛浩 等，2014）。

(2) 静态箱/动态箱-气象色谱法：随着气象色谱仪的不断发展与应用，静态箱-碱液吸收法逐渐发展为静态箱/动态箱-气象色谱法，该方法与静态箱-碱液吸收法的原理有相似之处，利用静态箱/动态箱罩住生态系统表面，测定观测时间内箱内 $CO_2$ 浓度的增加量。但是，静态箱/动态箱-气象色谱法测定箱内 $CO_2$ 浓度的方法与静态箱-碱液吸收法有所不同，该方法需要采集观测过程中气体样品，利用气象色谱测定气体中 $CO_2$ 浓度（Christiansen et al.，2015；Mao et al.，2020；Wu et al.，2010b；吴启华 等，2013；张旭东 等，2005；郑泽梅 等，2008）。

(3) 静态箱/动态箱-红外气体分析仪法：红外气体分析仪的兴起进一步改进了基于静态箱/动态箱测定生态系统呼吸的步骤，将静态箱/动态箱-气象色谱法改进为静态箱/动态箱-红外气体分析仪法。该方法也是将箱体罩住待测生态系统表面，以测定观测时间内箱体内 $CO_2$ 浓度的增加量，但在测定箱体内 $CO_2$ 浓度时采用红外气体分析仪直接测定其浓度值、计算生态系统呼吸强度，使得观测方法更为简便（Baker et al.，2009；Liang et al.，2010；Moffat et al.，2017）。

(4) 涡度相关法：涡度相关法是 20 世纪 90 年代初兴起的一种基于微气象学原理观测生态系统与大气间物质能量交换的方法（Baldocchi，2008），从 21 世纪初开始在国内得到蓬勃发展，已成为不同类型植被下生态系统呼吸观测的主力军（Yu et al.，2013，2016）。该方法基于物质平衡原理通过计算 $CO_2$ 浓度与垂直风速的协方差获得植被与大气间的 $CO_2$ 交换量（于贵瑞 等，2006）。鉴于夜间没有光合作用，植被与大气间的 $CO_2$ 交换量即为生态系统呼吸量，通过夜间生态系统呼吸与环境因素（主要是温度和土壤含水量）的关系得到描绘生态系统呼吸的表达式，进而外推得到生态系统呼吸强度（Falge et al.，2001；Reichstein et al.，2005）。

以上各种生态系统呼吸观测方法均有其自有的优点和缺点（表 2.1），总结起来可以发现：箱式法（包括静态箱-碱液吸收法、静态箱/动态箱-气象色谱法、静态箱/动态箱-红外气体分析仪法）相对较为简单，可以根据需要测定生态系统呼吸的不同组分，但无法观测高大植被的生态系统呼吸；涡度相关法观测精度相对较高，且可以观测各种类型尤其是森林生态系统等高大植被的生态系统呼吸，但对地形要求较为严格，且不能细致观测生态系统呼吸的各个组分。

## 2.2 ER区域评估的理论基础

表 2.1　生态系统呼吸不同观测方法的优缺点（朱先进 等，2017）

| 方　法 | 优　点 | 缺　点 |
| --- | --- | --- |
| 静态箱-碱液吸收法 | 测定原理简单<br>仪器设备易于获取 | 测量误差较大<br>仅能观测低矮植被的生态系统呼吸 |
| 静态箱/动态箱-气象色谱法 | 原理简单、操作简便<br>可以测定生态系统呼吸的各个组分 | 无法观测高大植被的生态系统呼吸（于贵瑞 等，2011b） |
| 静态箱/动态箱-红外气体分析仪法 | 原理简单、操作简便<br>可以测定生态系统呼吸的各个组分 | 无法观测高大植被的生态系统呼吸（于贵瑞 等，2011b） |
| 涡度相关法 | 精度较高<br>高度自动化<br>可以在各类生态系统开展观测 | 地形要求较为严格<br>无法观测生态系统呼吸组分<br>数据缺失时，数据插补过于依赖生态系统呼吸与环境因素间的统计关系（Falge et al.，2001；Reichstein et al.，2005） |

在准确观测站点 ER 的基础上，区域 ER 评估有两种方法：基于瞬时 ER 累加得到 ER 总量和基于年均环境要素直接评估 ER 总量。

### 2.2.1　基于瞬时 ER 累加得到 ER 总量

与 GPP 相似，基于瞬时 ER 累加得到 ER 总量是通过不同途径（如观测、统计模拟、过程模拟等）得到短时间尺度（如半小时尺度、8 天尺度、月尺度等）完整时间序列的 ER，通过累加的方法得到 ER 总量。鉴于瞬时 ER 获取途径的不同，该类方法又可以细分为以下 4 类。

#### 2.2.1.1　基于观测的瞬时 ER 累加得到 ER 总量

基于涡度相关观测的净生态系统 $CO_2$ 交换量，该方法利用夜间无光合作用、观测到的净生态系统 $CO_2$ 交换量均为 ER 的特点，利用夜间观测值与温度、水分等的经验关系插补、外推至白天，获得完整时间序列的瞬时 ER（30min 尺度），进而累加完整年份的瞬时 ER 得到 ER 总量（Albergel et al.，2010；Falge et al.，2002；Griffis et al.，2004；Guo et al.，2019；Jia et al.，2020）。传统意义上箱式法仅能观测特定时间段内净生态系统 $CO_2$ 交换量即 ER 值，无法准确外推得到 ER 完整时间序列即累加得到 ER 总量（Juszczak et al.，2013；Song et al.，2022）。然而，近年来自动箱法连续观测的大量使用使得基于箱法观测也可以获得完整时间序列的 ER 结果（Liang et al.，2010；Peng et al.，2015）。该方法无须破坏性采样而直接观测生态系统的 ER，是其他途径计算 ER 总量的基础，是站点尺度计算 ER 总量的最直接途径。

#### 2.2.1.2　基于过程机理模型模拟的瞬时 ER 累加得到 ER 总量

该方法以 ER 形成的生物学机制为基础，简化生物学过程的主要调控变量，构建 ER 的过程机理模型。ER 由自养呼吸和异养呼吸共同组成（Tang et al.，2008），其中自养呼吸是植物消耗其自身固定的有机物维持其代谢活动的生态过程，即叶片呼吸、树干呼吸、根系呼吸等的总和，又可以分为生长呼吸和维持呼吸（Balogh et al.，2016；Piao et al.，2010；Ryan et al.，1997）；异养呼吸是生态系统的其他组分利用植物所固定的有机物进行代谢活动的总和（Cusack et al.，2010；Harmon et al.，2011；Jomura et al.，2012），

## 第 2 章 区域陆地碳收支评估的基础理论

主要表现为土壤微生物呼吸、根际残茬分解、土壤有机质分解等（Gao et al.，2015；于贵瑞，2009）。常见的生物化学模型中普遍存在 ER 模块，为该类方法的广泛使用奠定了基础（Chen et al.，2013a；Davi et al.，2005；Hill et al.，2011；Hunt et al.，1996）。基于站点实测 ER 结果对模型参数进行修正可以得到区域内 ER 评估的典型参数，进而结合环境要素的动态得到完整时间序列的 ER 数值，然后累加完整年份的瞬时 ER 得到 ER 总量。该方法通过简化生物过程得到近似自然过程的模型，具有简便可行的优势，但过程模型只是基于现有认知对生物过程的近似，无法完全反映现实 ER 的特征（Bonan et al.，2011；Liu et al.，2011；Santaren et al.，2007），且模型参数的空间异质性也限制了该方法的使用（Tang et al.，2008；Zhu et al.，2014）。

#### 2.2.1.3　基于经验模型模拟的瞬时 ER 累加得到 ER 总量

该方法是对过程机理模型的进一步简化。利用观测到的 ER 结果，结合 ER 与主要环境要素（温度、叶面积指数、土壤湿度等）的统计关系构建经验统计模型，并以观测数据为基础优化模型参数（Tang et al.，2020）。常用的经验模型包括基础呼吸速率模型（Base Rate Model，BR 模型）（Yuan et al.，2011b）、生物非生物共同作用模型（TPGPP-LAI 模型）（Migliavacca et al.，2011）、植被光合呼吸模型（VPRM）（Luus et al.，2015；Mahadevan et al.，2008）、生态系统呼吸遥感模型（ReRSM）（Gao et al.，2015）等。

BR 模型中，ER 被视为参考温度（$T_0$，10℃或者 0℃）下基础呼吸速率（basic respiration rate，BR）与温度敏感性（$Q_{10}$）的函数：

$$\mathrm{ER} = \mathrm{BR} \times Q_{10}^{\frac{T-T_0}{10}} \tag{2.16}$$

其中 BR 用年均温下的生态系统呼吸速率来表征，而年均温下的生态系统呼吸速率与年生态系统呼吸具有相似的空间变异性，基于 EC-LUE 模拟的 GPP 可以推算得到年生态系统呼吸及 BR。$Q_{10}$ 则采用全球异养呼吸的 $Q_{10}$ 值进行计算（Yuan et al.，2011b）。

生物非生物共同作用模型（TPGPP-LAI 模型）在经典温度降水模型（TP 模型）的基础上考虑添加 GPP 和最大叶面指数（$\mathrm{LAI_{MAX}}$）的生物驱动，将 ER 视为基础呼吸速率（$R_0$）与温度（$T$）和降水（$P$）作用的乘积：

$$\mathrm{ER} = (R_{\mathrm{LAI}=0} + a_{\mathrm{LAI}} \times \mathrm{LAI_{MAX}} + k_2 \mathrm{GPP}) \times e^{E_0 \left(\frac{1}{T_{ref}-T_0} - \frac{1}{T_A-T_0}\right)} \times \frac{\alpha k + P(1-\alpha)}{k + P(1-\alpha)} \tag{2.17}$$

其中 $R_{\mathrm{LAI}=0} + a_{\mathrm{LAI}} \times \mathrm{LAI_{MAX}} + k_2 \mathrm{GPP}$ 表征基础呼吸速率，受到 $\mathrm{LAI_{MAX}}$ 与 GPP 的共同作用，后两者分别表征温度（$T$）和降水（$P$）的限制作用。$R_{\mathrm{LAI}=0}$、$a_{\mathrm{LAI}}$、$\alpha$、$k$、$k_2$、$E_0$ 均为植被类型特定的参数（Migliavacca et al.，2011）。

VPRM 模型则将 ER 视为 $T$ 的函数：

$$\mathrm{ER} = \alpha T + \beta \tag{2.18}$$

式中：$\alpha$ 和 $\beta$ 均为依赖于植被类型的参数（Mahadevan et al.，2008）

ReRSM 模型将 ER 分解为自养呼吸与异养呼吸两部分，并分别通过 GPP 及地面温度（LST）来模拟：

$$\mathrm{ER} = a \times PC_{\max} \times \mathrm{EVI_s} \times W_s + R_{\mathrm{ref}} \times e^{E_0 \times \left(\frac{1}{61.02} - \frac{1}{\mathrm{LST}+46.02}\right)} \tag{2.19}$$

式中：$a$ 为 GPP 用于 ER 的部分，为模型拟合参数；$PC_{max} \times EVI_s \times W_s$ 为 PCM 模型中 GPP 的表达式；$R_{ref}$ 为参考呼吸，$a$、$PC_{max}$、$E_0$ 为模型拟合参数（Gao et al.，2015）。

该类方法将复杂的过程模型简化为经验统计关系，进一步简化了计算过程，可以反映大多数 ER 的变异特征，但仍存在参数空间异质性的问题。

#### 2.2.1.4 基于人工智能方法模拟的瞬时 ER 累加得到 ER 总量

该方法伴随着涡度相关联网观测及人工智能技术的发展而逐渐成为当前研究的主流手段之一。基于涡度相关观测的 ER，利用人工智能语言（如机器学习、深度学习等）训练人工智能算法，外推得到其他区域的 ER 值，进而累加完整年份的瞬时 ER 得到 ER 总量（Guevara-Escobar et al.，2021；Jung et al.，2011；Tramontana et al.，2016；Xiao et al.，2014；Zhu et al.，2020）。该方法可以基于现有观测数据捕捉 ER 对环境变量的非线性响应，对观测数据具有最优的预测效果。然而，该方法是基于数据驱动的黑箱模型，尚缺乏对 ER 时空变化过程机理的认知。

### 2.2.2 基于年均环境要素直接估算 ER 总量

该类方法基于年均气候土壤等要素通过不同途径（如统计方法、机器学习算法等）直接获取生态系统的 ER 总量。根据 ER 总量获取途径的不同，该类方法可以细分为以下两类。

#### 2.2.2.1 基于统计方法直接估算 ER 总量

该方法以不同站点观测的 ER 总量的空间变异及驱动因素为理论基础，通过构建 ER 总量与生物环境要素（如气候要素、植被指数等）之间的回归关系获取 ER 总量（Jung et al.，2008；Yang et al.，2013；Zhu et al.，2014b），具有所需参数较少且估算方程较为简单的优势。基于中国陆地生态系统 ER 总量的空间变异规律及其与 GPP 总量的空间耦联关系，Zhu 等（2014b）构建了中国陆地生态系统 ER 总量空间评估的多种模式，并从中筛选得到 ER 总量空间评估的最优模式是利用 GPP 总量与 ER 总量之间的空间耦联关系来估算，进而得到中国 2000—2010 年 ER 总量约为 $(5.82 \pm 0.16)$ Pg C/a。

#### 2.2.2.2 基于机器学习算法估算 ER 总量

随着联网观测站点的不断发展及数据的大量积累，机器学习算法在评估区域 ER 总量中发挥越来越重要的作用。该方法利用已有观测数据训练机器学习算法，使用黑箱模式捕捉 ER 总量与主要生物气候土壤要素之间的非线性关系。为了解决机器学习算法对 ER 总量空间评估机理的不确定性，近期研究结合 ER 形成的生物学机制智能化评估了中国 ER 总量的时空变化，发现 2000—2020 年中国陆地 AER 总量平均为 $(5.53 \pm 0.22)$ Pg C/a，年际间呈现明显的增加趋势（Han et al.，2022）。

## 2.3 NEP 区域评估的理论基础

净生态系统生产力（net ecosystem productivity，NEP）是生态系统净固定的有机物质量，是 GPP 与 ER 及其他次生代谢产物的差值（Arneth et al.，1998；Liu et al.，2020；Yao et al.，2018a；Zheng et al.，2023）。由于陆地生态系统其他次生代谢产物较

NEP 数值小得多（Acosta Navarro et al.，2014；Chapin et al.，2012；Guenther et al.，1995），NEP 通常通过 GPP 与 ER 的差值来获得。

NEP 的区域评估也以典型站点 NEP 的准确观测为基础。实际上，当前 ER 的观测均是测得的生态系统与大气之间的净交换量即 NEP，只是在夜间没有光合作用即 GPP 时，NEP 在数值上约等于 ER（Savage et al.，2003；王妍 等，2006；张旭东 等，2005）。因而，站点 NEP 的观测方法也与 ER 观测方法相似，大致经历了静态箱-碱液吸收法、静态箱/动态箱-气象色谱法、静态箱/动态箱-红外气体分析仪法和涡度相关法 4 个阶段（于贵瑞 等，2011b），具体见 2.2，在此不做赘述。

在准确观测站点 NEP 的基础上，区域 NEP 评估也可以分为两种类型：基于瞬时 NEP 累加得到 NEP 总量和基于年均环境要素直接估算 NEP 总量。

### 2.3.1 基于瞬时 NEP 累加得到 NEP 总量

与 GPP 和 ER 相似，基于瞬时 NEP 累加得到 NEP 总量是 NEP 区域评估的重要且主要手段，尤其在观测数据数量较少时为区域 NEP 的评估提供了不可或缺的途径（Scholze et al.，2017；Xiao et al.，2019）。通过累加不同途径（如观测、统计模拟、过程模拟等）得到短时间尺度（如半小时尺度、8 天尺度、月尺度等）完整时间序列的 NEP 获得 NEP 总量。鉴于瞬时 NEP 获取途径的不同，该类方法又可以细分为 4 类。

#### 2.3.1.1 基于观测的瞬时 NEP 累加得到 NEP 总量

基于涡度相关观测的净生态系统 $CO_2$ 交换量，该方法对观测数据进行数据质量控制、剔除异常结果，利用经验方程或者人工智能、半经验关系插补缺失数据（Aubinet et al.，2000，2002；Teng et al.，2020；Xing et al.，2008），获得完整时间序列的瞬时 NEP（30min 尺度），进而累加完整年份的瞬时 NEP 得到 NEP 总量。传统意义上箱式法仅能观测特定时间段内净生态系统 $CO_2$ 交换量即 NEP 值，无法准确外推得到 NEP 完整时间序列即累加得到 NEP 总量。然而，近年来自动箱法连续观测的大量使用使得基于箱法观测也可以获得完整时间序列的 NEP 结果，但也仅限于观测低矮植被（Fang et al.，2020）。该方法无须破坏性采样而直接观测生态系统的 NEP，是其他途径计算 NEP 总量的基础，是站点尺度计算 NEP 总量的最直接途径。

#### 2.3.1.2 基于过程机理模型模拟的瞬时 NEP 累加得到 NEP 总量

该方法以植物光合、呼吸及凋落物分解过程为基础，简化生物学过程的主要调控变量，构建描绘 NEP 的过程机理模型（Churkina et al.，2003；Luo et al.，2016；McGuire et al.，2001；Piao et al.，2012b；Restrepo-Coupe et al.，2017；Schwalm et al.，2010）。常见的生物化学模型中普遍存在该模块，为该类方法的广泛使用奠定了基础。该方法通过简化生物过程得到近似自然过程的模型，具有简便可行的优势，但过程模型只是基于现有认知对生物过程的近似，无法完全反映现实 NEP 的特征，且模型参数的空间异质性也限制了该方法的进一步使用。

#### 2.3.1.3 基于经验模型模拟的瞬时 NEP 累加得到 NEP 总量

该方法是对过程机理模型的进一步简化。利用观测到的 NEP 结果，结合 NEP 形成的生物学过程构建经验统计模型，并以观测数据为基础优化模型参数。常用的经验模型包括利用 GPP 与 ER 的差值计算 NEP（任小丽 等，2017）、利用 NPP 与土壤呼吸结合土壤呼吸与异养呼吸的关系计算 NEP（Cao et al.，2023b；Liang et al.，2022；Lu et al.，2023；Qiu et al.，2023）。累加模拟所得瞬时 NEP 得到 NEP 总量。该类方法将复杂的过程模型简化为经验统计关系，进一步简化了计算过程，可以反映大多数 NEP 的变异特征，但仍存在参数空间异质性的问题。

#### 2.3.1.4 基于人工智能方法模拟的瞬时 NEP 累加得到 NEP 总量

该方法伴随着涡度相关联网观测及人工智能技术的发展而逐渐成为当前研究的主流手段之一。基于涡度相关观测的 NEP，利用人工智能语言（如机器学习、深度学习等）训练人工智能算法，外推得到其他区域的 NEP 值，进而累加完整年份的瞬时 NEP 得到 NEP 总量（Jung et al.，2011；Xiao et al.，2014；Yao et al.，2018a；Zhang et al.，2014b；Zheng et al.，2023；Zhu et al.，2020）。该方法可以基于现有观测数据捕捉 NEP 对环境变量的非线性响应，对观测数据具有最优的预测效果。然而，该方法是基于数据驱动的"黑箱"模型，尚缺乏对 NEP 时空变化过程机理的认知。

### 2.3.2 基于年均环境要素直接估算 NEP 总量

该类方法基于年均气候土壤等要素直接获取 NEP 总量，目前仅有基于年均环境要素利用统计学方法估算 NEP 总量。基于中国陆地生态系统 ER 总量的空间变异规律及 GPP 总量的空间变异，Zhu 等（2014b）构建了中国陆地生态系统 NEP 总量空间评估的多种模式，并从中筛选得到 NEP 总量空间评估的最优模式是利用 GPP 总量与 ER 总量的差值来估算，进而得到中国 2000—2010 年 NEP 总量为 $(1.91\pm0.15)$Pg C/a。

## 2.4　HCT 区域评估的理论基础

人为干扰碳输出（human inducing carbon transfer，HCT）是人类活动从生态系统移出的有机碳量（Smil，2011；Wolf et al.，2015；Zheng et al.，2011），是生态系统服务人类社会的重要途径，也是引起生态系统碳流动的关键过程（Huang et al.，2018；Mei et al.，2022；Peng et al.，2023；Roebroek et al.，2023），包括农田碳输出量（cropland carbon transfer，CCT）、草产品碳输出量（grassland carbon transfer，GCT）、林产品碳输出量（forest carbon transfer，FCT）等。量化 HCT 的时空变化可以为陆地生态系统碳收支评估、制定减缓气候变化的政策提供数据支撑（Ciais et al.，2022；Xu et al.，2022）。

### 2.4.1　农田碳输出量（CCT）

CCT 可以基于农产品产量来评估。农产品产量源自国家统计局发布的中国统计年鉴分省产量数据。

中国统计年鉴所公布的产量数据是各种作物的经济产量，并不包括秸秆等非食物产量。基于农产品产量（$Y_i$）、作物的收获指数（harvest index，$HI_i$）、含水量（$C_{wi}$）及含碳系数（$C_{Ci}$），可以通过式（2.20）计算：

$$CCT = \sum_{i=1}^{n}[Y_i \times (1-C_{wi})/HI_i] \times C_{Ci} \tag{2.20}$$

HI是指作物收获量与总干物质量的比值（张福春 等，1990）。随着栽培技术及育种技术的进步，HI也在不断地发生改变（谢光辉 等，2011a；谢光辉 等，2011b）。因而，此处的HI选用谢光辉等（2011a，2011b）得到的近年来最新的数值。虽然不同省份不同作物HI存在较大差异，但各省份各种作物的HI不能——获取，如果某一省份某种作物的HI无法获取，本章采用全国平均值来代替。本章所用HI见表2.2。

表2.2 不同农作物的含水率及其利用指数

| 作物 | 收获指数[①] | 含水量 | 分省份数据适用省份 | 参考文献 |
|---|---|---|---|---|
| 水稻 | 0.43~0.54 (0.50) | 0.13 | 黑龙江、吉林、辽宁、宁夏、安徽、江苏、浙江、湖南、湖北、江西、福建、广东、四川和云南 | (谢光辉 等，2011a) |
| 玉米 | 0.42~0.53 (0.49) | 0.13 | 吉林、辽宁、山西、甘肃、新疆、河北、北京、山东、山西、河南、湖南、贵州 | |
| 小麦 | 0.42~0.50 (0.46) | 0.13 | 黑龙江、山西、甘肃、新疆、河北、山东、山西、河南、安徽、江苏和四川 | |
| 其他谷物[②] | (0.31) | 0.13 | — | |
| 谷子 | 0.32~0.49 (0.38) | 0.13 | 宁夏、山东、山西 | |
| 高粱[②] | (0.31) | 0.13 | — | |
| 大麦 | (0.49) | 0.13 | | |
| 豆类[③] | 0.26~0.48 (0.42) | 0.13 | 黑龙江、吉林、甘肃、新疆、山西和江苏 | |
| 马铃薯 | 0.55~0.74 (0.59) | 0.133 | 甘肃、青海、广东 | |
| 其他薯类[④] | (0.67) | 0.133 | | |
| 棉花 | 0.11~0.22 (0.16) | 0.083 | 新疆、山东、河南、江苏和湖北 | |
| 花生 | 0.45~0.59 (0.50) | 0.09 | 河北、山东、河南、湖南、福建、广西 | (谢光辉 等，2011b) |
| 油菜 | 0.22~0.32 (0.26) | 0.09 | 江苏、湖南、贵州、内蒙古、湖北、四川 | |
| 芝麻 | 0.31~0.36 (0.34) | 0.09 | 河南、湖北 | |
| 向日葵 | 0.21~0.40 (0.32) | 0.09 | 辽宁、宁夏、甘肃、内蒙古 | |
| 其他油料[⑤] | (0.36) | 0.09 | | |
| 甜菜 | 0.51~0.85 (0.71) | 0.133 | 新疆、黑龙江、内蒙古 | |
| 甘蔗 | (0.70) | 0.133 | | |
| 麻类 | (0.38) | 0.133 | — | (Piao et al., 2009) |
| 烟草 | 0.44~0.80 (0.61) | 0.082 | 贵州、福建、湖南、云南、河南、安徽、新疆 | (谢光辉 等，2011b) |
| 蔬菜、水果 | (0.49) | 0.82 | — | 本章 |

① 本列数据为全国不同省份收获指数的范围，括号内数值为全国平均值。
② 高粱和其他谷物的收获指数采用文献中其他谷物（燕麦、小黑麦、黑麦）的平均值计算。
③ 豆类的收获指数采用大豆的收获指数计算，其中黑龙江、吉林、甘肃、新疆、山西和江苏等省份的豆类收获指数用相应省份的数据计算，其他省份用全国平均值计算。
④ 其他薯类的收获指数采用甘薯及木薯的全国平均值计算。
⑤ 其他油料的收获指数采用花生、油菜、芝麻、向日葵四类油料作物全国平均值的均值计算。

## 2.4 HCT 区域评估的理论基础

作物含水量（$C_{wi}$）参考已有文献（Piao et al.，2009；毕于运 等，2009）发表结果，具体见表 2.2。

作物的含碳系数（$C_{Ci}$）在不同品种间存在一定的差异，国际上通用的生物量与碳间的转化率为 0.45 或者 0.5（Olson et al.，1983），近年来的研究普遍采用 0.45 作为转化系数（Fan et al.，2008；Piao et al.，2007a；王绍强 等，1999）。

### 2.4.2 草地碳输出量（GCT）

GCT 可以通过干草产量（$Y_G$）、干草的含水率（$C_{wG}$）、干草的收获指数（$HI_G$）、干草的含碳系数（$C_{CG}$）来计算，即

$$GCT = Y_G \times (1 - C_{wG}) / HI_G \times C_{CG} \tag{2.21}$$

干草产量数据源于农业农村部草原监理司全国草原监测报告的各省份干草产量，$C_{wG}$ 采用国家标准规定的 14%，$HI_G$ 为干草的收获指数。由于本章主要探讨干草利用的碳消耗，产量是可以直接被牲畜利用的干草产量，因而该值设为 1。$C_{CG}$ 采用通用的 0.45（Fan et al.，2008；Piao et al.，2007a；王绍强 等，1999）。

当前仅能获得 2004 年以后部分省份及全国的干草产量数据。

### 2.4.3 林业碳输出量（FCT）

FCT 也由林木产品的收获量结合利用系数而得，即

$$FCT = \sum_{i=1}^{n} (B_i / UI_i) \times C_{Fi} \tag{2.22}$$

式中：$i$ 可为原木、竹材、薪材；$B_i$ 为原木、竹材、薪材的生物量；$UI_i$ 为原木、竹材、薪材的利用系数；$C_{Fi}$ 为林木产品的含碳系数，此处设为 0.5。

原木、竹材、薪材的生物量分别通过其各自产量获得（伦飞 等，2012），即

$$B_Y = \rho_Y V_Y \tag{2.23a}$$

$$B_Z = nM \tag{2.23b}$$

$$B_X = \rho_X V_X \tag{2.23c}$$

式中：$B_Y$、$B_Z$、$B_X$ 分别为原木、竹材和薪材的生物量，源自国家林业和草原局发布的中国林业统计年鉴分省份主要林木产品数据；$\rho_Y$ 为原木的基本密度，一般为 $0.485\text{t/m}^3$；$V_Y$ 为原木的产量；$n$ 为毛竹的株数，$M$ 为毛竹的单株生物量（63.46kg/株）；$\rho_X$ 为薪材的基本密度，一般为 $0.485\text{t/m}^3$，$V_X$ 为薪材的产量。

原木和竹材采集过程中直接消耗部分生物量并在采伐迹地遗留部分生物量（Fu et al.，2011），大致包括原木和竹材生物量的 1/3 以及采伐剩余物。采伐剩余物为森林资源利用效率的函数（$1/E-1$），其中 $E$ 为森林资源利用效率，其值为 0.65。因此，原木和竹材的利用系数（UI）为 $1/[1+1/3+(1/0.65-1)]$，其值为 0.54。

薪材在采集过程中的损失仅考虑遗留在采伐迹地的生物量，也是资源利用效率（$E=0.65$）的函数（Fu et al.，2011）。因此，薪材的利用系数（UI）为 $1/[1+(1/0.65-1)]$，其值为 0.65。

## 2.5 陆地碳汇区域评估的理论基础

随着人们对陆地碳汇的关注度持续升温及研究的不断深入，越来越多的方法被用于评估区域陆地生态系统的碳汇强度及其空间分布（Kondo et al.，2020；于贵瑞 等，2011b）。现有区域陆地生态系统的碳汇评估方法大致可以分为以下4大类。

（1）资源清查法：资源清查法是评估区域陆地生态系统碳汇强度的最基础方法（Ciais et al.，2021；Lun et al.，2012；Pan et al.，2011；方精云 等，2001），也为其他途径评估区域碳汇提供了重要的数据源。该方法的理论基础是陆地生态系统碳汇的定义，即碳汇是陆地生态系统所固定的有机碳经过自然和人为消耗后在生态系统中残存的量（Steffen et al.，1998）。该方法首先基于资源清查数据获取生物量，结合碳密度数据得到生态系统的碳储量，利用两次调查得到的碳储量计算区域陆地生态系统的碳汇强度（Pan et al.，2011）。总体看来，该方法是最被人们认可的区域陆地碳汇评估的手段之一，但需耗费较多的人力物力，并且仅能评估较长时间尺度的区域陆地碳汇（于贵瑞 等，2011b）。此外，该方法仅能反映区域陆地生态系统碳汇及其在土壤和植被间的分配，且在计算生物量时呈现较大不确定性（Sileshi，2014），无法从碳汇形成过程的角度系统阐述陆地生态系统碳汇变异的形成机制。近年来，光谱技术大力发展使得基于遥感及雷达技术评估生态系统碳储量成为可能（Bustamante et al.，2016；Jubanski et al.，2013；Peterson et al.，2013；Siewert et al.，2015），在某种程度上促进了资源清查法在区域陆地碳汇中的应用。

（2）过程模型法：该方法是区域陆地生态系统碳汇评估的重要途径，在评估区域陆地生态系统碳收支中发挥着至关重要的作用（Haverd et al.，2013；Piao et al.，2009，2012b）。它以生态系统的光合和呼吸过程为基础，利用典型生态系统的观测数据驯化参数使模型达到平衡状态，并以气候、植被、土壤等变量驱动模型，模拟不同时间不同区域的碳收支强度（Alton，2013；Clark et al.，2011；Song et al.，2013）。该方法可以模拟过去、现在及未来区域碳收支且不需耗费过多的人力与物力，但也存在一定的局限性，主要表现在以下3个方面：①模型参数的空间异质性限制了过程模型评估区域碳收支分布的精度（Bonan et al.，2011；Tang et al.，2008）。尽管过程模型利用观测数据驯化参数，但观测数据毕竟有限，而模型参数在不同地区具有较大差异，进而导致模型模拟的区域陆地生态系统碳收支存在较大的不确定性。②模型参数的年际变异性限制了过程模型在评估区域碳收支年际变异中的表现（Keenan et al.，2012；Lin et al.，2023；Mao et al.，2016；Raczka et al.，2013；Verma et al.，2014）。现有过程模型大多采用固定参数模拟不同年份的碳收支，但已有研究表明，年际间气候因素的波动并不是导致陆地生态系统碳收支年际变化的主导因素，生态系统对外界环境的响应即生态系统过程参数的变化可能是导致碳收支年际变异的主体（Hui et al.，2003；Marcolla et al.，2011；Richardson et al.，2007；Zhang et al.，2016b），利用固定过程参数模拟区域陆地生态系统碳收支可能不能完全捕捉碳收支的年际波动。③利用过程模型模拟区域陆地生态系统碳收支更多地反映了自然生态系统的碳收支状况，没有充分考虑人为活动所引起的碳输出如农产品的移出

## 2.5 陆地碳汇区域评估的理论基础

等（Hunt et al., 1996; Kuppel et al., 2012）。现有过程模型模拟区域陆地生态系统碳收支时往往首先利用观测数据驯化参数使模型达到稳定状态，进而基于稳定状态的模型参数模拟陆地生态系统的碳收支，是稳定状态下气候因素驱动的碳收支，没有考虑各种人为活动对区域陆地生态系统碳收支的影响。尽管近年来学者开始将火灾、管理等干扰因素及生物地球化学的耦合关系（Chang et al., 2013; Hidy et al., 2016; Pfeiffer et al., 2013; Prentice et al., 2011; Yi et al., 2013）考虑到过程模型中，但忽视了植物固定光合产物移出生态系统的量。

（3）大气反演法：大气反演法是近年来评估区域陆地生态系统碳收支的重要手段（Ciais et al., 2019; Peylin et al., 2013; Steinkamp et al., 2015）。与资源清查法及过程模型法基于地面数据评估区域陆地生态系统的碳收支有所不同，大气反演法是以大气中 $CO_2$ 浓度变化数据为基础，利用大气传输模型模拟区域陆地生态系统的碳收支，进而结合化石燃料燃烧、土地利用变化及海洋 $CO_2$ 分压变化等计算得到区域陆地生态系统的碳收支强度，是一种自上而下的区域碳收支评估方法（Ciais et al., 2000; Deng et al., 2011; Piao et al., 2009; Zhang et al., 2014a）。该方法也与过程模型法具有相似的优点，如不需耗费大量的人力物力等，但也存在一定的局限性，突出表现在 4 个方面：①大气传输模型的机理较为复杂、不易掌握（Broquet et al., 2013）；②大气 $CO_2$ 浓度的地面验证数据较少，限制了基于大气反演模型评估区域陆地生态系统的碳收支强度（Chevallier et al., 2013; Deng et al., 2011）；③大气反演法所获碳吸收量仅能反映陆地生态系统净碳吸收，无法准确估算陆地碳汇形成过程中的各个分量；④该方法同时依赖化石燃料燃烧、土地利用变化等其他过程的碳通量，而这些数值存在较大不确定性（Arneth et al., 2017; Ciais et al., 2020; Liu et al., 2015; Wang et al., 2017b; Xi et al., 2016），使得该方法估算结果的精度存在不足。近年来全球 $CO_2$ 探测卫星的发射为基于大气反演法评估区域碳收支提供了重要的数据源，进一步促进了大气反演法的发展（Chevallier et al., 2013; Houweling et al., 2015; Kondo et al., 2015）。

（4）基于区域陆地生态系统碳汇形成过程的评估方法：该方法是以陆地生态系统碳汇形成过程为基础，从植被固定 $CO_2$ 出发，分别计量各种途径的碳消耗进而评估区域陆地生态系统的净碳吸收量（Jung et al., 2011; Wang et al., 2015; Zhu et al., 2018）。该方法在量化陆地净碳吸收的同时充分揭示了区域陆地生态系统碳收支各个途径的强度，从而为减少陆地生态系统碳消耗、增加陆地生态系统碳吸收提供了理论依据，也为制定减缓气候变化的政策提供参考。但也应看到，该方法也存在一定的局限性：①陆地生态系统的碳输入不仅包括植被的碳固定，还包括工业途径的碳输入，尽管通过工业途径输送到生态系统的碳量较少，但也是大气 $CO_2$ 进入生态系统的一条途径；②陆地生态系统碳收支各分量的计算均存在较大不确定性，进而将各分量评估的不确定性引入区域净碳吸收的评估，使碳吸收强度的评估结果呈现较大不确定性。

尽管现有区域碳汇评估方法均号称以陆地碳汇为研究对象，它们的评估结果却反映了区域陆地生态系统的不同碳收支分量，是不同尺度的陆地生态系统碳汇。然而，由于区域陆地生态系统碳收支分量之间存在着密切关系，现有区域碳汇评估方法所获结果之间也有一定的联系。

资源清查法以残留在陆地生态系统的有机碳为依据评估区域碳汇。也就是说，只要陆地生态系统的有机碳被移出其原有地面，资源清查法即假设其全部被消耗，仅考虑残留在地表的有机碳的变化。因此，资源清查法获得的结果主要反映了区域陆地生态系统的净碳平衡（NECB），没有充分考虑各种途径移出陆地生态系统的有机碳在人类社会中的储存状态。

过程模型法以观测数据为基础驯化模型至稳定状态，进而基于模型及驱动变量模拟陆地生态系统的碳汇强度。因此，过程模型法所评估的区域陆地碳汇更多地反映了自然生态系统在平衡状态下的碳汇强度，跟饱受自然和人为干扰的现实生态系统存在一定差异，但也可以作为现有区域碳汇强度估算的参考。同时，尽管多数模型将其模拟的区域陆地碳汇表达为NEP，但模型模拟的NEP可能与区域陆地生态系统的NEP明显不同。

大气反演法以大气$CO_2$浓度变化为基础结合其他途径如土地利用变化等的排放量估算区域陆地碳汇，是真正将陆地生态系统与人类社会及相关的环境作为一个整体来评估区域碳汇，是大气中的$CO_2$真正留存在地球表层的数量（Kondo et al.，2015）。因此，大气反演法所评估的区域陆地碳汇是资源清查法评估结果与陆地生态系统移出的碳残留在人类社会的值的和，应该大于资源清查法得到的结果。

基于区域陆地生态系统碳汇形成过程的评估（碳收支过程法）因所用碳收支分量的不同呈现不同的定义。如果仅以陆地生态系统为考察对象，利用GPP及自养和异养呼吸、结合生物消耗及次生代谢消耗的值，进而考虑火灾、人为移出及水蚀等的碳消耗，并综合考虑通过工业途径输送进生态系统的碳量，那么得到的碳汇量反映的是区域陆地生态系统的碳汇，理论上跟资源清查法所获结果具有可比性。在此基础上，如果进一步分析人为移出的碳量及水蚀碳量的后续转化过程，可以得到真正意义上的区域陆地生态系统碳汇强度，进而与大气反演法所获结果具有可比性。

因此，评估区域陆地生态系统碳汇的各个方法间的联系可以用图2.1来表示，即大气反演法评估了包含人类社会的地球表层系统碳汇强度，资源清查法反映的是陆地生态系统的碳平衡状况，而基于区域陆地生态系统碳汇形成过程的碳汇评估既可以量化陆地生态系统的碳汇强度，与资源清查法所获结论相对应，也可以反映包含人类社会的地球表层碳汇量，为基于大气反演法及残差法估算区域陆地生态系统的碳汇提供参考。而过程模型法所评估的结果是生态系统在平衡状态下的碳平衡状态，可以为其他三种方法评估结果提供独立参考。

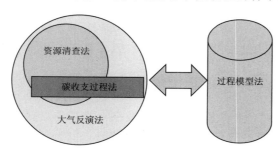

图2.1 不同评估方法所获区域陆地碳汇间的联系，碳汇评估方法包括资源清查法、大气反演法、碳收支过程法和过程模型法

## 2.6 小结

评估区域陆地生态系统的碳收支是开展区域碳管理的前提与基础。不同的碳收支分量具有完全不同的生物学含义及评估方法。通过整理已有文献知识，本章总结了主要碳收支

分量区域评估的理论基础与方法支撑,得到主要结论如下:

(1) GPP 是大气 $CO_2$ 进入生态系统的主要途径,受植物光合生理代谢过程的影响,其评估方法主要依赖于累加不同途径(观测、统计方法模拟、光能利用率模型模拟、过程机理模型模拟、大气反演模型模拟、遥感数据驱动模型模拟)所得短时间 GPP 至其年总量进行评估,也有基于年均环境要素利用不同手段(统计方法、经验理解、机器学习算法)直接估算 GPP 总量。

(2) ER 是生态系统自然释放 $CO_2$ 的最大分量,受到底物供应及环境敏感性的共同作用,其观测经历了从箱式法到涡度相关法的 4 个不同阶段,为评估区域 ER 提供数据支撑。ER 评估方法以累积不同途径(观测、过程机理模型模拟、经验模型模拟、人工智能方法模拟)所得短时间 ER 至其年总量为主,同时也基于年均环境要素利用统计方法和机器学习算法开展了区域 ER 总量的区域评估。

(3) NEP 是形成陆地碳汇的基础,受到 GPP 与 ER 的共同作用,观测手段与 ER 相似,评估方法也以累积不同途径(观测、过程机理模型模拟、经验模型模拟、人工智能方法模拟)所得短时间 NEP 至其年总量为主,同时也基于年均环境要素利用统计方法开展了区域 NEP 总量的区域评估。

(4) HCT 是人为活动对生态系统生产力的利用量,主要受人类活动强度的影响,其评估大多基于已有统计数据结合相关参数(收获指数、含水率、含碳系数)等计算加和而实现。

(5) 陆地碳汇是生态系统固定的有机碳经过自然与人为消耗后残留在地面的碳量,其评估方法主要包括资源清查法、过程模型法、大气反演法和基于区域陆地生态系统碳汇形成过程的评估方法等四种,但不同方法各有优劣且定义的碳汇也存在差异,需综合各种方法开展陆地碳汇的综合评估。

# 第3章 基于空间降尺度的中国陆地生态系统碳通量时空变化

陆地生态系统的碳通量是单位时间通过某一断面的碳浓度，特指植被与大气界面 $CO_2$ 进出生态系统的强度（Chapin et al.，2006；于贵瑞 等，2018），包括总初级生产力（gross primary productivity，GPP），生态系统呼吸（ecosystem respiration，ER）和净生态系统生产力（net ecosystem productivity，NEP）三大分量（Chapin et al.，2012；Ciais et al.，2022；Kondo et al.，2020）。GPP、ER 和 NEP 是相互作用的三大分量，构成了陆地生产力及碳汇的基础（Chapin et al.，2012；Yu et al.，2013）。揭示碳通量的时空变化有助于准确阐明陆地生产力及碳汇的变异规律，服务于增加陆地碳汇、减缓气候变化的区域碳管理（Piao et al.，2022b；Yu et al.，2013）。同时，碳通量均可通过涡度相关技术原位观测而获得（Aubinet et al.，2000；Baldocchi，2008，2020；Lee，1998），为准确评估碳通量的时空变化提供了数据支撑。

已有大量研究基于各种途径（如机器学习、模型模拟等）量化了陆地生态系统碳通量的时空变化（Anav et al.，2015；Han et al.，2022；Liang et al.，2022；Tagesson et al.，2016；Wu et al.，2014c；Yao et al.，2018b）。模型模拟是定量评估陆地生态系统碳通量时空变化的主要手段（Kondo et al.，2020；Piao et al.，2022a），但普遍呈现空间分辨率较低的局限（Yao et al.，2018b），限制了碳通量时空变化的分析精度。空间降尺度的发展为生成高空间分辨率数据结果提供了方法支撑（Cao et al.，2023a；Jia et al.，2011；Park et al.，2019；Peng et al.，2017；Pierce et al.，2014），有利于区域碳通量时空变化分析精度的提升。

因而，本章在简要概述空间降尺度概念与进展的基础上，通过空间降尺度的手段生成中国陆地生态系统碳通量的高空间分辨率数据，进而揭示碳通量的时空变化，为进一步定量评估陆地碳汇强度及增汇潜力提供数据支撑，也为碳管理政策的准确制定提供理论依据。

## 3.1 空间降尺度概述

空间降尺度是将低空间分辨率数据借助于特定方法或手段进行转换、获得高空间分辨率结果的过程（Abdollahipour et al.，2022；Ha et al.，2013；Kofidou et al.，2023）。常用的空间降尺度方法包括简单扩展法（simple scaling）、统计降尺度法（statistical downscaling）和动力降尺度法（dynamics downscaling）三类（Ekstroem et al.，2015；Ge et al.，2019；Harris et al.，2014；Kofidou et al.，2023）。

　　简单扩展法又称为扩展因子法、Delta法或者摄动法，通过计算扩展因子、利用扩展因子生成高分辨率数据结果。扩展因子的计算方法有很多，可以利用当前及未来时间段气候数据的绝对或相对偏差来获得，扩展因子可以界定为线性趋势或者局部格局，也可以利用较低空间分辨率的变化信息，结合观测数据产生高分辨率的数据产品，比如利用气候要素长期均值获得低分辨率气候信息的相对偏离值，结合偏离值的空间插值并与气候要素长期均值相结合获得高分辨率气候数据。该方法是最直接的降尺度方法，但获得的高分辨率数据仅能反映原有低分辨率数据的信息，没有补充其他信息（Ekstroem et al.，2015；Harris et al.，2014）。

　　统计降尺度法是利用局部高分辨率变量与大范围低分辨率变量之间的经验统计关系实现低分辨率数据向高分辨率结果的转化。相较于简单扩展法，统计降尺度法通过模拟低分辨率数据变化增加了更多信息和复杂性。常用的统计降尺度法包括回归法、天气形势法和天气发生器法三类。回归法依赖多元回归关系定义低分辨率数据与高分辨率数据之间的关系，常用的多元回归关系包括多元回归、主成分分析、人工神经网络（Laddimath et al.，2019）等。天气形势法和天气发生器法则主要用于气候数据的预测，通过构建预测气候与理想气候之间的统计关系实现气候数据的降尺度（Cao et al.，2023a；Pierce et al.，2014；van Vuuren et al.，2010）。

　　动力降尺度法也是气候数据降尺度的重要手段，通过高分辨率数字气候模型来生成高分辨率气候数据。通过将全球气候模式（GCM）中的气候变化信息作为输入，动力降尺度法添加局部气候信息来生成高分辨率结果。该结果可能是异质地形、海陆交接地带等全球气候模式不适用的地区最有可信度的数据。该方法也可以通过三种途径来实现：只考虑大气的全球气候模式、高分辨率的全球气候模式和局部气候模式与低分辨率全球气候模式相结合的模式（Xu et al.，2019；Ying et al.，2012）。

　　三类方法的复杂性表现为：简单扩展法＜统计降尺度法＜动力降尺度法，且其优缺点也存在区别。简单扩展法结构简单，可以利用最小的计算成本与数据存储需求来反映多个全球气候模式的代表性，也有较高的可信度，在环境变化影响研究中应用较多，但仅能反映所用全球气候模式自身的信号，没有增加额外的局地信息。统计降尺度法可以充分考虑局地地形、陆面过程对高分辨率结果的影响，但需要以一些专业知识为先导，并具有计算简便高效的特点。同时，统计降尺度法最大的局限在于，该方法假设当前气候与未来气候之间的统计关系在不同区域是一致的，但该假设不能适用于所有区域。动力降尺度法适用于区域气候高分辨率数据的获取，在综合考虑局地地形等信息的基础上利用区域气候模型进行数据转换，结构更为复杂，但结果相对较为准确。同时，该方法主要用于高分辨率气候数据的生成（Ekstroem et al.，2015；Harris et al.，2014）。

　　三类方法虽有差异，但在使用时往往可以相互结合，比如简单扩展法与统计降尺度法或者动力降尺度法相结合，提高生成数据的精准度（Harris et al.，2014；Yoo et al.，2020）。

## 3.2 模型简介

本章期望通过空间降尺度方法利用中国区域低空间分辨率数据生成高空间分辨率结果。低空间分辨率数据来源于北美碳计划（north america carbon project，NACP）中多尺度整合与陆地模型比较项目（multi - scale synthesis and terrestrial model intercomparison project，MsTMIP）里的 15 个模型（Dietze et al.，2011；Huntzinger et al.，2013；Schaefer et al.，2012，2010；Wei et al.，2014）及全球通量网数据驱动模型（Model Tree Ensemble，MTE）的输出结果（Jung et al.，2011；Jung et al.，2020）。

北美碳计划最早始于 2002 年，以量化北美陆地与周边海洋碳收支为主要研究目标（Brown et al.，2016）。2007 年，美国北美碳计划资助了它的第一个科学家会议，探讨北美碳循环动态的研究进展，并为增进不同学科领域的整合提供了框架（Brown et al.，2016）。2010 年开展了区域模型比较试验，使用相同的驱动数据与模型设置方案，设置了包括当前实测气候、大气氮沉降等驱动变量在内的多种模型设置方案，以评估模型在区域水平的模拟效果（Huntzinger et al.，2013；Stoy et al.，2013）。本章中所用模型数据结果均为采用当前气候、$CO_2$ 浓度、大气氮沉降、土地利用类型的试验设置下模型的输出结果，涉及的模型包括 DLEM、Biome - BGC、CLASS - CTEM - N、CLM4、CLM4VIC、GTEC、LPJ - wsl、ORCHIDEE - LSCE、SiB3、TRIPLEX - GHG、VEGAS2.1、VISIT、SiBCASA、TEM6、ISAM 等。已有模型输出结果的空间分辨率均为 0.5°×0.5°。

### 3.2.1 DLEM

陆地生态系统动态模型（dynamic land ecosystem model，DLEM）是根据生态系统基本原理构建和发展起来的一个多元素耦合、多因子驱动、在多个时空尺度上高度整合的开放式生态系统过程模型（Lu et al.，2012；Ren et al.，2011；Tian et al.，2011a）。

DLEM 由生物物理学、植物生理学、土壤生物地球化学、动态植被和土地利用五个核心部分组成。生物物理学部分包括与大气的能量、水和动量的瞬时交换，涉及微气象学、冠层结构、土壤物理、辐射传输、水和能量流以及动量运动。植物生理学部分模拟了光合作用、呼吸、碳水化合物在各器官（根、茎和叶）之间的分配、氮吸收、蒸腾、物候等主要生理过程。土壤生物地球化学部分模拟了矿化、硝化/反硝化、分解和发酵，以便 DLEM 能够估计多种痕量气体（$CO_2$、$CH_4$ 和 $N_2O$）的同时排放。动态植被部分模拟了两种过程：环境变化下植物功能类型的生物地理再分配和干扰后植被恢复过程中的植物竞争与演替。土地利用部分通过输入数据决定。与大多数动态植被模型一样，DLEM 建立在植物功能类型概念的基础上来描述植被分布，并强调了农田、人工林和牧场等管理生态系统中的水、碳和氮循环。

DLEM 将冠层分解为阳生层和阴生层，使用修正的 Farquar 模型来模拟 GPP 动态。阳生层 GPP（$GPP_{sun}$）和阴生层 GPP（$GPP_{shade}$）分别通过其叶片面积（PLAI）、同化速率（$A$）及日照时长（DayL，h）结合单位转化系数（$12.01×10^{-6}$，$\mu$mol $CO_2$ 转化为 g C 的系数）计算而得：

$$GPP_{sun} = 12.01 \times 10^{-6} \times A_{sun} \times PLAI_{sun} \times DayL \times 3600 \quad (3.1)$$
$$GPP_{shade} = 12.01 \times 10^{-6} \times A_{shade} \times PLAI_{shade} \times DayL \times 3600 \quad (3.2)$$
$$GPP = GPP_{sun} + GPP_{shade} \quad (3.3)$$
$$PLAI_{sun} = 1 - \exp(-LAI) \quad (3.4)$$
$$PLAI_{shade} = LAI - PLAI_{sun} \quad (3.5)$$

式中：$A_{sun}$ 和 $A_{shade}$ 为日照和遮荫冠层的同化率；$PLAI_{sun}$ 和 $PLAI_{shade}$ 为阳生层和阴生层叶面积指数。

叶片同化率（$A$）是 RUBP 羧化酶效率（$W_c$）、叶绿素光能捕获效率（$W_j$）、光合产物利用效率（$W_e$）三个限制率的最小值结合生长状态指数 [$Index_{gs}$，气温低于最低温度（无生长）时为 0，否则为 1] 而确定：

$$A = \min(W_c, W_j, W_e) \times Index_{gs} \quad (3.6)$$

对 $C_3$ 植物 $W_e$ 指光合产物运输效率，而 $C_4$ 植物特指 PEP 羧化效率。

植物自养呼吸由维持呼吸（maintenance respiration，MR）和生长呼吸（growth respiration，GR）共同组成。现有研究通常假定同化物的固定部分被用作构建新组织，该比例通常假定为 0.25，故 GR 可以通过 GPP 乘以 0.25 来获得

$$GR = 0.25 \times GPP \quad (3.7)$$

MR 则通过累加植被不同碳库（叶、细根、粗根、茎等）的 MR 来分别获取，其中每一碳库的 MR 均表达为生长阶段常数（rf，生长季为 1 而非生长季为 0.5）、植被功能型特定的参数（$R_{coeff}$）、碳库中的 N 浓度（$N$）及温度限制作用 [$f(T)$]，即

$$MR = rf \times R_{coeff} \times N \times f(T) \quad (3.8)$$

$f(T)$ 则表现为温度（$T$）的函数：

$$f(T) = e^{308.56 \times [1/56.02 - 1/(T + 46.02)]} \quad (3.9)$$

其中计算叶片与茎的维持呼吸时，$T$ 为气温，而计算根系的维持呼吸时，$T$ 为土壤温度。

### 3.2.2 Biome-BGC 模型

Biome-BGC 模型是由 Forest-BGC 模型（Running et al.，1988）演化发展而来的日步长生物地球化学循环模型（Kimball et al.，1997；Running and E. R. Hunt，1993），其碳平衡模块涉及 GPP、GR、MR、异养呼吸（HR）等模块。GPP 的模拟选用大叶模型理念，将 GPP 视为叶片光合速率（$A$）与叶面积指数 LAI 的乘积，基于 Farquhar 提出的生物化学模型（Farquhar et al.，1980）模拟 $A$（Kimball et al.，1997）。MR 被认为是不同植物碳库（如叶、茎、细根、粗根等）大小与温度的函数，利用温度敏感性参数 $Q_{10}$ 来计算。GR 则采用 GPP 与 MR 差值的固定比例（0.32）计算而获得（Hidy et al.，2016）。HR 则通过土壤和凋落物碳库大小及温度、湿度共同影响来计算，其中假设土壤碳库的 1% 直接参与 HR 的生成（Kimball et al.，1997）。GR、MR 与 HR 之和共同构成 ER，而 GPP 与 ER 之差反映 NEP 的大小（Hidy et al.，2016）。不同版本 Biome-BGC 模型的发展及输入数据要求可参见马里兰大学数字地球动态模拟组的网站。

### 3.2.3 CLASS-CTEM-N

CLASS-CTEM-N 是整合土壤和植物氮循环算法至耦合的加拿大陆地表面框架

(Canadian land surface scheme, CLASS) 和加拿大陆地生态系统模型 (Canadian terrestrial ecosystem model, CTEM) 所开发的碳氮循环耦合模型 (Huang et al., 2011)。CLASS-CTEM-N 使用 CTEM 的模型框架模拟 3 个活的植被碳库（叶、茎、根）、2 个死碳库（凋落物和土壤有机质）的植被生长和碳库变化，而土壤碳库又细分为快速有机碳和稳定有机碳两部分 (Arora, 2003; Melton et al., 2015)。与原有 CTEM 模型相比，CLASS-CTEM-N 模型通过生物固氮、氮沉降和氮肥使用 3 个途径计算了无机氮向土壤-植物系统的输入。

GPP 的模拟也基于大叶模型的概念，使用 Farquhar 提出的生物化学模型，但在量化最大羧化速率 ($V_{c\max}$) 时，充分考虑阴生叶和阳生叶的差异，通过冠层最大光合能力 [$V_{c\max(0)}$] 并将叶片氮浓度衰减系数 ($k_N$) 和消光系数 ($k_b$) 的影响考虑在内 (Huang et al., 2011)：

$$V_{c\max,\text{sun}} = V_{c\max(0)} \frac{1 - \exp[-(k_N + k_b)\text{LAI}]}{k_N + k_b} \tag{3.10}$$

$$V_{c\max,\text{shade}} = V_{c\max(0)} \left[ \frac{1 - \exp(-k_N \text{LAI})}{k_N} - \frac{1 - \exp(-(k_N + k_b)\text{LAI})}{k_N + k_b} \right] \tag{3.11}$$

$V_{c\max(0)}$ 通过冠层 Rubp 中氮浓度限制下的最大羧化速率 [$V_{c\max}(N_{\text{rub0}})$] 和温度响应函数 [$f(T_{\text{leaf}})$] 相乘而得，其中 $V_{c\max}(N_{\text{rub0}})$ 是冠层 Rubp 中氮浓度 ($N_{\text{rub0}}$) 和最大 $V_{c\max}(\alpha)$ 的函数：

$$V_{c\max}(N_{\text{rub0}}) = \alpha[1 - \exp(-1.8N_{\text{rub0}})] \tag{3.12}$$

$N_{\text{rub0}}$ 则是单位地表面积总 Rubp 相关氮浓度 ($N_{\text{rub}}$)、冠层氮素反衰减距离 (Nid) 及衰减指数 ($k_n$) 的函数：

$$N_{\text{rub0}} = \frac{N_{\text{rub}} \times \text{Nid}}{1 - \exp(-k_n \times \text{LAI})} \tag{3.13}$$

$f(T_{\text{leaf}})$ 则通过 Rubp 羧化酶的最小温度 ($T_{\min}$)、最大温度 ($T_{\max}$) 和最适温度 ($T_{\text{opt}}$) 计算而得

$$f(T_{\text{leaf}}) = \frac{T_{\max} - T_{\text{leaf}}}{T_{\max} - T_{\text{opt}}} \left( \frac{T_{\text{leaf}} - T_{\min}}{T_{\text{opt}} - T_{\min}} \right)^{(T_{\text{opt}} - T_{\min})/(T_{\max} - T_{\text{opt}})} \tag{3.14}$$

AR 也是通过 MR 和 GR 之和计算而得，其中 MR 包括叶、茎、根的 MR。GR 通常视作 GPP 与 MR 差值的常比例 ($\alpha_G$) 函数 (Arora, 2003)：

$$\text{GR} = \alpha_G(\text{GPP} - \text{MR}) \tag{3.15}$$

叶片生长呼吸 ($\text{MR}_L$) 则通过 $V_{c\max}$ 的数值乘以固定系数（C3 植物为 0.015，C4 植物为 0.025）计算而得，茎秆生长呼吸 ($\text{MR}_S$) 和根系生长呼吸 ($\text{MR}_R$) 则是 20℃下基础呼吸速率 [$\beta_N$, 0.218kg C/(kgN·day)]、氮含量 ($N$, kg N/m²) 及温度敏感性函数 ($Q_{10}$) 的乘积，其中氮含量可以通过碳含量与碳氮比计算而得，$Q_{10}$ 则通过温度 ($T$) 的线性函数来反映 (Arora, 2003)：

$$Q_{10} = 3.22 - 0.046T \tag{3.16}$$

HR 则是土壤异养呼吸 ($\text{HR}_S$) 和凋落物异养呼吸 ($\text{HR}_L$) 之和，均通过 15℃下基础呼吸速率 ($\beta_S$、$\beta_L$)、碳库大小 ($C_S$、$C_L$)、温度敏感性 ($Q_{10}$) 及水分限制作用

## 3.2 模型简介

$[f_S(\psi)、f_L(\psi)]$ 计算而获得（Arora，2003）：

$$HR_S = \beta_S \times C_S \times Q_{10} \times f_S(\psi) \quad (3.17)$$
$$HR_L = \beta_L \times C_L \times Q_{10} \times f_L(\psi) \quad (3.18)$$

AR 与 HR 共同组成 ER，而 GPP 与 ER 之差形成 NEP。

### 3.2.4 CLM4

公用陆面模式（community land model version 4，CLM4）由美国国家大气科学中心研发，是公用气候系统模式（community climate system model，verion 4.0，CCSM4.0）和公用地球系统模式（community earth system model，vesion1.0，CESM1.0）中陆面过程模式分量的结合。尽管 CLM 在近年来有过较大版本的改动，但其改变主要发生在土壤水文过程、土壤热动力学、雪过程、反射率参数等，对碳循环的改变相对较少，主要耦合相关氮循环模块（Lawrence et al.，2011）。

CLM4 模型将冠层分解为阴生叶和阳生叶，通过计算阴生叶和阳生叶的叶片面积及对应光合速率（$A$），加权得到生态系统的 GPP 值。$A$ 则通过 Farquhar 提出的生物化学模型（Farquhar et al.，1980）结合 Ball-berry 气孔导度模型（Wang and Leuning，1998）进行模拟，但在原有 Farquhar 模型羧化速率限制和光限制的基础上增加了产物限制的理念（Bonan et al.，2011），即 RUBP 羧化酶效率（$W_c$）、叶绿素光能捕获效率（$W_j$）、光合产物利用效率（$W_e$）三个限制率的最小值：

$$A = \min(W_c, W_j, W_e) \quad (3.19)$$

在模拟 GPP 的同时，CLM4 还模拟了 AR 和 HR，其中 AR 由 MR 和 GR 所组成。MR 由活组织（叶、茎、细根、粗根）的氮浓度和温度所决定，20℃下单位氮素的 MR 设为 218g C/g N。GR 通过 GPP 与 MR 的差值结合经验系数（0.3）计算而得。HR 则通过模拟不同的凋落物库及土壤碳库的变化计算而得到。不同层次凋落物库之间没有差异，但凋落物库与土壤库在周转时间、分解速率方面存在明显区别。分解速率是土壤温度及土壤水势的函数（Hudiburg et al.，2013；Xie et al.，2016）。

### 3.2.5 CLM4VIC

CLM4 作为公用气候系统模式和公用地球系统模式的重要组成部分，可以模拟全球陆地水循环和碳循环（Bonan et al.，2011；Lawrence et al.，2011），其对径流量的模拟通常采用分布式水文模型来实现（Li et al.，2011；Zampieri et al.，2012）。可变渗透能力模型（variable infiltration capacity，VIC）是大尺度半分布式水文模型（Hamman et al.，2018；Nanda et al.，2019；Wi et al.，2017），将基于 VIC 的产流方案纳入 CLM4 中有助于量化地表与地下径流过程中的参数，提升水循环模拟的精度（Scanlon et al.，2018；Umair et al.，2018）。CLM4 与 CLM4VIC 的区别仅在于地表和地下径流生成过程中的参数化，其 GPP、ER 和 NEP 的模拟与 CLM4 相似。

### 3.2.6 GTEC

GTEC（global terrestrial ecosystem carbon）是美国橡树岭国家实验室开发的一种基于过程的土壤-植被-大气模型（Post et al.，1997）。GTEC 模型将全球划分为 0.5°×0.5° 的栅格单元，并将 50% 以上陆地覆盖的栅格视为陆地，在每一个栅格中依据生态系统类型和土壤类型模拟植被-土壤-大气间的碳水交换。其中 GPP 的模拟基于大叶模型理念选用 Farquhar 来模拟 GPP，选用改进的洛桑模型来模拟凋落物及土壤碳动态（Hanson et al.，2004；King et al.，1997；Post et al.，1997；Ricciuto et al.，2011）。

### 3.2.7 LPJ-wsl

LPJ-wsl（lund-potsdam-jena-wald，schnee，landschaft）是一个基于过程的动态全球植被模型（Calle et al.，2021），是 LPJ 动态植被模型（Sitch et al.，2003）库中的一个重要模型（Babst et al.，2013）。LPJ-wsl 是基于 LPJmL（LPJ managed land）模型增加土地管理等模块改进而来，但其碳动态过程的模拟主要沿用原有 LPJ 动态植被模型的框架，即基于生物化学模型耦合干旱胁迫等在日尺度上模拟 GPP 动态（Poulter et al.，2011；Zhang et al.，2017，2022）。日尺度 GPP 是白天净同化速率（$A_{nd}$）与白天呼吸和夜间呼吸之和（Sitch et al.，2003）。其中，$A_{nd}$ 通过白天吸收光合有效辐射（$I_d$）、光限制或羧化酶限制的形状参数（$\theta$）、经验系数（$s$，$c_1$，$c_2$，$\sigma_c$）计算而得

$$A_{nd} = I_d \left(\frac{c_1}{c_2}\right)[c_2 - (2\theta - 1)s - 2(c_2 - \theta s)\sigma_c] \tag{3.20}$$

其中 $\sigma_c$ 可以表达为其他经验常数的函数：

$$\sigma_c = \left(1 - \frac{c_2 - s}{c_2 - \theta s}\right)^{0.5} \tag{3.21}$$

$s$ 则通过日照时长（$h$）、叶片呼吸与羧化能力比值（$a$）计算而得

$$s = \left(\frac{24}{h}\right)^a \tag{3.22}$$

$c_1$ 则通过生态系统水平有效光量子效率（$\alpha$）、温度限制函数（$f_{temp}$）、$CO_2$ 补偿点（$\Gamma_*$）、细胞内 $CO_2$ 分压（$p_i$）计算而得

$$c_1 = \alpha f_{temp} \frac{p_i - \Gamma_*}{p_i + 2\Gamma_*} \tag{3.23}$$

$c_2$ 则通过 $CO_2$ 补偿点（$\Gamma_*$）、细胞内 $CO_2$ 分压（$p_i$）、大气 $O_2$ 分压（$p_{O_2}$）、$CO_2$ 动力学常数（$k_c$）、$O_2$ 动力学常数（$k_o$）计算而得

$$c_2 = \frac{p_i - \Gamma_*}{p_i + k_c\left(1 + \frac{p_{O_2}}{k_o}\right)} \tag{3.24}$$

其中 $\Gamma_*$ 通过大气 $O_2$ 分压（$p_{O_2}$）及动力学常数（$\tau$）计算而得

$$\Gamma_* = \frac{p_{O_2}}{2\tau} \tag{3.25}$$

而细胞内 $CO_2$ 分压（$p_i$）则通过大气 $CO_2$ 分压（$p_a$）及经验系数 $\lambda$ 计算而得

$$p_i = \lambda p_a \tag{3.26}$$

以上方程中各系数因 C3 及 C4 植物不同而有所差异。

生态系统 AR 由 MR 及 GR 共同组成，其中 MR 分叶、茎、根分别计算，均依托基础呼吸速率（$r$）、组织 C 密度（$C_L$、$C_S$、$C_R$）、组织碳氮比（$cn_L$、$cn_S$、$cn_R$）、物候系数（$\phi$）和温度限制函数 [$g(T)$] 计算而得

$$MR_L = r \frac{C_L}{cn_L} \phi g(T) \tag{3.27}$$

$$MR_S = r \frac{C_S}{cn_S} g(T) \tag{3.28}$$

$$MR_R = r \frac{C_R}{cn_R} \phi g(T) \tag{3.29}$$

$g(T)$ 则通过改进的 Arrhenius 方程（Lloyd et al., 1994）计算而得

$$g(T) = \exp\left[308.56 \times \left(\frac{1}{56.02} - \frac{1}{T+46.02}\right)\right] \tag{3.30}$$

MR 是 $MR_L$、$MR_S$ 与 $MR_R$ 之和并用群落密度进行校正。

GR 通过 GPP 与 MR 的差值进行计算，是经验系数（0.25）与 GPP－MR 的乘积（Sitch et al., 2003）。

HR 是凋落物、土壤中转库及土壤惰性库碳释放的总和，通过各库存碳密度及温度、水分限制因子进行计算（Sitch et al., 2003）。

### 3.2.8 ORCHIDEE-LSCE

ORCHIDEE-LSCE（organizing carbon and hydrology in dynamic ecosystems）是一个描述地表-植被-大气传输模式的动态植被模型，可以在全球范围模拟影响地表全球碳循环的主要过程（光合作用、自养呼吸、异养呼吸等）及显热、潜热等能量交换过程，可以用于模拟气候与植被覆盖变化之间的反馈关系（Ciais et al., 2005；Krinner et al., 2005）。在 ORCHIDEE-LSCE 模型中，全球植被被划分为 12 个植物功能型，每个植物功能型使用相同的模拟方程但各参数存在差异（Tan et al., 2010）。该模型对碳循环过程的模拟集中在半小时（光合作用）和日尺度（其他碳循环过程）（Piao et al., 2007b, 2011, 2012a；Yue et al., 2016a），模拟的碳水通量与 FLUXNET 观测结果具有较好的一致性（Babst et al., 2013；Chang et al., 2013；Keenan et al., 2009；Traore et al., 2014）。

ORCHIDEE-LSCE 的碳循环模块来源于 STOMATE 模型（Saclay Toulouse Orsay model for the analysis of terrestrial ecosystems）（Krinner et al., 2005）。C3 和 C4 植物选用 Farquhar 生物化学模型通过模拟冠层各层的 A 来预测 GPP。对于 C3 植物，每层 A 值通过羧化速率（$V_c$）、$CO_2$ 补偿点（$\Gamma_*$）、细胞内 $CO_2$ 浓度（$C_i$）及白天呼吸速率（$R_d$）来求算：

$$A = V_c(1 - \Gamma_*/C_i) \tag{3.31}$$

其中 $V_c$ 是 RUBP 羧化酶限制下的羧化速率（$W_c$）和光限制下的光合速率（$W_j$）的较小值。

$W_c$ 则通过最大羧化缩率（$V_{cmax}$）、$C_i$、细胞内 $O_2$ 浓度（$O_i$）及 $CO_2$ 和 $O_2$ 的酶动力学米氏常数（$K_C$ 和 $K_O$）来计算：

$$W_c = \frac{V_{cmax} C_i}{C_i + K_C(1 + O_i/K_O)} \tag{3.32}$$

$W_j$ 则通过 RUBP 再生速率（$V_j$）、$C_i$ 和 $\Gamma_*$ 计算而来：

$$W_j = \frac{V_j}{1+2\Gamma_*/C_i} \tag{3.33}$$

$V_j$ 则通过最大 RUBP 再生速率（$V_{jmax}$）、截获光量子量（$I$）、RBUP 再生的光量子产率（$\alpha_j$）及光响应曲率（$\Theta$）使用非直角双曲线进行模拟：

$$V_j = \frac{1}{2\Theta}\left[\alpha_j I + V_{jmax} - \sqrt{(\alpha_j I + V_{jmax})^2 - 4\Theta\alpha_j I V_{jmax}}\right] \tag{3.34}$$

C4 植物中，$A$ 的模拟则通过一对嵌套二次函数来获得，第一个二次函数由函数的曲率（$\Phi$）、RUBP 羧化酶和光限制下的通量（$M$）、底物充足时依赖于温度的 RUBP 容量（$V_T$）及光量子效率（$\alpha_T$）来确定：

$$\Phi M^2 - M(V_T + \alpha_T Q) + V_T \alpha_T Q = 0 \tag{3.35}$$

第二个二次函数由函数的曲率（$\beta$）、基于温度的 $CO_2$ 响应一阶常数（$k_T$）、$C_i$ 及 M 来确定：

$$\beta A^2 - A(M + k_T C_i) + M k_T C_i = 0 \tag{3.36}$$

两个方程中较小的根值即为对应方程的解。

AR 也包括 MR 和 GR，其中非叶器官的 MR 通过相应器官维持呼吸系数（$c$）及生物量（$B$）计算而得，而叶片的 MR 则考虑陆地叶片氮含量的影响。GR 则视为可分配生物量的固定系数（0.28）（Krinner et al., 2005）。

HR 中，凋落物分为地上和地下、结构性及代谢性库，土壤碳库则分为活跃碳库、缓性碳库和慢性碳库，不同植被类型中自然植被与农田植被分别计算，基于底物供应量、温度限制及水分限制确定不同碳库的 HR（Krinner et al., 2005）。

### 3.2.9 SiB3

SiB3（the simple interactive biosphere model version 3）是简单生物圈模式的更新版本，最早用于气候模式中模拟生物物理过程（Baker et al., 2008；Powell et al., 2013；Raczka et al., 2013；Rowland et al., 2015；Sellers et al., 1996），在更新的 SiB 模型中，预定参数的数量在持续减少，而模型中的参数大多通过给定环境变量计算而得。

SiB3 模型使用 Farquhar 提出的生物化学模型基于大叶模型的理念通过预测 $A$ 模拟植被的 GPP。叶片 $A$ 被视为 Rubisco 羧化酶限制的同化速率、光限制的同化速率和光合产物限制（C3 植物，或 PEP 羧化酶限制，C4 植物）的光合速率的最小值，三个同化速率均表现为其最大值受温度、水分的限制（Sellers et al., 1996）。在 SiB3 模型中，水分限制因子的表达形式得到进一步更新（Baker et al., 2003, 2008）。

SiB3 模型中的自养呼吸源自 GPP 与温度、水分的限制作用（Cramer et al., 1999；Sellers et al., 1996），而土壤呼吸选用改进的土壤呼吸模型进行表达（Baker et al., 2003, 2008）。

### 3.2.10 TRIPLEX - GHG

TRIPLEX - GHG 是基于已有 TRIPLEX 模型基础上耦合 $CH_4$ 生物地球化学及水深模块发展而来（Zhu et al., 2014a, 2015），其碳循环模块保留原有 TRIPLEX 模型的主体。TRIPLEX 模型则是基于森林生长和碳动态模型（3 - PG、TREENYD3）、土壤碳氮耦合模型（CENTURY4.0）发展而来的过程模型（Peng et al., 2002）。但与以往过程模型有所不同的是，TRIPLEX 模型中的 GPP 及 NPP 选用简化的过程模型来模拟，将 GPP 视为每月捕获的 PAR（$I_m$）、LAI、林龄限制（$f_a$）、气温限制（$f_t$）、土壤湿度限制（$f_w$）、每月雾天比例（$f_d$）及转化系数（$k$）的乘积：

$$\text{GPP} = k I_m \text{LAI} f_a f_t f_w f_d \tag{3.37}$$

$f_t$ 通过气温（$T$）结合最小温度（$T_{\min}$）、最高温度（$T_{\max}$）和最适温度（$T_{\text{opt}}$）予以求算：

$$f_t = \left(\frac{T - T_{\min}}{T_{\text{opt}} - T_{\min}}\right) \left(\frac{T_{\max} - T}{T_{\max} - T_{\text{opt}}}\right)^{(T_{\max} - T_{\text{opt}})/(T_{\text{opt}} - T_{\min})} \tag{3.38}$$

$f_w$ 表现为空气湿度（VPD）与土壤湿度限制作用的较小值，分别通过 VPD 及土壤水分比（$W_r$）结合土壤类型相关的常数（$W_c$ 和 $W_p$）、经验系数（$p_{\text{cof}}$）求算：

$$f_w = \min\left[\exp(p_{\text{cof}} \text{VPD}), \frac{1}{1 + \left(\frac{1 - W_r}{W_c}\right)^{W_p}}\right] \tag{3.39}$$

$W_r$ 则通过逐层土壤湿度与土壤饱和含水量之比进行计算。

$f_a$ 通过相对林龄（$F_{ar}$）、实际林龄（$a$）、最大林龄（$F_{a\max}$）进行计算：

$$f_a = \begin{cases} 0.7 + 0.3\left(\dfrac{a}{0.2 F_{a\max}}\right) & a < 0.2 F_{a\max} \\ \dfrac{1}{1 + \left(\dfrac{F_{ar}}{0.95}\right)^3} & a \geq 0.2 F_{a\max} \end{cases} \tag{3.40}$$

$F_{ar}$ 则计算为

$$F_{ar} = \max\left(0, \frac{a - 0.2 F_{a\max}}{F_{a\max}}\right) \tag{3.41}$$

NPP 则通过固定常数（$C_{\text{NPP}}$, $0.47 \pm 0.04$）、GPP、养分限制因素（$f_r$）计算：

$$\text{NPP} = C_{\text{NPP}} \times f_r \times \text{GPP} \tag{3.42}$$

其中 $f_r$ 表达为可利用氮（$N_{\text{avl}}$）、$C_{\text{NPP}}$、GPP、最大 C∶N（$B_{\max}$）的函数：

$$f_r = \min\left(1.0, \frac{N_{\text{avl}}}{\dfrac{C_{\text{NPP}} \text{GPP}}{B_{\max}}}\right) \tag{3.43}$$

GPP 与 NPP 的差值即为 Ra。Rh 则通过 CENTURY 模型中土壤有机碳分解模块及养分限制作用来共同实现。Ra 和 Rh 之和构成 ER，GPP 与 ER 之差表达为 NEP（Peng et al., 2002）。

### 3.2.11 VEGAS2.1

VEGAS2.1（vegetation-global-atmosphere-soil）是用于耦合到陆面模型中的动态植被模型，将全球划分为 5 类植被功能型：阔叶树、针叶树、冷草、暖草和农田，其中前三种植被功能型以 C3 植物为主，而第四种植被功能型由 C4 植物构成。碳循环的模拟起步于 GPP，植被光合产物分配至叶、茎、根等器官。植物器官的有机碳经维持呼吸与生长呼吸消耗后逐步进入土壤活性库、中间库及惰性库，并经温度和湿度调控作用分解释放至大气（Sitch et al.，2015）。与多数过程模型基于 Farquhar 提出的生物化学模型模拟光合作用有所不同，VEGAS2.1 利用 Jarvis 提出的气孔导度模型，综合考虑光照、温度、土壤湿度及 $CO_2$ 对光合作用进行模拟（Zeng，2003）。植被成分通过光合作用和蒸散的土壤水分依赖性，以及对温度、辐射和大气 $CO_2$ 的依赖性，与土地和大气耦合（Chen et al.，2013c；Han et al.，2017；Zeng et al.，2005；Zhou et al.，2022）。

### 3.2.12 VISIT

VISIT（the vegetation integrative simulator for trace gases）是日本学者 Akihiko Ito 等开发的陆地生态系统过程模型，是基于陆地生态系统碳循环模拟模型（Sim‐CYCLE）修改而创立（Ito，2010；Ito et al.，2006）。VISIT 模型将碳循环框架分为大气 $CO_2$ 交换模块和生态系统之间碳动态模块两部分（Ito et al.，2005）。大气 $CO_2$ 交换模块模拟 GPP、Ra 及凋落物分解，生态系统之间碳动态模块模拟叶片物候、光合产物分配、凋落物形成及腐殖质分解（Ito et al.，2007）。

GPP 采用基于单叶水平光-光合作用关系及冠层水平辐射—LAI 关系的 Monsi‐Saeki 方法进行模拟，适用于将叶片水平的光合速率扩展至冠层水平（Ito et al.，2005）。基于光饱和时的光合速率（$A_{sat}$）、光能利用效率（LUE）、瞬时 PAR 强度（$I$）、正午 PAR 强度（$I_m$）、白天长度（DL）、LAI、消光系数（$K$）模拟 GPP：

$$\begin{aligned}
\text{GPP} &= \sum \left( \int^{DL} \int^{LAI} \frac{A_{sat} \times \text{LUE} \times I}{A_{sat} + \text{LUE} \times I} \text{dLAI}dt \right) \\
&= \sum \frac{2DL \times A_{sat}}{K} \ln \left[ \frac{1 + \sqrt{1 + K \times \text{LUE} \times I_m / A_{sat}}}{1 + \sqrt{1 + K \times \text{LUE} \times I_m \times \exp(-K \times \text{LAI})/A_{sat}}} \right]
\end{aligned} \quad (3.44)$$

叶片呼吸（$R_L$）通过活化能（$E_a$）、温度（$T$）、25℃下的呼吸强度（$R_{L,T=25}$）及 LAI 扩展系数（$f_{LAI}$）而计算：

$$R_L = f_{LAI} \times R_{L,T=25} \exp \left[ \frac{E_a \times (T-25)}{8.314 \times 298 \times (T+273)} \right] \quad (3.45)$$

茎干呼吸（$R_S$）通过维持呼吸模块和生长呼吸模块基于茎干碳储量（$W_S$）、茎干碳储量增加速率（$\Delta W_S$）、茎干维持呼吸速率（$R_{S,M}$）和生长呼吸速率（$R_{S,G}$）、温度敏感性参数（$Q_{10}$）及 $T$ 来模拟：

$$R_S = W_S \times R_{S,M} \times Q_{10}^{(T-15)/10} + \Delta W_S \times R_{S,G} \quad (3.46)$$

与 $R_S$ 相似，根系呼吸（$R_R$）也通过维持呼吸模块和生长呼吸模块基于根系碳储量（$W_R$）、根系碳储量增加速率（$\Delta W_R$）、根系维持呼吸速率（$R_{R,M}$）和生长呼吸速率（$R_{R,G}$）、温度敏感性参数（$Q_{10}$）及 $T$ 来模拟：

$$R_R = W_R \times R_{R,M} \times Q_{10}^{(T-15)/10} + \Delta W_R \times R_{R,G} \quad (3.47)$$

凋落物分解速率（$R_D$）则通过基础凋落物分解速率（$R_{D0}$）、凋落物碳储量（$W_D$）、温度限制因子（$f_T$）、湿度限制因子（$f_M$）来共同计算：

$$R_D = R_{D0} \times f_T \times f_M \times W_D \quad (3.48)$$

腐殖质分解速率（$R_F$）则通过基础腐殖质分解速率（$R_{F0}$）、腐殖质碳储量（$W_F$）、温度限制因子（$f_T$）、湿度限制因子（$f_M$）来共同计算：

$$R_F = R_{F0} \times f_T \times f_M \times W_F \tag{3.49}$$

不同的凋落物库及腐殖质库，其基础分解速率有所不同。

生态系统呼吸（ER）表达为 $R_L$、$R_S$、$R_R$、$R_D$、$R_F$ 之和，而 NEP 则为 GPP 与 ER 之差（Ito et al.，2007）。

### 3.2.13 SiBCASA

SiBCASA 是将 SiB 模型与经典的 CASA 模型整合到一起，使用 SiB 模型模拟 GPP，使用 CASA 模型模拟 GPP 在生态系统内各个库存之间的分配（Schaefer et al.，2008）。因而，GPP 的模拟途径与前述 SiB3 模型中 GPP 的模拟方法相一致，呼吸消耗强度则通过 CASA 模型进行模拟（He et al.，2018；Piao et al.，2005；Qiu et al.，2023；Ruimy et al.，1999；朴世龙 等，2001）。

### 3.2.14 TEM6

TEM6（terrestrial ecosystem model version 6）是一个基于过程的全球尺度生态系统模型，可以利用气候、土壤、海拔和植被等空间信息估算与尺度碳氮通量及库存的大小（Raich et al.，1991）。TEM6 模型包括 5 个状态变量：植被碳库（$C_V$）、植被氮库（$N_V$）、土壤有机碳库（$C_S$）、土壤有机氮库（$N_S$）和土壤可用无机氮库（$N_{av}$）。TEM6 模型中，碳的流动始于植被固定 $CO_2$ 即 GPP，经过凋落物、植物自养呼吸（Ra）形成 NPP。凋落物进入土壤库，结合土壤有机质分解形成异养呼吸（Rh），最终形成 NEP。碳的循环与氮循环过程紧密相连相互作用。与以往 GPP 模拟过程有所不同，TEM6 模型对 GPP 的模拟选用最大碳同化速率（$C_{max}$）、PAR 的限制作用 [$f(PAR)$]、与月蒸散量有关的物候限制作用 [$f(phenology)$，等于月均 LAI 与最大 LAI 的比值]、叶片限制作用 [$f(foliage)$，等于月均冠层叶片生物量与最大叶片生物量的比值]、温度限制作用 [$f(T)$]、$CO_2$ 浓度限制作用 [$f(C_a,G_v)$]、叶片氮浓度的限制作用 [$f(NA)$] 及冻融动态的限制作用 [$f(FT)$] 的乘积（Zhu et al.，2014；Zhuang et al.，2010）：

$$GPP = C_{max} \times f(PAR) \times f(phenology) \times f(foliage) \times f(T) \times f(C_a,G_v) \times f(NA) \times f(FT) \tag{3.50}$$

MR 通过 $C_V$、植被呼吸速率（$K_r$）、温度（$T$）来求算（Raich et al.，1991）：

$$MR = C_V \times K_r \times \exp(0.0693T) \tag{3.51}$$

当 GPP 大于 MR 时，GR 则表达为 GPP－MR 差值的固定比例（0.2），否则 GR 为 0（Raich et al.，1991）。

Rh 则与 MR 计算相似，基于模拟的土壤温度、土壤碳含量、结合冻融过程进行计算（Raich et al.，1991；Zhuang et al.，2003）。

### 3.2.15 ISAM

ISAM（integrated science assessment model）一个量化气候变化（$CO_2$ 浓度变化）、火灾、土地利用变化对生态系统影响的陆面过程模型（Gahlot et al.，2017；Jain et al.，1995；Jain et al.，1996），也被用于评估陆地生物圈的碳氮动态，其结果被历次 IPCC 气候变化评估报告所采用（Jain et al.，2005；Yang et al.，2009）。ISAM 将全球分为 0.5°×0.5°的栅格单元，每个栅格单元的土地类型划分参照全球 28 种土地覆被类型（天然林、次生林、C3 草地、C4 草地、C3 农田、C4 农田等）及裸地进行确定（Meiyappan et al.，2015）。

ISAM 的陆地部分由 7 个植被库、8 个凋落物和土壤库所组成，包括生物物理学模块和生物地球化学模块（Kheshgi et al.，2003；Kheshgi et al.，1999）。生物物理学模块包括植被光合作用、能量交换、土壤水文等组件，生物地球化学模块包括土壤、植被、凋落物的碳动态和碳库大小以及氮代谢和氮库大小。ISAM 可基于不同的土地覆盖及相关气候数据集模拟植物和土壤碳储量对农田土地覆盖、大气 $CO_2$ 及气候历史变化的响应（Barman et al.，2014；El-Masri et al.，2013，2015，2019）。

ISAM 使用 Farquhar 提出的生物化学模型（Farquhar et al.，1980）模拟 C3 植物叶片水平的光合作用并结合其改进版本（Collatz et al.，1992）模拟 C4 植物的光合作用。结合模拟的光合速率，分别使用阴叶和阳叶模式结合叶面积指数扩展至冠层水平，同时考虑氮可利用性对 GPP 的影响（El-Masri et al.，2013）。

ISAM 中 MR 和 GR 的模拟选用 Sitch 等（2003）提出的自养呼吸计算方案，将 MR 从叶片、茎干、根系三个部分基于温度敏感性、温度、氮浓度分别计算，将 GR 视为 GPP 与 MR 差值与固定系数（0.25）的乘积。Rh 则视为凋落物及土壤碳库的分解释放量，通过温度、湿度、分解速率等进行计算（El-Masri et al.，2013；Jain et al.，1995）。

### 3.2.16　MTE

MTE（model tree ensembles）是基于机器学习语言逐月生成区域碳水通量结果。利用全球通量观测网络所观测的 $CO_2$、水汽及能量通量结合遥感、气候、土地利用等数据，MTE 实现了站点观测通量结果向区域水平的扩展（Jung et al.，2011，2020）。MTE 根据逻辑判断将数据集分层，树的最终域（叶）由一系列判定定义，使用多重线性函数为该域的目标（Y）变量建模。分层可以反映变量间的任何非线性关系，其结果是对现有模型模拟结果的重要补充。

## 3.3　数据分析

本章结果以站点观测的碳通量数据为基础，筛选不同模型模拟所得碳通量与实际观测数据之间的对应关系，获得最优模型输出结果。基于最优模型输出结果，利用统计降尺度中的传递函数法实现原有低分辨率碳通量数据向高分辨率结果的转变，进而分析碳通量的时空变化。

### 3.3.1　观测数据的获取

本章所用观测数据源自文献公开报道结果和 ChinaFLUX 长期联网观测数据（Yu et al.，2013；Zhu et al.，2022，2023b，2023c，2016b）。以"涡度相关"或"eddy covariance"为关键词，在中国知网及 Web of Science 数据库搜索 2002—2021 年涡度相关观测的文献。对于获取的文献，逐篇阅读，筛选包含原位观测碳通量（GPP、ER、NEP）的文献，并逐一提取文献中所报道的碳通量数值。鉴于本章针对年碳通量总量的时空变异开展分析，故仅提取有一年以上连续通量观测结果报道的生态系统。同时，本章侧重分析碳通量的空间变异规律，故当某一生态系统存在多年观测数据时，本章计算观测时段内的平均值表征该生态系统的碳通量数值。对于ChinaFLUX联网观测数据，本章使用通用数据处理流程对其结果进行质量控制和插补，获得完整时间序列的碳通量数值及其年总量。整合文献公开报道结果和ChinaFLUX长期联网观测数据集，本章获得中国166个站点的碳通量数值，涵盖45个森林生态系统、59个草地生态系统、26个湿地生态系统和38个农田生态系统，且覆盖了中国大部分生态系统类型。

基于各观测站点的地理位置信息，本章同步提取各站点的主要气候土壤生物要素数据，其中气候要素包括年均气温（mean annual air temperature，MAT）、年总降水量（mean annual precipitation，MAP）、年总光合有效辐射（photosynthetic active radiation，PAR）、年潜在蒸散（potential evapotranspiration，PET）、年均饱和水汽压差（vapor pressure deficit，VPD）、年均$CO_2$密度（$CO_2$ density，$CO_2$），土壤要素包括土壤湿度（soil moisture，SM）、土壤有机碳密度（soil organic carbon density，SOC）、土壤总氮密度（soil total nitrogen density，STN），生物要素包括年均叶面积指数（annual mean leaf area index，LAI）和年最大叶面积指数（annual maximum leaf area index，MLAI）。各要素的数据源可参照已发表文献结果（Zhu et al.，2022，2023b，2023c）。

### 3.3.2 最优模型的筛选

基于过程模型和数据驱动模型所得的全球$0.5°\times0.5°$空间分辨率的瞬时（月尺度）碳通量数据，本章累加得到相应通量的年值：年总初级生产力（annual gross primary productivity，AGPP）、年生态系统呼吸（annual ecosystem respiration，AER）和年净生态系统生产力（annual net primary productivity，ANEP）。

基于计算所得各模型各碳通量年值的空间分布，结合已有通量观测站点的地理位置信息，逐年提取通量观测站点的碳通量年值结果。鉴于本章重点考查已有碳通量输出结果与现有站点观测结果的空间变异之间的关系，本章将提取所得所有年份的碳通量年值求算均值，表征该站点的碳通量数值。

基于各站点提取所得碳通量数值，结合各站点的观测结果，利用线性回归的方法分析模型模拟数值与观测值之间的对应关系，通过线性回归所得回归方程的决定系数（$R^2$）及回归斜率比较不同模型对应关系之间的差异，筛选回归斜率最接近于1且$R^2$最大的模型为最优模型。

### 3.3.3 空间降尺度的实现

鉴于统计降尺度法和简单扩展法具有结构简单、计算量小的优势，本章碳通量空间降尺度通过统计降尺度法和简单扩展法相结合来实现，即通过传递函数扩展低分辨率（$0.5°\times0.5°$）碳通量空间数据得到高空间分辨率（约1km）的初始预测数值，并基于原始预测数值与模型输出结果的差值对初始预测数值进行校正，获得高空间分辨率的碳通量结果。具体做法为：

（1）基于最优模型输出的全球$0.5°\times0.5°$碳通量年值，结合中国的地理位置范围提取获得中国区域低分辨率碳通量年值空间数据，同步获取低分辨率的气候土壤生物要素空间数据，气候土壤生物要素的变量类型与各站点提取所得要素相同。

（2）基于低分辨率的碳通量数值及气候土壤生物要素，基于多元回归逐年构建气候土壤生物要素向碳通量的传递函数，获得初始高分辨率碳通量空间分布的评估模型。

（3）结合各年初始高分辨率碳通量空间分布模型及高空间分辨率气候土壤生物要素栅格数据，生成各年高空间分辨率碳通量初始预测数据。

（4）结合各年初始高分辨率碳通量空间分布模型及低空间分辨率气候土壤生物要素数据，获得低分辨率碳通量初始预测数值，结合原有模型输出结果得到初始预测数值与模型输出结果之间的差值。

（5）基于初始预测数值与模型输出结果之间的差值，利用 Matlab 中的三次方程插值方法插值到高分辨率，获得高分辨率差值结果。

（6）基于高分辨率差值结果和初始高分辨率碳通量数据，得到高分辨率碳通量阶段数据。

（7）鉴于 AGPP 及 AER 不小于 0 且 LAI 为 0 时的碳通量数值约等于 0，本章将高分辨率碳通量阶段数据中数值小于 0 的 AGPP 及 AER 数据设为 0，同时将 LAI 数据为 0 的碳通量结果设为 0，校正高分辨率碳通量阶段数据，获得高分辨率碳通量数据产品。

### 3.3.4　碳通量时空变化分析

基于空间降尺度所得碳通量空间数据，本章就 2000—2011 年中国陆地生态系统主要碳通量（AGPP、AER、ANEP）的时空变异及影响因素进行细致分析，具体包括以下 3 方面。

（1）基于 2000—2011 年中国陆地生态系统主要碳通量的均值，本章揭示主要碳通量（AGPP、AER、ANEP）的空间分布。同时，基于各碳通量研究时段内的均值，本章在纬向及经向每隔 0.5° 选取中国区域碳通量数值，取 0.5° 范围内碳通量结果的平均值分析主要碳通量随着纬度及经度增加而变化的趋势。为了揭示碳通量纬向及经向变化的影响因素，采用同样的方法获得各 0.5° 范围内主要气候土壤生物要素的均值，利用多元回归分析揭示主要气候土壤生物要素对碳通量纬向及经向变异的影响，并采用独立效应分析（Murray et al.，2009；Zhu et al.，2022，2023c）阐明各要素的独立效应。

（2）基于 2000—2011 年中国陆地生态系统主要碳通量的总量，采用线性回归的方法揭示碳通量总量的年际变异规律。

（3）基于 2000—2011 年中国陆地生态系统主要碳通量的空间分布结果，逐像元采用线性回归的方法揭示碳通量的年际趋势，获得主要碳通量年际趋势的空间分布，并用碳通量经向格局、纬向格局及影响因素分析相似的方法，阐明主要碳通量年际趋势的纬向变化、经向变化及影响因素，并揭示各因素对主要碳通量年际趋势的纬向、经向变化的独立效应，探究碳通量年际趋势的主要影响因素。

## 3.4　基于空间降尺度的中国陆地生态系统 AGPP 的时空变化

### 3.4.1　AGPP 空间降尺度的实现

不同模型模拟 AGPP 与实测 AGPP 之间的对应关系存在巨大差异，以数据驱动的

3.4 基于空间降尺度的中国陆地生态系统 AGPP 的时空变化

MTE 所得结果与实测值的一致性为最高（图3.1）。各模型模拟 AGPP 与实测 AGPP 之间的回归斜率介于 0.05～1.04 之间，以 CLASS-CTEM-N 的回归斜率最低，不足 0.1 [图 3.1（b）]，而以 CLM4VIC 的回归斜率为最高，可以达到 1.04 [图 3.1（d）]，但大多数模型（9/16）模拟 AGPP 与实测 AGPP 之间的回归斜率介于 0.5～0.7 之间。不同模型模拟 AGPP 与实测 AGPP 之间回归方程的 $R^2$ 也呈现明显差异，总体介于 0.07～0.51

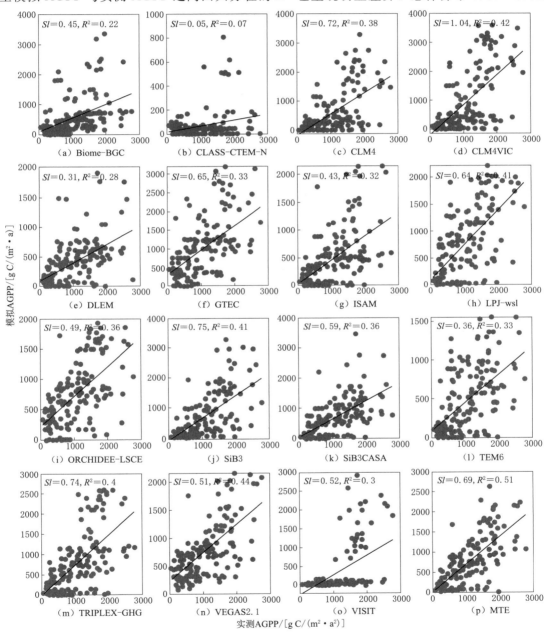

图 3.1 不同模型模拟 AGPP 与实测 AGPP 的对应关系

$Sl$—回归斜率；$R^2$—决定系数

之间，最小值出现在 CLASS-CTEM-N 模型模拟 AGPP 与实测 AGPP 的回归方程上[图 3.1（b）]，而最大值出现在 MTE 模拟 AGPP 与实测值的回归方程上，可以达到 0.61 [图 3.1（p）]，大部分模型（9/16）模拟 AGPP 与实测值之间回归方程的 $R^2$ 介于 0.2～0.4 之间，表现出较大的离散性。从综合回归斜率（$Sl$）与 $R^2$ 可以看出，MTE 模拟 AGPP 最能反映中国 AGPP 的空间变异规律[图 3.1（p）]。

基于气候土壤生物要素的多元回归方程反映了 96％以上的模拟 AGPP 的空间变异，进而逐年构建气候土壤生物要素向 AGPP 的传递函数（图 3.2）。基于气候土壤生物要素的多元回归方程充分捕捉了模拟 AGPP 的空间变异，且在各年之间没有呈现明显区别，进而使得 AGPP 空间变异可以利用气候土壤生物要素的多元回归方程来表达，实现气候土壤生物要素向 AGPP 的传递。因而，基于统计降尺度实现低分辨率 AGPP 向高分辨率 AGPP 扩展时需综合考虑气候土壤生物要素的综合作用。

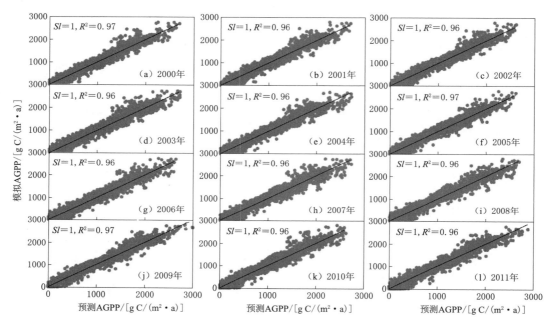

图 3.2 2000—2011 年逐年回归方程预测所得年总初级生产力（预测 AGPP）与模型模拟结果（模拟 AGPP）的对应关系

### 3.4.2 AGPP 的空间变异及影响因素

基于统计降尺度所得 2000—2011 年 AGPP 均值可以发现：AGPP 呈现明显的自东南向西北逐渐减少的空间梯度（图 3.3）。中国陆地生态系统 AGPP 的高值出现在东南沿海地区如台湾、海南、广东等，其数值可以超过 2400g C/($m^2$·a)，其后在长江中下游等地，AGPP 数值降低至 2000g C/($m^2$·a) 左右，再往北至华北平原、东北平原等地，AGPP 数值约为 1000g C/($m^2$·a) 左右，而西北内陆及青藏高原等地，AGPP 数值不足 500g C/($m^2$·a)。

AGPP 的空间分布使其在不同植被区之间的分配呈现明显区别，并以亚热带常绿阔叶

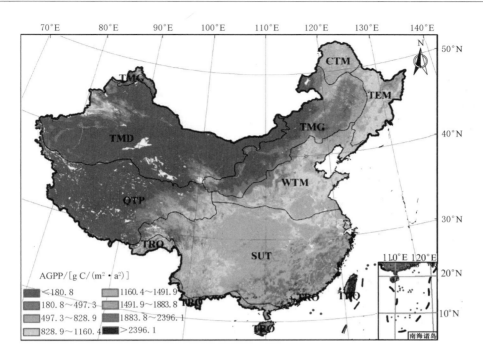

图 3.3 2000—2011 年中国陆地生态系统年总 AGPP 的空间分布（参见文后彩图）

SUT—亚热带常绿阔叶林区；TRO—热带季雨林区；WTM—暖温带落叶阔叶林区；TMD—温带荒漠区；
CTM—冷温带针叶林区；QTP—青藏高原区；TEM—温带针阔混交林区；TMG—温带草地区

林区（SUT）的总量为最高（图 3.4）。受制于单位面积 AGPP 数值及各植被区面积差异的影响，不同植被区 AGPP 总量呈现明显不同，其中 SUT 的 AGPP 总量最高，达到 3.31Pg C/a，贡献了全国 AGPP 总量的 57%。尽管热带季雨林区（TRO）的 AGPP 强度较高，但受限于面积较小，其 AGPP 总量也仅为 0.39Pg C/a。相反，暖温带落叶阔叶林区（WTM）AGPP 数值较低但面积较大，使得其 AGPP 总量也能达到 0.8Pg C/a，其他植被区的 AGPP 总量均小于 0.4Pg C/a，并以温带荒漠区（TMD）和冷温带针叶林区（CTM）的总量为最低，均不足 0.2Pg C/a（图 3.4）。

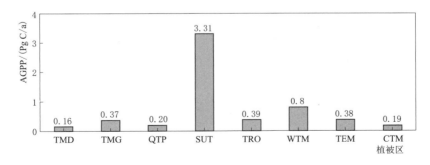

图 3.4 不同植被区 AGPP 总量

SUT—亚热带常绿阔叶林区；TRO—热带季雨林区；WTM—暖温带落叶阔叶林区；TMD—温带荒漠区；
CTM—冷温带针叶林区；QTP—青藏高原区；TEM—温带针阔混交林区；TMG—温带草地区

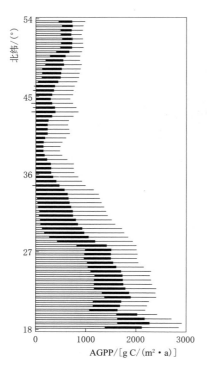

图 3.5 中国 AGPP 的纬向变化

AGPP 的空间分布使得 AGPP 呈现明显的纬向递减格局（图 3.5）。随着纬度增加，AGPP 呈现明显的减少趋势，并在 40°N 左右达到 AGPP 的最低值。此后，AGPP 随着纬度增加虽略有增大，但其数值仍明显低于低纬地区的 AGPP 数值。

AGPP 的纬向递减趋势源于气候土壤生物因素的综合作用并以 MAP、LAI 及 MAT 的相对贡献为主（图 3.6）。基于主要气候土壤生物因素的多元回归方程可以完全揭示 AGPP 的纬向递减格局（$R^2=1$），但不同因素在 AGPP 纬向递减格局中的作用有所差异。MAP 和 LAI 对 AGPP 纬向递减格局的独立效应最高，均贡献了超过 20% 的 AGPP 纬向变化，其次为 MAT 的独立效应，也贡献了 18.55% 的 AGPP 纬向变化。MLAI 和 SM 对 AGPP 纬向变化的作用略低，但也贡献了超过 10% 的 AGPP 纬向变化。其他气候土壤因素的作用相对较小，普遍贡献了不足 2% 的 AGPP 纬向变化。

除了呈现纬向递减格局，AGPP 也呈现明显的经向增大趋势（图 3.7）。随着经度增加，AGPP 明显增大，并在东经 110°左右达到最大值，可以超过 1000g C/(m²·a)。此后，随着经度增加，AGPP 数值有所减小，但仍可以超过 500g C/(m²·a)，明显高于经度较小地区 AGPP 的数值。

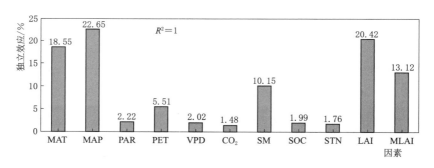

图 3.6 气候土壤生物因素对 AGPP 纬向变异的独立效应

AGPP 的经向增大格局也源于气候土壤生物因素的综合作用并以 MAP、LAI 及 MAT 的作用为主（图 3.8）。基于气候土壤生物因素的多元回归方程完全解释了 AGPP 的经向增大格局（$R^2=1$），但各因素的作用有所区别。MAP 和 LAI 对 AGPP 经向增大格局的贡献最大，分别贡献了 19.10% 和 17.96% 的 AGPP 经向变化。其次为 MAT 的作用，也贡献了 14.26% 的 AGPP 经向变化。MLAI、PAR、SM 及 $CO_2$ 对 AGPP 经向变化的作用大致相当，均为 10% 左右，其他因素的贡献则均不超过 3%。

3.4 基于空间降尺度的中国陆地生态系统 AGPP 的时空变化

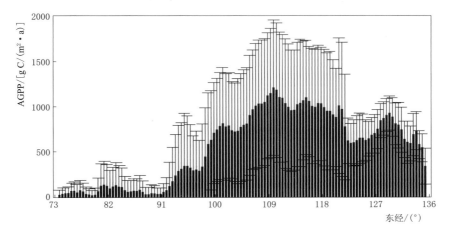

图 3.7 中国 AGPP 的经向变化

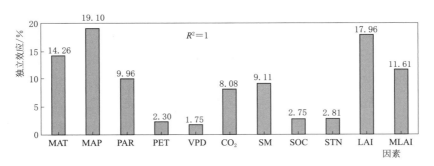

图 3.8 气候土壤生物因素对 AGPP 经向变化的独立效应

### 3.4.3 AGPP 年际趋势的空间变异及影响因素

除了呈现空间变异，AGPP 也表现出明显的年际波动。

2000—2011 年，尽管年际间 AGPP 总量呈现一定上升趋势，年均增加 0.04Pg C/a，但上升趋势没有在统计学上达到显著水平（$P>0.05$）（图 3.9）。2000—2011 年，中国陆地生态系统 AGPP 总量为 5.38～6.27Pg C/a，均值达到 $(5.78±0.27)$ Pg C/a，最小值出现在 2001 年，最大值则出现在 2005 年。

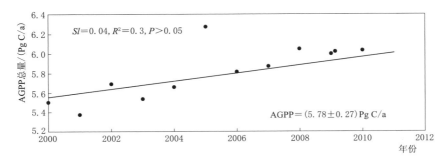

图 3.9 2000—2011 年中国陆地生态系统 AGPP 总量的年际趋势

AGPP 年际趋势也呈现明显的空间差异,总体呈现东高西低的特征(图 3.10)。研究时段内,全国 52.75% 的陆地表现为 AGPP 增大,AGPP 年际趋势呈现正值;23.76% 的陆地表现为 AGPP 减少;AGPP 年际趋势呈现负值;其他区域 AGPP 没有呈现明显的年际趋势。AGPP 年际趋势为正值的区域主要分布在东北平原腹地、华北平原、黄土高原及四川盆地、海南岛等地,西部地区仅在天山南麓有较高的 AGPP 年际趋势,而 AGPP 年际趋势为负值的地区分布较为分散,在各个区域均有一定的分布,主体分布在西部地区。AGPP 年际趋势的最大值则出现在黄土高原、华北平原及淮河流域。

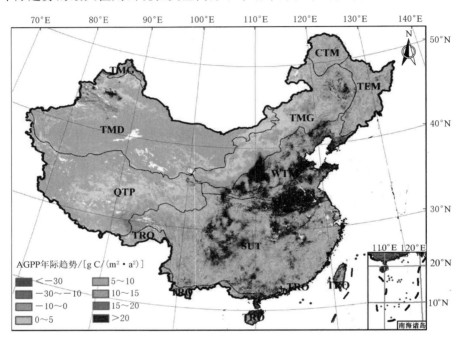

图 3.10　2000—2011 年中国陆地生态系统 AGPP 年际趋势的空间分布(参见文后彩图)
SUT—亚热带常绿阔叶林区;TRO—热带季雨林区;WTM—暖温带落叶阔叶林区;TMD—温带荒漠区;
CTM—冷温带针叶林区;QTP—青藏高原区;TEM—温带针阔混交林区;TMG—温带草地区

AGPP 年际趋势的空间分布使得不同植被区呈现各异的 AGPP 年际趋势值并以 WTM 的数值为最高(图 3.11)。不同植被区 AGPP 年际趋势的均值介于 $-0.47 \sim 17.01$ g C/($m^2$·a),大多数植被区呈现 AGPP 增加趋势(6/8)。WTM 的 AGPP 年际趋势为最高,研究时段内 AGPP 的增加速率最快,年均增加速率达到 17.01g C/($m^2$·a),SUT 和 TRO 也具有较高的 AGPP 年际趋势,但其数值明显低于 WTM 的 AGPP 年际趋势值,分别仅为 7.7g C/($m^2$·a) 和 5.9g C/($m^2$·a)。温带草原地区(TMG)的 AGPP 在年际间也以增长趋势为主,年际趋势数值可以达到 3.82g C/($m^2$·a)。其他植被区的 AGPP 年际趋势相对较低,其中青藏高原区(QTP)及温带针阔混交林区(TEM)的 AGPP 年际趋势值略小于 0,AGPP 在年际间呈减少趋势(图 3.11)。

AGPP 年际趋势的空间分布使其呈现明显的纬向递减格局(图 3.12)。随着纬度增加,AGPP 年际趋势呈现明显的减少趋势。AGPP 年际趋势的最大值出现在北纬 20°附近,

3.4 基于空间降尺度的中国陆地生态系统 AGPP 的时空变化

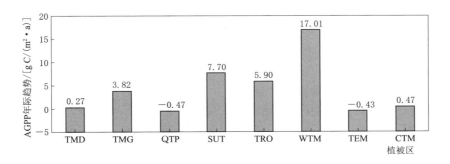

图 3.11 不同植被区 AGPP 年际趋势的均值

SUT—亚热带常绿阔叶林区；TRO—热带季雨林区；WTM—暖温带落叶阔叶林区；TMD—温带荒漠区；
CTM—冷温带针叶林区；QTP—青藏高原区；TEM—温带针阔混交林区；TMG—温带草地区

其值可以超过 20g C/($m^2 \cdot a^2$)，而最小值出现在北纬 50°附近，其值接近于 0。

AGPP 年际趋势的纬向递减格局源于气候土壤生物的综合影响且以土壤湿度（SM）的作用为主（图 3.13）。气候土壤生物因素的多元回归方程解释了 90% 的 AGPP 年际趋势的纬向递减趋势，但不同因素的作用存在明显不同。SM 的独立效应对 AGPP 年际趋势的纬向递减格局起着主要作用，贡献了 25.29% 的 AGPP 年际趋势的纬向变化，其次是 MAP 和 MAT 两大气候因素，分别贡献了 15.47% 和 13.50% 的 AGPP 年际趋势的纬向变化。其他因素的作用相对较小，分别贡献了不足 7% 的 AGPP 年际趋势的纬向变化，并以 $CO_2$ 的作用为最小，对 AGPP 年际趋势纬向变化的贡献仅为 2.02%。

除了纬向变化，AGPP 年际趋势也呈现明显的经向增大格局（图 3.14）。随着经度增加，AGPP 年际趋势呈现明显的增大趋势。在西部地区（东经<100°），AGPP 年际趋势略小于 0，并维持相对稳定状态。随着经度增加，AGPP 年际趋势迅速增大，并在东经 110°~117°达到最大值，其值超过 10g C/($m^2 \cdot a^2$)。此后，随着经度增大，AGPP 年际趋势有所降低，并在部分地区出现 AGPP 年际趋势小于 0 的现象，但总体呈现随着经度增加而增大的特征。

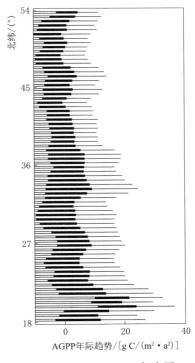

图 3.12 2000—2011 年中国 AGPP 年际趋势的纬向变化

AGPP 年际趋势的经向增大格局也是源于气候土壤生物因素的共同作用，并以 MAT 和 MAP 的作用为主（图 3.15）。气候土壤生物因素的共同作用是引起 AGPP 年际趋势的主体，可以解释 93% 的 AGPP 年际趋势的经向变化，但各因素的作用有所差异。MAT 和 MAP 的独立效应是引起 AGPP 年际趋势经向变化的主要因素，分别贡献了 AGPP 年

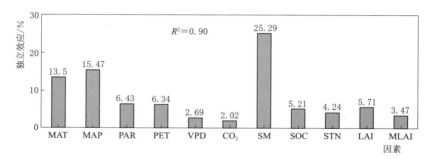

图 3.13　气候土壤生物因素对 AGPP 年际趋势纬向变化的独立效应

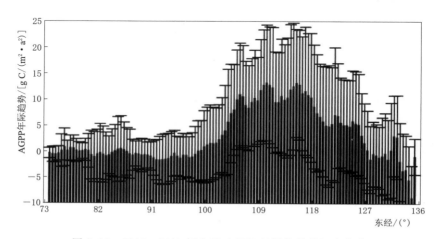

图 3.14　2000—2011 年中国 AGPP 年际趋势的经向变化

际趋势经向变化的 18.24% 和 13.99%。其他因素的独立效应对 AGPP 年际趋势经向变化的影响大致，均在 5%～10% 之间。

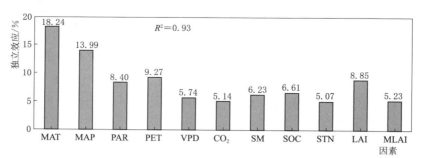

图 3.15　气候土壤生物因素对 AGPP 年际趋势经向变化的独立效应

## 3.5　基于空间降尺度的中国陆地生态系统 AER 的时空变化

### 3.5.1　AER 空间降尺度的实现

不同模型模拟年生态系统呼吸（AER）与实测 AER 之间的对应关系存在巨大差

异（图 3.16）。各模型模拟 AER 与实测 AGPP 之间的回归斜率介于 0.07~1.19 之间，以 CLASS-CTEM-N 的回归斜率为最低，不足 0.10［图 3.16（b）］，而以 CLM4VIC 的回归斜率为最高，可以达到 1.19［图 3.16（d）］，但大多数模型（11/16）模拟 AER 与实测值之间的回归斜率介于 0.5~0.9 之间。各模型模拟 AER 与实测 AER 之间回归方程的 $R^2$ 也呈现明显差异，总体介于 0.09~0.46 之间，最小值出现在 CLASS-CTEM-N 模型模拟 AER 与实测值的回归方程上［图 3.16（b）］，而最大值出现在 MTE 模拟 AER 与实测值

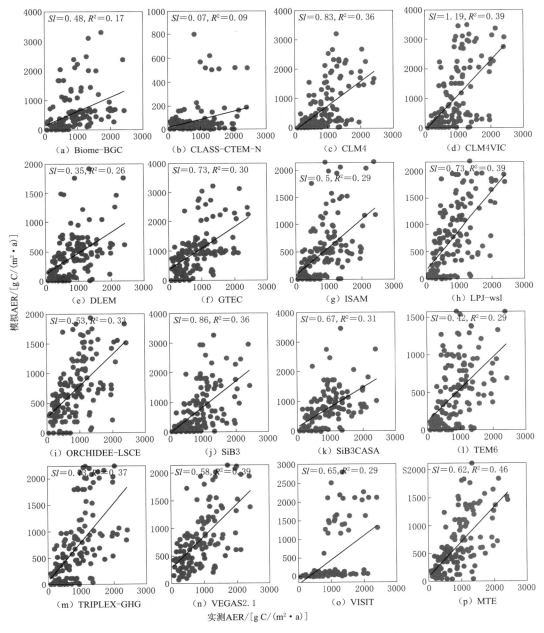

图 3.16 不同模型模拟 AER 与实测 AER 的对应关系

的回归方程上，可以达到 0.46 [图 3.16（p）]，大部分模型（10/16）模拟 AER 与实测 AER 之间回归方程的 $R^2$ 介于 0.30～0.46 之间，表现出较大的离散性。综合回归斜率（$Sl$）与 $R^2$ 可以看出，MTE 模拟 AER 最能反映中国 AER 的空间变异规律 [图 3.16（p）]。

基于气候土壤生物要素的多元回归方程反映了 94% 以上的模拟 AER 空间变异，进而逐年构建气候土壤生物要素向 AER 的传递函数（图 3.17）。基于气候土壤生物要素的多元回归方程充分捕捉了模拟 AER 的空间变异，且在各年之间没有呈现明显区别，进而使得 AER 空间变异可以利用气候土壤生物要素的多元回归方程来表达，实现气候土壤生物要素向 AER 的传递。因而，基于统计降尺度实现低分辨率 AER 向高分辨率 AER 扩展时需综合考虑气候土壤生物要素的综合作用。

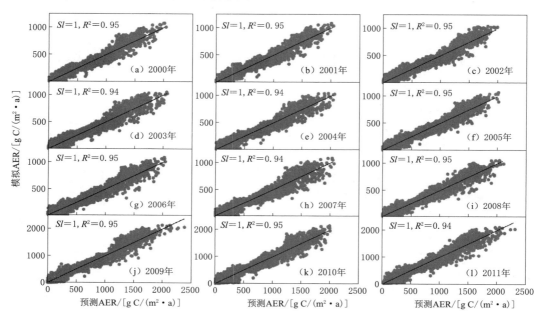

图 3.17　2000—2011 年逐年回归方程预测所得年生态系统呼吸（预测 AER）与模型模拟结果（模拟 AER）的对应关系

### 3.5.2　AER 的空间变异及影响因素

基于统计降尺度所得 2000—2011 年 AER 均值可以发现：AER 呈现明显的自东南向西北逐渐减少的空间梯度（图 3.18）。中国陆地生态系统 AER 的高值出现在东南沿海地区，如台湾、海南、广东等地，其数值可以超过 1700g C/(m²·a)，其后在长江中下游等地，AER 数值降低至 1500g C/(m²·a) 左右，再往北至华北平原、东北平原等地，AGPP 数值约为 800g C/(m²·a) 左右，而西北内陆及青藏高原等地，AGPP 数值不足 400g C/(m²·a)。

AER 的空间分布使其在不同植被区之间的分配呈现明显区别，并以 SUT 的总量为最高（图 3.19）。受制于单位面积 AER 数值及各植被区面积差异的影响，不同植被区 AER 总量呈现明显不同，其中 SUT 的 AER 总量最高，达到 2.5Pg C/a，贡献了全国 AER 总

## 3.5 基于空间降尺度的中国陆地生态系统 AER 的时空变化

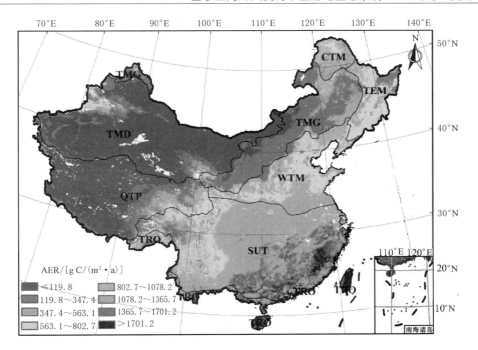

图 3.18 中国陆地生态系统 AER 的空间分布（参见文后彩图）

SUT—亚热带常绿阔叶林区；TRO—热带季雨林区；WTM—暖温带落叶阔叶林区；TMD—温带荒漠区；
CTM—冷温带针叶林区；QTP—青藏高原区；TEM—温带针阔混交林区；TMG—温带草地区

量的 56%。尽管 TRO 的 AER 强度较高，但受限于面积较小，其 AER 总量也仅为 0.28Pg C/a。相反，WTM 的 AER 数值较低但面积较大，使得其 AER 总量也能达到 0.63Pg C/a，其他植被区的 AER 总量均小于 0.4Pg C/a，并以 TMD、QTP 和 CTM 的总量为最低，均不足 0.2Pg C/a。

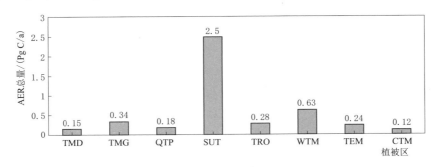

图 3.19 不同植被区 AER 的总量

SUT—亚热带常绿阔叶林区；TRO—热带季雨林区；WTM—暖温带落叶阔叶林区；TMD—温带荒漠区；
CTM—冷温带针叶林区；QTP—青藏高原区；TEM—温带针阔混交林区；TMG—温带草地区

AER 的空间分布使得 AER 呈现明显的纬向递减格局（图 3.20）。随着纬度增加，AER 呈现明显的减少趋势，并在北纬 40°左右达到 AER 的最低值。此后，AER 随着纬度增加虽略有增大，但其数值仍明显低于低纬地区的 AER 数值。

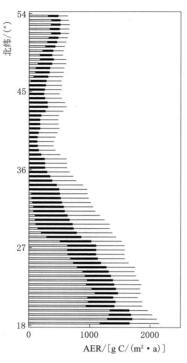

图 3.20 中国 AER 的纬向变化

AER 的纬向递减趋势源于气候土壤生物因素的综合作用并以 MAP、LAI 及 MAT 的相对贡献为主（图3.21）。基于主要气候土壤生物因素的多元回归方程可以完全揭示 AER 的纬向递减格局（$R^2=1$），但不同因素在 AER 纬向递减格局中的作用有所差异。MAP 对 AER 纬向递减格局的独立效应最高，贡献了超过 23% 的 AER 纬向变化，其次为 MAT 和 LAI 的独立效应，也贡献了 19% 左右的 AER 纬向变化。MLAI 和 SM 对 AER 纬向变化的作用略低，但也贡献了超过 10% 的 AER 纬向变化。其他气候土壤因素的作用相对较小，除 PET 外，普遍贡献了不足 3% 的 AER 纬向变化。

除了呈现纬向递减格局，AER 也呈现明显的经向增大趋势（图 3.22）。随着经度增加，AER 明显增大，并在东经 110°左右达到最大值，可以超过 900g C/(m²·a)。此后，随着经度增加，AER 数值有所减小，但仍可以超过 400g C/(m²·a)，明显高于经度较小地区 AER 的结果。

AER 的经向增大格局也源于气候土壤生物因素的综合作用并以 MAP、LAI 及 MAT 的作用为主（图3.23）。基于气候土壤生物因素的多元回归方程完全解释了 AER 的经向增大格局（$R^2=1$），但各因素的作用有所区别。MAP 对 AER 经向增大格局的贡献最大，贡献了 20.61% 的 AER 经向变化；其次为 MAT 和 LAI 的作用，也贡献了 16% 的 AER 经向变化；MLAI、PAR 及 SM 对 AER 经向变化的作用大致相当，均为 9% 左右。

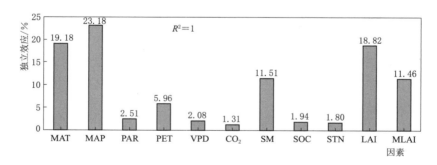

图 3.21 气候土壤生物因素对中国 AER 纬向变化的独立效应

### 3.5.3 AER 年际趋势的空间变异及影响因素

除了呈现空间变异，AER 也表现出明显的年际波动。

2000—2011 年，AER 总量呈现明显的增加趋势，但增加趋势没有达到显著水平（$P>0.05$）（图 3.24）。2000—2011 年，中国陆地生态系统 AER 总量为 4.14~4.78Pg C/a，

## 3.5 基于空间降尺度的中国陆地生态系统 AER 的时空变化

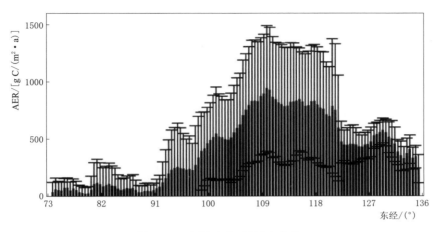

图 3.22 中国 AER 的经向变化

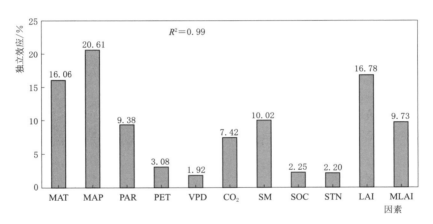

图 3.23 气候土壤生物因素对中国 AER 经向变化的独立效应

均值达到（4.43±0.18）Pg C/a，最小值出现在 2011 年，最大值则出现在 2005 年。尽管年际间 AER 总量呈现一定上升趋势，年均增加 0.01Pg C/a，但上升趋势在统计学上没有达到显著水平（$P>0.05$）。

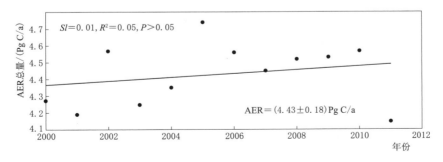

图 3.24 中国陆地生态系统 AER 总量的年际趋势

AER 年际趋势也呈现明显的空间差异，总体呈现东高西低的特征（图 3.25）。研究时段内，全国陆地 43.36% 的国土面积具有增加的 AER，AER 年际趋势呈现正值；而具有减少的 AER 的国土面积占到 33.64%，AER 年际趋势呈现负值；其他区域 AER 没有呈现明显的年际趋势。AER 年际趋势为正值的区域主要分布在东部地区，如华北平原、黄土高原及四川盆地、海南岛等地，西部地区仅在天山南麓有较高的 AER 年际趋势，而 AER 年际趋势为负值的地区分布较为分散，在各个区域均有一定的分布，主体分布在西部地区。AER 年际趋势的最大值则出现在黄土高原、华北平原及淮河流域等。

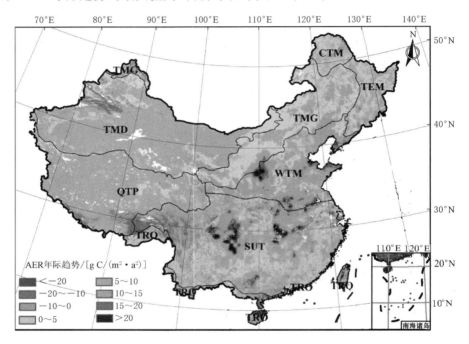

图 3.25　中国 AER 年际趋势的空间分布（参见文后彩图）
SUT—亚热带常绿阔叶林区；TRO—热带季雨林区；WTM—暖温带落叶阔叶林区；TMD—温带荒漠区；
CTM—冷温带针叶林区；QTP—青藏高原区；TEM—温带针阔混交林区；TMG—温带草地区

AER 年际趋势的空间分布使得不同植被区呈现各异的 AER 年际趋势值并以 WTM 的数值为最高（图 3.26）。不同植被区 AER 年际趋势的均值为 $-0.88 \sim 7.26$ g C/(m$^2 \cdot$ a$^2$)，多数国土面积（WTM、SUT、TRO 和 WMG）呈现 AER 增加趋势。WTM 的 AER 年际趋势最高，研究时段内 AER 的增加速率最快，年均增加速率达到 7.26 g C/(m$^2 \cdot$ a$^2$)，SUT 和 TRO 也具有较高的 AER 年际趋势，但其数值明显低于 WTM 的 AER 年际趋势值，分别仅为 2.99 g C/(m$^2 \cdot$ a$^2$) 和 2.7 g C/(m$^2 \cdot$ a$^2$)。TMG 的 AER 在年际间也以增长趋势为主，年际趋势数值可以达到 1.47 g C/(m$^2 \cdot$ a$^2$)。其他植被区的 AER 年际趋势相对较低，AER 均呈现减少趋势，其中 QTP 及 TEM 的 AER 年际趋势值略最低，均小于 $-2$ g C/(m$^2 \cdot$ a$^2$)，AER 在年际间呈减少趋势（图 3.26）。

AER 年际趋势的空间分布使其呈现明显的纬向递减格局（图 3.27）。随着纬度增加，AER 年际趋势呈现明显的减少趋势。AER 年际趋势的最大值出现在北纬 20° 附近，其值

3.5 基于空间降尺度的中国陆地生态系统 AER 的时空变化

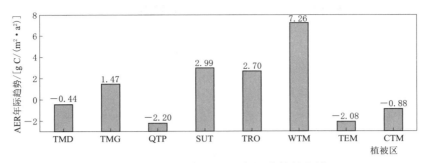

图 3.26 不同植被区 AER 年际趋势的差异
SUT—亚热带常绿阔叶林区；TRO—热带季雨林区；WTM—暖温带落叶阔叶林区；TMD—温带荒漠区；
CTM—冷温带针叶林区；QTP—青藏高原区；TEM—温带针阔混交林区；TMG—温带草地区

可以超过 20g C/(m²·a²)，而最小值出现在北纬 50°附近，其值接近于 0。

AER 年际趋势的纬向递减格局源于气候土壤生物的综合影响且以 SM 的作用为主（图 3.28）。气候土壤生物因素的多元回归方程解释了 95% 的 AER 年际趋势的纬向递减趋势，但不同因素的作用存在明显不同。SM 的独立效应对 AER 年际趋势的纬向递减格局起着主要作用，贡献了 32.26% 的 AER 年际趋势的纬向变化，其次是 MAP 和 MAT 两大气候因素，分别贡献了 12% 左右的 AER 年际趋势的纬向变化。其他因素的作用相对较小，分别贡献了不足 8% 的 AER 年际趋势的纬向变化，并以 $CO_2$ 浓度的作用为最小，对 AER 年际趋势纬向变化的贡献仅为 2.98%。

除了纬向变化，AER 年际趋势也呈现明显的经向增大格局（图 3.29）。随着经度增加，AER 年际趋势呈现明显的增大趋势。在西部地区（经度小于东经100°），AER 年际趋势略小于 0，并维持相对稳定状态。随着经度增加，AER 年际趋势迅速增大，并在东经110°~117°达到最大值，其值超过 10g C/(m²·a²)。此后，随着经度增大，AER 年际趋势有所降低，并在部分地区出现 AER 年际趋势小于 0 的现象，但总体呈现随着经度增加而增大的特征。

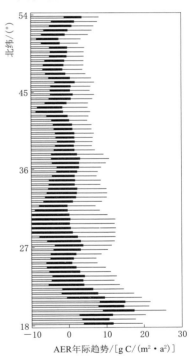

图 3.27 中国 AER 年际趋势的纬向变化

AER 年际趋势的经向增大格局也是源于气候土壤生物因素的共同作用，并以 MAT 和 MAP 的作用为主（图 3.30）。气候土壤生物因素的共同作用是引起 AER 年际趋势的主体，可以解释 94% 的 AER 年际趋势的经向变化，但各因素的作用有所差异。MAT 和 MAP 的独立效应是引起 AER 年际趋势经向变化的主要因素，分别贡献了 AER 年际趋势经向变化的 17.79% 和 11.12%。其他因素的独立效应对 AER 年际趋势经向变化的影响大致，均在 5%~10% 之间。

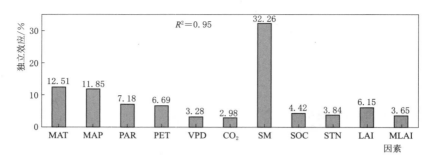

图 3.28 气候土壤生物因素对中国 AER 年际趋势经向变化的独立效应

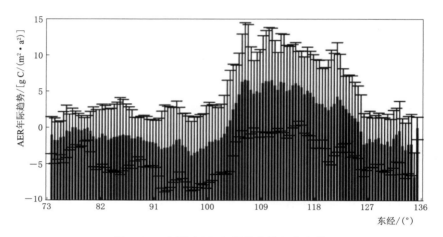

图 3.29 中国 AER 年际趋势的经向变化

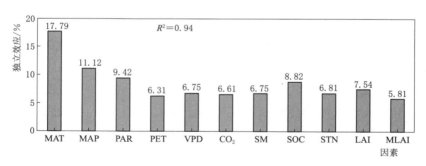

图 3.30 气候土壤生物因素对中国 AER 年际趋势经向变化的独立效应

## 3.6 基于空间降尺度的中国陆地生态系统 ANEP 的时空变化

### 3.6.1 ANEP 空间降尺度的实现

不同模型模拟 ANEP 与实测 ANEP 的对应关系存在巨大差异，并以数据驱动的 MTE 模拟 ANEP 与实测值的一致性为最高（图 3.31）。各模型模拟 ANEP 与实测 ANEP 之间的回归斜率介于−0.11~0.42 之间，甚至有 6 个模型模拟结果与观测结果的空间变异趋势相反，以 VISIT 的回归斜率最低，达到−0.11［图 3.31（o）］，而以 MTE 的回归斜率最高，可以达到 0.42［图 3.31（p）］，但大多数模型输出结果与观测值之间的回归斜率介于−0.11~0.1 之间（12/16），表现出模型模拟 ANEP 对实测值的重现性较差。各模型模拟 ANEP 与实测 ANEP 之间回归方程的 $R^2$ 也呈现明显差异，总体介于 0.01~0.25 之间，最小值出现在 TEM6 模拟 ANEP 与实测值的回归方程上［图 3.31（l）］，而最大值出

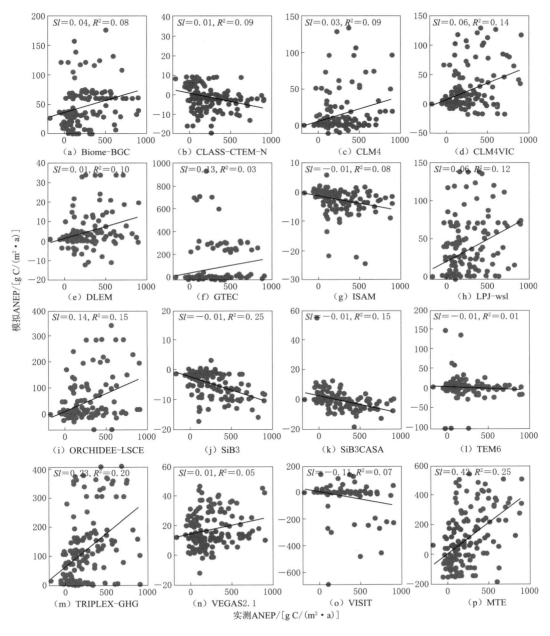

图 3.31　不同模型模拟 ANEP 与实测 AGPP 的对应关系

现在 MTE 模拟 ANEP 与实测值的回归方程上，可以达到 0.25 [图 3.31（p）]，大部分模型模拟 ANEP 与实测值之间回归方程的 $R^2$ 介于 0.01～0.1 之间（9/16），表现出较大的离散性。综合回归斜率与 $R^2$ 可以看出，MTE 模拟 ANEP 最能反映中国 ANEP 的空间变异规律 [图 3.31（p）]。

基于气候土壤生物要素的多元回归方程反映了 87% 以上的模型模拟 ANEP 的空间变异，进而逐年构建气候土壤生物要素向 ANEP 的传递函数（图 3.32）。基于气候土壤生物要素的多元回归方程充分捕捉了模型模拟 ANEP 的空间变异，且在各年之间没有呈现明显区别，进而使得 ANEP 空间变异可以利用气候土壤生物要素的多元回归方程来表达，实现气候土壤生物要素向 ANEP 的传递。因而，基于统计降尺度实现低分辨率 ANEP 向高分辨率 ANEP 扩展时需综合考虑气候土壤生物要素的综合作用。

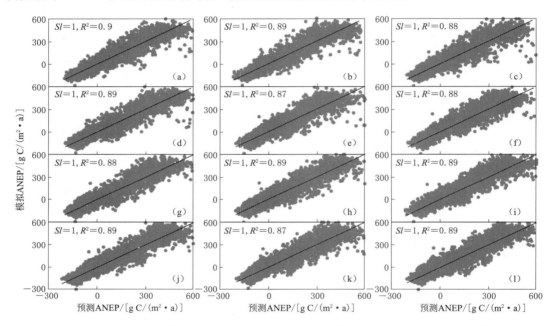

图 3.32　2000—2011 年逐年回归方程预测所得年净生态系统生产力（预测 ANEP）与模型原始输出结果（模拟 ANEP）的对应关系，图中各个子图为每年预测结果与输出结果的对应关系

## 3.6.2　ANEP 的空间变异及影响因素

基于统计降尺度所得 2000—2011 年 ANEP 均值可以发现：ANEP 呈现明显的自东南向西北逐渐减少的空间梯度（图 3.33）。中国陆地生态系统 ANEP 的最大值出现在台湾、海南、广东等地，其数值可以超过 500g C/(m²·a)，其后在长江中下游等地，ANEP 数值降低至 300g C/(m²·a) 左右，再往北至华北平原、东北平原等地，ANEP 数值约为 200g C/(m²·a) 左右，而西北内陆及青藏高原等地，ANEP 数值不足 100g C/(m²·a)（图 3.33）。

ANEP 的空间分布使其在不同植被区之间的分配呈现明显区别，并以 SUT 的总量为最高（图 3.34）。受制于单位面积 ANEP 数值及各植被区面积差异的影响，不同植被区

## 3.6 基于空间降尺度的中国陆地生态系统 ANEP 的时空变化

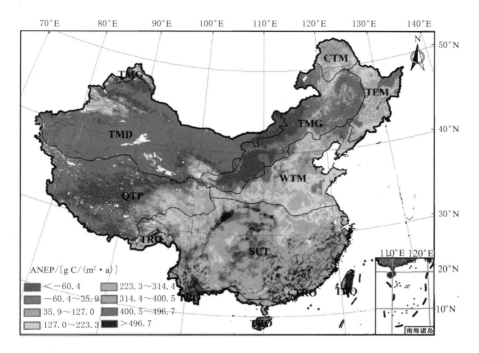

图 3.33 中国陆地生态系统 ANEP 的空间分布（参见文后彩图）
SUT—亚热带常绿阔叶林区；TRO—热带季雨林区；WTM—暖温带落叶阔叶林区；TMD—温带荒漠区；
CTM—冷温带针叶林区；QTP—青藏高原区；TEM—温带针阔混交林区；TMG—温带草地区

ANEP 总量呈现明显不同，其中 SUT 的 ANEP 总量最高，达到 0.79Pg C/a，贡献了全国 ANEP 总量的 78%。尽管 TRO 的 ANEP 强度较高，但受限于面积较小，其 ANEP 总量也仅为 0.08Pg C/a。相反，WTM 的 ANEP 数值较低但面积较大，使得其 ANEP 总量也能达到 0.13Pg C/a，其他植被区的 ANEP 总量均小于 0.1Pg C/a，其中西部三个植被区（TMD、TMG、QTP）的 ANEP 数值均小于 0，表现出碳排放的特征，其排放总量均为 0.02Pg C/a（图 3.34）。

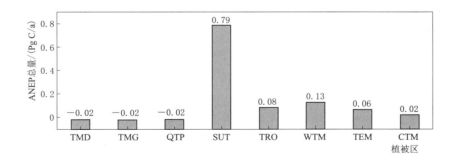

图 3.34 不同植被区 ANEP 的总量
SUT—亚热带常绿阔叶林区；TRO—热带季雨林区；WTM—暖温带落叶阔叶林区；TMD—温带荒漠区；
CTM—冷温带针叶林区；QTP—青藏高原区；TEM—温带针阔混交林区；TMG—温带草地区

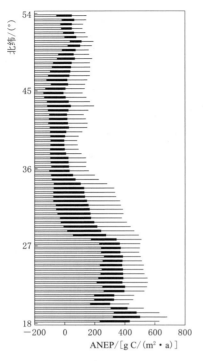

ANEP 的空间分布使得 ANEP 呈现明显的纬向递减格局（图 3.35）。随着纬度增加，ANEP 呈现明显的减少趋势，并在北纬 45°左右达到 ANEP 的最低值。此后，ANEP 随着纬度增加虽略有增大，但其数值仍明显低于低纬地区的 ANEP 数值。

ANEP 的纬向递减趋势源于气候土壤生物因素的综合作用并以 MAP、LAI 及 MAT 的相对贡献为主（图 3.36）。基于主要气候土壤生物因素的多元回归方程可以完全揭示 ANEP 的纬向递减格局（$R^2=1$），但不同因素在 ANEP 纬向递减格局中的作用有所差异。MAP 对 ANEP 纬向递减格局的独立效应最高，贡献了 22.85% 的 ANEP 纬向变化，其次为 LAI 和 MAT 的独立效应，分别贡献了 19.39% 和 19.72% 的 ANEP 纬向变化。MLAI 对 ANEP 纬向变化的作用略低，但也贡献了 11.68% 的 ANEP 纬向变化。SM 和 PET 对 ANEP 纬向变化的作用进一步降低，分别贡献了 7% 左右的 ANEP 纬向变化。其他气候土壤因素的作用相对较小，对 ANEP 纬向变化的贡献普遍不足 3%。

图 3.35 中国 ANEP 的纬向变化

除了呈现纬向递减格局，ANEP 也呈现明显的经向增大趋势（图 3.37）。随着经度增加，ANEP 明显增大，并在东经 110°左右达到最大值，可以超过 200g C/(m²·a)。此后，随着经度增加，ANEP 数值有所减小，但仍可以超过 50g C/(m²·a)，明显高于经度较小地区 ANEP 的数值。

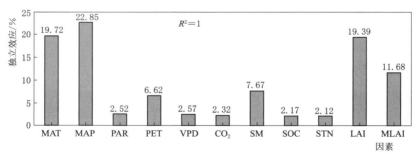

图 3.36 气候土壤生物因素对中国年净生态系统生产力纬向变化的独立效应

ANEP 的经向增大格局也源于气候土壤生物因素的综合作用并以 MAP、LAI 及 MAT 的作用为主（图 3.38）。基于气候土壤生物因素的多元回归方程充分解释了 ANEP 的经向增大格局（$R^2=0.98$），但各因素的作用有所区别。MAP 和 LAI 对 ANEP 经向增大格局的贡献最大，其独立效应的数值均在 19.5% 左右；其次为 MAT 的独立效应，也贡献了 18.14% 的 ANEP 经向变化。MLAI、PAR、SM 及 $CO_2$ 对 ANEP 经向变化的作用大致相当，均超过 5% 但低于 10%，其他因素的贡献在 3% 左右。

## 3.6 基于空间降尺度的中国陆地生态系统 ANEP 的时空变化

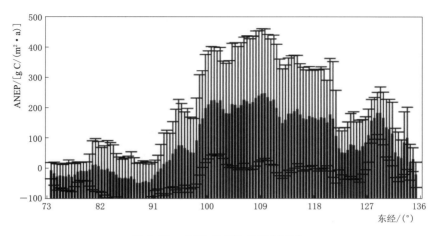

图 3.37 中国 ANEP 的经向变化

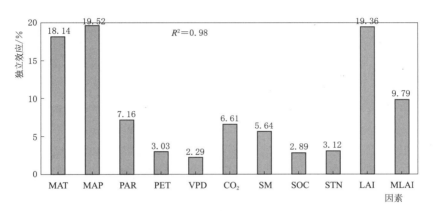

图 3.38 气候土壤生物因素对中国 ANEP 经向变化的独立效应

### 3.6.3 ANEP 年际趋势的空间变异及影响因素

除了呈现空间变异，ANEP 也表现出明显的年际波动。

2000—2011 年，ANEP 总量呈现明显的增加趋势，但增加趋势没有达到显著水平（$P>0.05$）（图 3.39）。2000—2011 年，中国陆地生态系统 ANEP 总量介于 0.89～

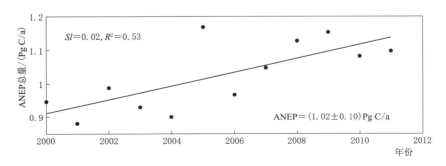

图 3.39 中国陆地生态系统 ANEP 总量的年际趋势

1.18Pg C/a，均值达到（1.02±0.10）Pg C/a，最小值出现在2001年，其值不足0.9Pg C/a，最大值则出现在2007年，其值可以超过1.15Pg C/a。年际间ANEP总量呈现显著上升趋势，年均增加0.02Pg C/a。

ANEP趋势也呈现明显的空间差异（图3.40），总体呈现东高西低的特征并以华北地区的增加幅度为最高。研究时段内，全国58.33%的陆地ANEP增加，ANEP年际趋势为正值；19.60%的陆地ANEP减少，ANEP年际趋势为负值；其他区域ANEP没有呈现明显的年际趋势。ANEP年际趋势为正值的区域主要分布在东部地区，如东北平原腹地、华北平原、黄土高原及四川盆地、青藏高原东南段等地，西部地区仅在天山南麓有较高的ANEP年际趋势，而ANEP年际趋势为负值的地区分布较为分散，在各个区域均有一定的分布，主体分布在西部地区。ANEP年际趋势的最大值则出现在黄土高原、华北平原及淮河流域。

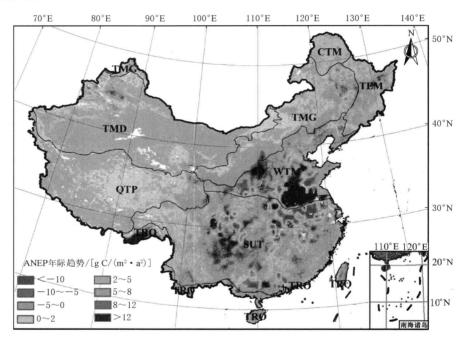

图3.40　中国ANEP年际趋势的空间分布（参见文后彩图）

SUT—亚热带常绿阔叶林区；TRO—热带季雨林区；WTM—暖温带落叶阔叶林区；TMD—温带荒漠区；
CTM—冷温带针叶林区；QTP—青藏高原区；TEM—温带针阔混交林区；TMG—温带草地区

ANEP年际趋势的空间分布使得不同植被区呈现各异的ANEP年际趋势值并以WTM的数值为最高（图3.41）。不同植被区ANEP年际趋势的均值为$0.25\sim6.99$g C/(m$^2$·a$^2$)，各植被区均呈现增加的ANEP年际趋势。WTM的ANEP年际趋势为最高，研究时段内ANEP的增加速率最快，年均增加速率达到6.99g C/(m$^2$·a$^2$)，SUT和TRO也具有较高的ANEP年际趋势，但其数值明显低于WTM的ANEP年际趋势值，分别仅为2.96g C/(m$^2$·a$^2$)和4.82g C/(m$^2$·a$^2$)。TMG和TEM的ANEP在年际间也以增长趋势为主，年际趋势数值可以超过2g C/(m$^2$·a$^2$)。其他植被区的ANEP年际趋势相对较

## 3.6 基于空间降尺度的中国陆地生态系统 ANEP 的时空变化

低，其中 QTP 的数值最低，但也达到 0.25g C/(m²·a²)（图 3.41）。

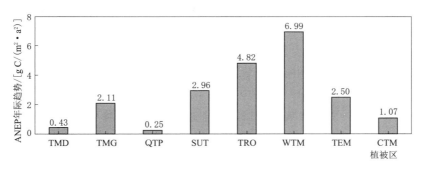

图 3.41 不同植被区 ANEP 年际趋势的差异

ANEP 年际趋势的空间分布使其呈现明显的纬向递减格局（图 3.42）。随着纬度增加，ANEP 年际趋势呈现明显的减少趋势。ANEP 年际趋势的最大值出现在北纬 27°和北纬 34°附近，其值可以超过 5g C/(m²·a²)，而最小值出现在北纬 32°附近，其值接近于 0。

ANEP 年际趋势的纬向递减格局源于气候土壤生物因素的综合影响且以 LAI、MAP 及 MAT 的作用为主（图 3.43）。气候土壤生物因素的多元回归方程解释了 57% 的 ANEP 年际趋势的纬向递减趋势，但不同因素的作用存在明显不同。LAI 及 MAP 的独立效应对 ANEP 年际趋势的纬向递减格局起着主要作用，贡献了 8.71% 和 8.41% 的 ANEP 年际趋势的纬向变化，其次是 MAT 的独立效应，贡献了 7.94% 的 ANEP 年际趋势的纬向变化。其他因素的作用相对较小，分别贡献了不足 6% 的 ANEP 年际趋势的纬向变化，并以 VPD 独立效应的作用为最小，对 ANEP 年际趋势纬向变化的贡献仅为 1.9%。

除了纬向变化，ANEP 年际趋势也呈现明显的经向增大格局（图 3.44）。随着经度增加，ANEP 年际趋势呈现明显的增大趋势。在西部地区（经度小于东经 100°），ANEP 年际趋势略小于 0，并维持相对稳定状态。随着经度增加，ANEP 年际趋势迅速增大，并在东经 110°~117°达到最大值，其值超过 5g C/(m²·a²)。此后，随着经度增大，ANEP 年际趋势有所降低，并在部分地区出现 ANEP 年际趋势小于 0 的现象，但总体趋势不变。

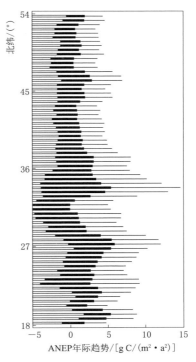

图 3.42 中国 ANEP 年际趋势的纬向变化

ANEP 年际趋势的经向增大格局也是源于气候土壤生物因素的共同作用，并以 MAT 的作用为主（图 3.45）。气候土壤生物因素的共同作用是引起 ANEP 年际趋势的主体，可以解释 94% 的 ANEP 年际趋势的经向变化，但各因素的作用有所差异。MAT 的独立效

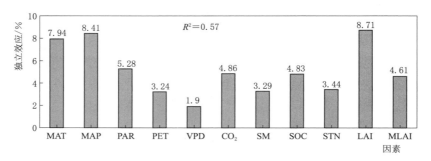

图 3.43　气候土壤生物因素对中国 ANEP 年际趋势纬向变化的独立效应

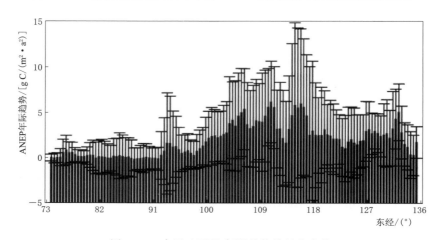

图 3.44　中国 ANEP 年际趋势的经向变化

应是引起 ANEP 年际趋势经向变化的主要因素，贡献了 ANEP 年际趋势经向变化的 17.79%。MAP 的独立效应贡献了 11.12% 的 ANEP 经向变化。其他因素的独立效应对 ANEP 年际趋势经向变化的影响大致一致，在 5%～10%。

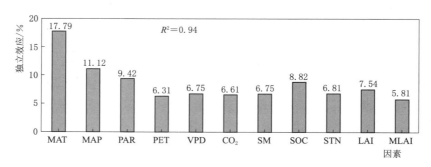

图 3.45　气候土壤生物因素对中国 ANEP 年际趋势经向变化的独立效应

## 3.7　讨论

基于过程模型及数据驱动模型所模拟的全球碳通量空间数据，本章综合简单扩展法和

## 3.7 讨论

统计降尺度法（多元回归法）实现了碳通量空间数据的降尺度，获得了中国陆地生态系统1km分辨率的碳通量数据，进而分析了中国陆地生态系统碳通量的时空变化及影响因素，发现了明显的自东向西逐渐减少的碳通量空间格局及气候生物要素的主导作用，揭示了增加为主的年际趋势及其空间差异，探究了气候与生物因素对碳通量年际趋势空间变异的影响。然而，本章研究尚存在以下方面的不足，需要在今后研究中进一步改进与提升。

（1）空间降尺度方法尚可以进一步优化。尽管本章使用简单扩展法和统计降尺度方法相结合实现模型模拟的区域通量数据向高分辨率结果的转化，且统计降尺度结果与模型预测结果呈现较高一致性（图3.2、图3.17和图3.32），但空间降尺度方法涉及多个方面，使得现有空间降尺度方法尚有进一步优化的空间。空间降尺度方法包括简单扩展法、统计降尺度方法和动力降尺度方法，但动力降尺度方法普遍用于高分辨率气候数据的生成，使得整合简单扩展法和统计降尺度方法成为通量数据降尺度的主要手段。然而，统计降尺度方法也包括多元回归、人工神经网络等多种手段，本章仅选择多元回归法作为统计降尺度的手段，其所得结果受制于气候土壤生物要素之间的共线性关系，限制了当前空间降尺度方法的合理性。近年来以人工神经网络为代表的人工智能技术在蓬勃发展，为拓展碳通量空间降尺度方法提供了可能。未来可以将机器学习、深度学习等人工智能技术应用至统计降尺度方法中，合理可靠地实现碳通量空间降尺度，以获取更为准确的碳通量空间数据。

（2）碳通量时空变异结果尚需进一步确认。尽管本章通过空间降尺度方法获得了中国高分辨率碳通量空间数据（图3.3、图3.18、图3.33），但应看到，尽管变化趋势（Chen et al., 2022a; Ma et al., 2018, 2019; Tagesson et al., 2021; Wang et al., 2017a, 2021, 2022）大致相似，但本章所得碳通量数值较已有研究结果（Yao et al., 2018b; Zhu et al., 2020, 2023c）普遍偏小，这与模型输出结果普遍低于站点观测碳通量数值有关。模型输出结果反映了$0.5°×0.5°$栅格内平均碳通量状况，是栅格内碳通量的平均值，而站点观测结果是$1km^2$范围内植被通量的观测值，通常选择栅格内植被状况较好的下垫面开展通量观测。栅格内地表植被状况存在较大差异，使得模型输出的碳通量值可能低于站点观测结果。在空间变化方面，尽管最优模型模拟的碳通量数值与站点实测结果具有较好的一致性（图3.3、图3.18和图3.33），但模型模拟的碳通量数值远小于站点实测的结果，而高分辨率碳通量空间数据是由模型输出结果为依据进行统计降尺度及简单降尺度而来。今后需考虑基于中国观测结果进行碳通量时空变化评估，以提升碳通量时空变异评估结果的可靠性。此外，本章仅基于2000—2011年碳通量数据分析其年际变异趋势，所用数据年份相对较少，今后还需进一步扩展研究时段的时间跨度，更准确反映碳通量的年际变异趋势。

（3）碳通量时空变异机制尚需深入探讨。基于空间降尺度所得高分辨率中国区域碳通量结果，本章发现了多数区域碳通量的显著增加趋势及地理格局规律，揭示了MAP、LAI及MAT对碳通量年际趋势空间变异的主导作用。然而，本章重点利用空间降尺度方法生成高分辨率碳通量区域数据，并评估碳通量的时空变化，尚未对碳通量时空变异机制开展细致分析。今后需开展深入研究，以阐明碳通量时空变异的内在机制，并为预测碳通量的未来变化趋势提供理论依据。

## 3.8 小结

基于北美碳计划 15 个过程模型及 1 个数据驱动模型的碳通量空间数据，结合中国陆地生态系统通量观测结果，本章筛选得到表征中国区域碳通量时空变异的最优模型输出结果，并以简单扩展法和统计降尺度法相结合，将低分辨率碳通量空间数据降尺度至高分辨率结果，分析了 2000—2011 年主要碳通量的时空变异规律及影响因素。

（1）不同模型对碳通量时空变化的模拟精度存在差异，以数据驱动模型所得结果的一致性为最高。同时，模型输出结果对不同碳通量时空变化的捕捉能力有所区别，数据驱动模型对 GPP 的模拟精度明显高于 ER 和 NEP。

（2）基于气候土壤生物数据使用多元线性回归，结合简单扩展法可以实现低分辨率模型模拟碳通量向高分辨率数据的扩展，气候生物土壤要素对碳通量空间变异的解释比例超过 87%，并以 GPP 的拟合精度为最高。

（3）空间降尺度所得 AGPP、AER 及 ANEP 的空间变异大致形式，均呈现明显的自东南向西北逐渐减少的趋势，以 SUT 的总量为最高，且在 MAP、LAI 及 MAT 共同作用下呈现明显的纬向递减和经向增加趋势。

（4）AGPP、AER 及 ANEP 年际趋势的空间变异也大致相同，但空间格局影响因素有所差异。年际趋势呈现东高西低的特征并以 WTM 的数值为最高，且均随纬度增加而降低而随经度增加而增大。SM 主导下 AGPP 和 AER 年际趋势呈现明显的纬向递减格局，而 MAT 和 MAP 的共同作用决定了 AGPP 和 AER 年际趋势的经向增大格局。LAI、MAP 及 MAT 的共同作用主导了 ANEP 年际趋势的纬向递减格局，但 MAT 是引起 ANEP 年际趋势经向增大的主要原因。

（5）空间降尺度所得 AGPP 总量介于 5.38~6.27Pg C/a，均值达到（5.78±0.27）Pg C/a，年均增加 0.04Pg C/a。AER 总量介于 4.14~4.78Pg C/a，均值达到（4.43±0.18）Pg C/a，年均增加 0.01Pg C/a。ANEP 总量介于 0.89~1.18Pg C/a，均值达到（1.02±0.10）Pg C/a，年均增加 0.02Pg C/a，均以 SUT 的总量为最高，且以华北地区 WTM 的增速为最快。

# 第 4 章 中国陆地人为干扰碳输出的时空变化

人类是陆地生态系统的重要组成部分，在区域生态系统中可以视为消费者（Ciais et al.，2020；Smil，2011），消耗了大量生态系统的净初级生产力（net primary productivity，NPP），在区域碳平衡中起着重要作用（Chapin et al.，2006；Ciais et al.，2022）。人为干扰碳输出（human inducing carbon transfer，HCT）是人类利用和消费生态系统固定的有机物质的过程，指人类通过农产品采集和林草产品利用将碳从陆地生态系统移出（Kondo et al.，2015；Kondo et al.，2020；Zhu et al.，2017），在陆地生态系统碳汇形成过程中发挥着重要作用（Ciais et al.，2022；Piao et al.，2022a；Steffen et al.，1998）。量化 HCT 的时空变异有助于揭示人类活动对 GPP 及 NEP 的扰动强度及其时空分布，进而准确评估生物圈与大气间的碳交换，可为全球陆地生态系统的碳管理提供依据（Ciais et al.，2022；Kondo et al.，2020；Wang et al.，2015）。

已有大量研究分析了不同途径的 HCT 总量，比如鲁春霞等（2005）估算了中国主要农产品利用移出的碳总量，伦飞等（2012）分析了中国木质林产品从森林生态系统中移出的碳强度，朴世龙等（2004）估算了中国草地生态系统的地上生物量及其空间分布。然而，现有研究大多还集中在单一途径（比如农产品或者林产品抑或草地生物量）所引起的碳输出或者集中于国家水平，并没有细致量化 HCT 的总量，也没有在更高空间分辨率水平开展类似分析。同时，现有研究大多集中于 20 世纪 90 年代至本世纪初，对近些年的 HCT 总量及强度还没有评估，这也限制了对 HCT 近年来变化趋势的理解，影响了生物圈与大气碳交换过程的定量认识。

因而，本章基于 HCT 评估的基本方法，就中国陆地 HCT 的时空变异与影响因素进行分析，同时选择典型省份（辽宁省、吉林省、黑龙江省、河北省）就 HCT 主要组成部分（农田碳输出，CCT）的时空变异进行评估，以期揭示 HCT 的强度，为区域碳收支评估提供数据支撑，也为其他区域评估 HCT 强度、量化区域碳收支提供方法参考。

## 4.1 数据分析方法

本章所指人为干扰碳输出（HCT）主要是由农产品、干草及林产品收获所引起的碳输出，因而，HCT 是农田碳输出（CCT）、草产品碳输出（GCT）和林产品碳输出（FCT）的和，即：

$$HCT = CCT + GCT + FCT \tag{4.1}$$

CCT、GCT、FCT 分别通过农产品产量、草产品产量及林产品产量来计算,其具体计算方法参见"2.4 HCT 区域评估的理论基础",在此不再赘述。

基于上述方法估算得到 HCT,进而结合各省份的面积,得到各省份单位面积的碳消耗强度(magnitude of human inducing carbon transfer,MHCT)及各途径单位面积的碳消耗强度(MCT、MGT、MFT)。缺失干草产量的省份,其碳消耗强度采用全国其他所有省份的干草产量(全国产量-已知省份产量之和)除以所有缺失省份的面积得到平均强度来替代。

CCT 是单位时间内从特定区域农田移出的碳的总量,可以通过农田单位面积碳输出强度 [the magnitude of carbon transfer per area,MCT,$g\ C/(m^2 \cdot a)$] 和该区域面积(regional area,RA,$m^2$)相互乘积得到结果,值得注意的是前者是量化区域碳收支的重要分量(Ciais et al.,2022),还可以通过单位耕地面积碳输出强度 [carbon transfer per planting area,CTP,$g\ C/(m^2 \cdot a)$] 与耕地面积所占比例(the ratio of planting area to regional area,RPR,%)的乘积计算。

根据上述可知,MCT 可以根据 CCT 与 RA 来计算,即

$$MCT = CCT/RA \tag{4.2}$$

RA 通过各省统计年鉴获得,由于各年之间行政土地面积无明显差异,本章统一采用 2014 年所统计的分地区面积进行计算。

鉴于 MCT 可以视为 CTP 与 RPR 的乘积,CTP 可以根据 MCT 和 RPR 计算得到,即:

$$CTP = MCT/RPR \tag{4.3}$$

RPR 的计算通过利用由统计年鉴的作物播种面积除以该地区的土地面积 RA 而得到。

本章借用因素分解模型将 CCT 分解为不同的组分(Zhu et al.,2017;金涛 等,2011),进而计算各组分在 CCT 时空变异中的作用,阐明影响 CCT 时空变异的因素。该模型是在特定变量(如 CCT、MCT 等)可以视为多个因素乘积的基础上,对特定变量采用取对数的方式进行分解,以解释各组分对特定变量变化的贡献度(Zhu et al.,2017;金涛 等,2011)。基于 CCT 与 RA 和 MCT 的关系可以知道

$$CCT = RA \times MCT \tag{4.4}$$

对式(4.8)两边取对数可得

$$\ln CCT = \ln RA + \ln MCT \tag{4.5}$$

基准区域($CCT_0$)和任一区域的 CCT($CCT_i$)均可表达为

$$\ln CCT_0 = \ln RA_0 + \ln MCT_0 \tag{4.6}$$

$$\ln CCT_i = \ln RA_i + \ln MCT_i \tag{4.7}$$

将上述二式相减可得

$$\Delta \ln CCT_i = \ln CCT_i - \ln CCT_0 = \ln RA_i - \ln RA_0 + \ln MCT_i - \ln MCT_0 \tag{4.8}$$

由 RA 和 MCT 所引起的 CCT 总量改变可以分别表达为

$$\Delta CCT_{RA} = \sum_{i=1}^{n} (CCT_i - CCT_0) \times (\ln RA_i - \ln RA_0)/(\ln CCT_i - \ln CCT_0) \tag{4.9}$$

$$\Delta CCT_{MCT} = \sum_{i=1}^{n}(CCT_i - CCT_0) \times (\ln MCT_i - \ln MCT_0)/(\ln CCT_i - \ln CCT_0)$$

(4.10)

因此，RA 和 MCT 对 CCT 空间变异的贡献可以表达为 $\Delta CCT_{RA}/\Delta CCT$ 和 $\Delta CCT_{MCT}/\Delta CCT$。

为简便起见，本章选用 CCT 的最大值作为基准条件，以计算 RA 和 MCT 在 CCT 空间变异中的作用。

采用与 CCT 空间变异成因分析类似的方法，本章进一步分析 CTP 和 RPR 在 MCT 空间变异中的作用，揭示 MCT 空间变异的成因；同时分析 CTP 和 RPR 在 MCT 年际变异中的作用，揭示 MCT 及 CCT 年际变异的成因。

结合 ArcGIS 10.0 进行空间制图，探讨 MCT 的空间分布。利用 Mann-Kendall 趋势分析方法（Zhu et al.，2010）分析不同年份 CCT 及 MCT 的时间变化趋势，所有数据均在 Matlab 7.7 下运行。

## 4.2 中国陆地 HCT 的时空变化

### 4.2.1 HCT 及其空间分布

2001—2010 年，中国陆地 HCT 总量达到 805.79Tg C/a（表 4.1），但不同途径对 HCT 的贡献有所不同。CCT 为 630.54Tg C/a，在 HCT 中所占比例最高，达到 78.25%。GCT 为 114.90Tg C/a，约占 HCU 的 14.26%。FCT 在 CCT 中所占比例最低，仅占 CCT 的 7.49%，其值为 60.35Tg C/a，明显小于其他两条途径。

表 4.1　　2001—2010 年不同省份人为干扰碳输出总量　　单位：Tg C/a

| 省份 | HCT | CCT | GCT | FCT |
|---|---|---|---|---|
| 黑龙江 | 39.36 | 32.94 | 4.03 | 2.39 |
| 新疆 | 29.66 | 19.08 | **10.46** | 0.12 |
| 山西 | 13.34 | 11.16 | 2.16 | 0.02 |
| 宁夏 | *4.02* | 3.38 | 0.64 | *0.00* |
| 西藏 | 10.91 | *1.21* | 9.56 | 0.13 |
| 山东 | **56.77** | 55.49 | 0.80 | 0.49 |
| 河南 | **58.26** | 55.51 | 2.18 | 0.57 |
| 江苏 | 36.75 | 36.32 | — | 0.44 |
| 安徽 | 34.86 | 31.04 | — | 3.82 |
| 湖北 | 35.69 | 30.06 | 3.33 | 2.30 |
| 浙江 | 18.05 | 11.59 | — | **6.46** |
| 江西 | 22.36 | 17.89 | — | 4.47 |
| 湖南 | 34.43 | 28.51 | — | **5.91** |
| 云南 | 37.02 | 25.20 | 5.99 | 5.83 |

续表

| 省份 | HCT | CCT | GCT | FCT |
|---|---|---|---|---|
| 贵州 | 15.63 | 12.04 | 3.03 | 0.57 |
| 福建 | 19.57 | 8.72 | — | **10.84** |
| 广西 | **59.12** | **49.73** | 4.02 | 5.37 |
| 广东 | 27.34 | 24.04 | — | 3.30 |
| 海南 | *4.96* | 4.46 | — | 0.50 |
| 吉林 | 25.40 | 21.70 | 2.15 | 1.55 |
| 辽宁 | 20.78 | 18.32 | 1.82 | 0.64 |
| 天津 | *2.28* | *2.26* | — | *0.01* |
| 青海 | 10.18 | *1.53* | 8.64 | *0.01* |
| 甘肃 | 15.61 | 11.16 | 4.43 | *0.01* |
| 陕西 | 16.57 | 13.29 | 2.92 | 0.36 |
| 内蒙古 | 40.32 | 18.64 | **20.02** | 1.67 |
| 重庆 | 12.03 | 10.34 | 1.59 | 0.10 |
| 河北 | 41.14 | 38.11 | 2.84 | 0.19 |
| 上海 | *2.25* | *2.24* | — | *0.00* |
| 北京 | *1.80* | *1.78* | — | 0.02 |
| 四川 | 45.11 | 32.81 | **10.05** | 2.24 |
| 台湾 | — | — | — | — |
| 香港 | — | — | — | — |
| 澳门 | — | — | — | — |
| 全国 | 805.79 | 630.54 | 114.90 | 60.35 |

**注** 1. HCT 为人为干扰的碳输出总量，CCT、GCT、FCT 分别为通过农产品、草产品及林产品收获的碳输出总量，HCT＝CCT＋GCT＋FCT。
　　2. 干草利用量仅公布了部分省份的数据，其他省份的数据没有公布，因而使得 GCT 的各省之和与全国总量有一定的差异，进而使得各省 HCT 的和与全国总量有所偏差。
　　3. 加粗省份为总量较高的省份，斜体省份为总量较小的省份。

　　HCT 存在明显的空间差异，不同省份 HCT 明显不同（表 4.2）。HCT 的最大值出现在广西、山东和河南，可以超过 56Tg C/a，最小值则出现在北京、天津、上海等直辖市，其总量在 2Tg C/a 左右。

　　不同途径引起的碳输出总量的空间分布也有所不同。CCT 明显高于其他两条途径，这也使得 CCT 与 HCT 的空间分布大致相似。CCT 的最大值出现在粮食大省河南和山东，可以超过 55Tg C/a，广西也有较高的 CCT，可以达到 49Tg C/a，而西藏、青海及各直辖市（北京、上海、天津）的 CCT 均在 2Tg C/a 左右，不足最大省份的 1/20。

　　与 CCT 的空间分布有所不同，较高的 GCT 出现在中西部地区，最大值出现在内蒙古，可以达到 20Tg C/a，新疆及四川也有较高的 GCT，超过 10Tg C/a。

　　FCT 的空间变异相对较小，最大值仅为 10.84Tg C/a，出现在福建省，其次为浙江省和湖南省，约为 6Tg C/a。但在上海、天津、青海、甘肃、宁夏等地，FCT 不足 0.01Tg C/a。

## 4.2.2 人为干扰碳输出强度（MHCT）的空间分布

MHCT 总体呈现明显东高西低趋势［图 4.1（a）］。MHCT 的最大值出现在山东、河南、江苏，可以超过 350g C/($m^2$·a)，最小值出现在青藏高原及西北的新疆、甘肃等地，不足 50g C/($m^2$·a)。

农产品碳输出强度（MCT）与 MHCT 的空间变异趋势相似，也呈现东高西低的趋势［图 4.1（b）］。MCT 的最大值出现在黄淮流域，山东、江苏、河南三省的 MCT 超过 260g C/($m^2$·a)，明显高于其他省份，青藏高原的 MCT 强度最低，平均不足 5g C/($m^2$·a)。

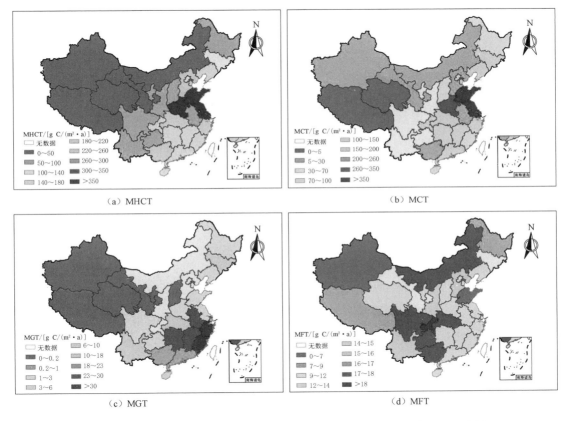

图 4.1 人为干扰碳输出强度（MHCT）及其组分的空间分布（参见文后彩图）
［缺失干草产量的省份，其碳输出强度采用全国其他所有省份的干草产量（全国产量－已知省份产量之和）除以所有缺失省份的面积得到平均强度来替代］

草产品碳输出强度（MGT）则呈现中间高、东西低的趋势［图 4.1（c）］，中部的内蒙古、四川、重庆、湖北及贵州等地具有较高的 MGT，可以超过 17g C/($m^2$·a)，而其他区域 MGT 相对较小。

林产品碳输出强度（MFT）呈现自东南向西北逐渐降低的特点［图 4.1（d）］，最大值出现在福建、浙江两省，其强度可以超过 30g C/($m^2$·a)，其次为江西、安徽、湖南等地,西北内陆地区的 MFT 普遍较低。

### 4.2.3 HCT 的年际变化

HCT 呈现明显的年际变化,但不同途径引起的碳输出总量的年际变化趋势有所差异(图 4.2)。年际间 HCT 呈现明显的增大趋势,HCT 每年约增加 22.02Tg C [图 4.2(a)]。农产品收获的碳输出总量(CCT)也在年际间呈现增加趋势,年均增加 17.17Tg C [图 4.2(a)]。然而,草产品收获的碳输出总量(GCT)在年际间没有呈现明显的变化趋势($P>0.05$)。林产品收获的碳输出总量(FCT)也逐年增大,年均增加 4.46Tg C [图 4.2(b)]。人为干扰碳输出强度(HMCT)也有类似的变化趋势(数据未提供)。

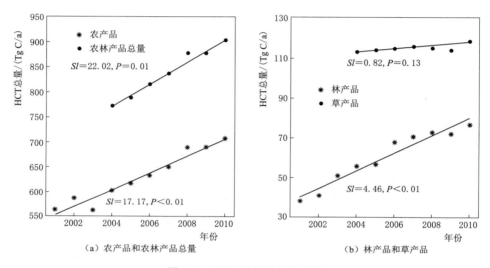

图 4.2 HCT 总量的年际变化

## 4.3 辽宁省陆地 CCT 的时空变化

辽宁省位于中国东北的南部,全域 14.86 万 $km^2$,由 14 个地级市所组成。地势上呈现北高南低、东西高中间低的特点,具有明显的自东向西逐渐减少的降水梯度,但年均气温变化范围较小,为 6.69~10.30℃,温度适宜、雨量充沛,是中国主要的商品粮基地。各地气象要素平均值源自中国气象数据网各台站观测结果。基于中国气象数据网可以获得省内观测台站气象数据。对于一个地市有两个及以上台站的气象数据时,选择该地市所有台站气象数据的平均值作为该地市的气象数据。由于各自面积较小,中国气象数据共享网没有公布辽阳市和盘锦市所属台站的气象数据,本章利用周围地区台站的气象数据的平均值作为该市的气象数据,辽阳市的气象数据取自沈阳、本溪、鞍山三个台站的平均值,盘锦市的气象数据取自营口、锦州、黑山和鞍山四个台站的平均值。基于辽宁省各地市 1992—2014 年主要气象要素的数值,本章计算得到辽宁省 1992—2014 年各年气候要素的平均值(表 4.2)。

4.3 辽宁省陆地 CCT 的时空变化

表 4.2　　　　　　　　1992—2014 年辽宁省各地气象要素平均值

| 地市 | 平均气压/hPa | 日照时数/h | 平均气温/℃ | 年总降水量/mm |
|---|---|---|---|---|
| 沈阳 | 1011 | 2492 | 8.58 | 632 |
| 大连 | 1006 | 2563 | 10.30 | 662 |
| 鞍山 | 1007 | 2357 | 9.46 | 737 |
| 抚顺 | 995 | 2427 | 6.69 | 774 |
| 本溪 | 991 | 2395 | 7.78 | 814 |
| 丹东 | 1000 | 2336 | 8.49 | 1036 |
| 锦州 | 1010 | 2630 | 9.44 | 562 |
| 营口 | 1015 | 2656 | 9.87 | 603 |
| 阜新 | 1001 | 2619 | 8.17 | 483 |
| 辽阳 | 1004 | 2507 | 9.10 | 730 |
| 盘锦 | 1011 | 2614 | 9.84 | 614 |
| 铁岭 | 1004 | 2559 | 7.50 | 676 |
| 朝阳 | 980 | 2678 | 9.41 | 381 |
| 葫芦岛 | 1064 | 2738 | 9.89 | 579 |

此外，鉴于化肥在促进农田增产中的重要作用，本章选择化肥使用量作为影响 CCT 时空变异的另一因素，基于各年辽宁省统计年鉴公布的化肥使用量数据，结合各地市面积，计算得到单位面积化肥使用量。

本章基于气候、化肥使用量等数据，结合粮食产量计算所得 CCT 及其组分，量化辽宁省陆地 CCT 的时空变异及驱动因素。

### 4.3.1　辽宁省 CCT 的空间变异

1992—2014 年，辽宁省平均 CCT 为 18.56Tg C/a，在地区间存在明显差异，呈现从西北向东南逐渐减少的趋势 [图 4.3（a）]。沈阳市的 CCT 最大，超过 3Tg C/a，在全省 CCT 中所占比例达到 16.6%；铁岭市、锦州市和朝阳市的 CCT 也相对较高，约为 2Tg C/a，在全省 CCT 中所占比例在 10% 左右；抚顺市、本溪市的 CCT 较小，不足 0.5Tg C/a，在全省 CCT 中所占比例仅为 2% 左右；其他地区的 CCT 均在 1Tg C/a 左右。

作为 CCT 的重要组成部分，MCT 在地区间存在明显差异，总体呈现中间高、周围低的趋势 [图 4.3（b）]。东部山区（抚顺市、本溪市、丹东市）的 MCT 相对较小，不足 60g C/(m²·a)，大连市、朝阳市、葫芦岛市的次之，仅为 100g C/(m²·a) 左右，而辽阳市、鞍山市、营口市及阜新市较高，大约为 150g C/(m²·a)，而铁岭市、沈阳市、锦州市可以达到 200g C/(m²·a) 左右，最高值出现在盘锦市，可以超过 300 g C/(m²·a)。

CTP 是构成 MCT 的重要组成，在空间上也呈现中间高、周围低的趋势，但相对变异较小[图 4.3（c）]。CTP 的最大值可以超过 500g C/(m²·a)，出现在中部地区的营口市、盘锦市、铁岭市及沈阳市等中部地区，其他地区的 CTP 相对较低，但也能达到 400g C/(m²·a)。

作为 MCT 的另一重要组成因素，播种面积占土地面积比例（RPR）也呈现明显的空间变异，总体表现为中间较高、西部大于东部的规律[图 4.3（d）]。RPR 的最大值出现在辽宁省中部地区，可以超过 40%，并以盘锦的 RPR 最大，可以达到 58.44%，西部地区的 RPR 略小于中部地区，但也明显大于东部地区的值，最小值出现在本溪市、抚顺等东部山区，RPR 不足 10%。

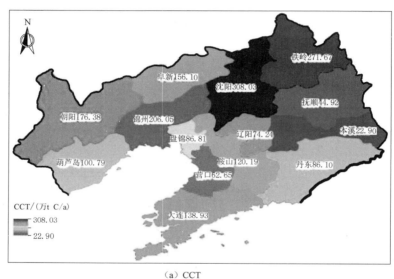

（a）CCT

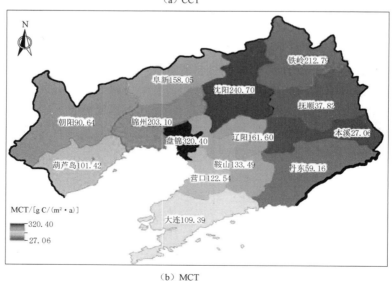

（b）MCT

图 4.3（一） 1992—2014 年辽宁省农田碳输出量及其组分的空间分布（参见文后彩图）

4.3 辽宁省陆地 CCT 的时空变化

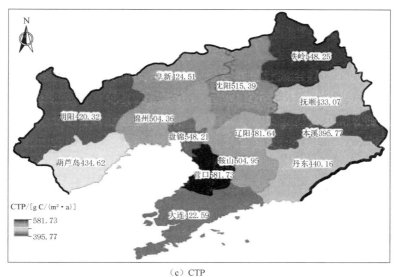

(c) CTP

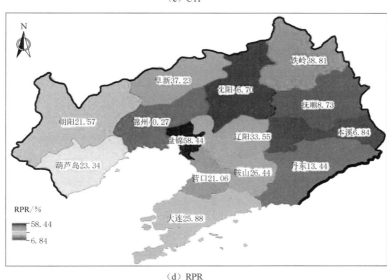

(d) RPR

图 4.3（二） 1992—2014 年辽宁省农田碳输出量及其组分的空间分布（参见文后彩图）

## 4.3.2 辽宁省 CCT 的年际变异

CCT 在年际间呈现显著的增加趋势 [图 4.4（a）]。1992—2014 年，CCT 的年际增加幅度达到 0.48Tg C/a，约为 CCT 平均值的 2.59%。

由于年际间辽宁省土地面积没有发生明显变化，CCT 的年际变异是 MCT 年际变异的结果，MCT 也呈现显著的增加趋势 [图 4.4（b）]。1992—2014 年，MCT 年均增加 3.34g C/(m²·a)。

MCT 的两大组分（CTP 和 RPR）也呈现显著的增加趋势 [图 4.4（c）和图 4.4（d）]。CTP 的年际变异增幅可以达到 7.77g C/(m²·a)，而 RPR 的年际增幅仅为 0.22%。

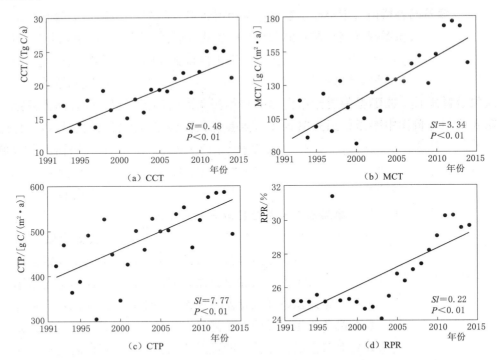

图 4.4  1992—2014 年辽宁省农田碳输出量及其组分的年际变化

### 4.3.3 气候及社会因素对辽宁省 CCT 及其组分时空变异的影响

气候因素没有显著影响 CCT 及其组分的时空变异（表 4.3）。统计结果表明，无论是 CCT、MCT 还是 CTP、RPR，无论是其空间变异还是其年际变异，主要气候因素（年均气温、年总降水量、日照时数、气压）与其相关性均没有达到 $\alpha=0.05$ 的显著水平。

然而，以单位面积化肥使用量为代表的社会因素显著影响了 CCT 及其组分的时空变异（表 4.3）。无论是在空间还是在年际间，单位面积化肥使用量与 CCT 及其组分（MCT、CPT 及 RPR）均呈现显著的正相关关系（$P<0.05$）。

表 4.3  气候及社会因素对辽宁省 CCT 及其组分时空变异的影响

| CCT 及其组分 | 空 间 变 异 | | | 年 际 变 异 | | |
| --- | --- | --- | --- | --- | --- | --- |
| | 气候及社会因素 | $r$ | $P$ | 气候及社会因素 | $r$ | $P$ |
| CCT | 气压 | 0.00 | 0.99 | 气压 | 0.37 | 0.08 |
| | 日照时数 | 0.22 | 0.44 | 日照时数 | −0.17 | 0.43 |
| | 年均气温 | −0.02 | 0.95 | 年均气温 | −0.23 | 0.29 |
| | 年总降水量 | −0.39 | 0.17 | 年总降水量 | 0.24 | 0.28 |
| | 单位面积化肥使用量 | 0.65 | 0.01 | 单位面积化肥使用量 | 0.84 | 0.00 |
| MCT | 气压 | 0.18 | 0.55 | 气压 | 0.37 | 0.08 |
| | 日照时数 | 0.33 | 0.24 | 日照时数 | −0.17 | 0.43 |

4.3 辽宁省陆地 CCT 的时空变化

续表

| CCT 及其组分 | 空 间 变 异 | | | 年 际 变 异 | | |
| --- | --- | --- | --- | --- | --- | --- |
| | 气候及社会因素 | r | P | 气候及社会因素 | r | P |
| MCT | 年均气温 | 0.28 | 0.33 | 年均气温 | −0.23 | 0.29 |
| | 年总降水量 | −0.36 | 0.21 | 年总降水量 | 0.24 | 0.28 |
| | 单位面积化肥使用量 | 0.89 | 0.00 | 单位面积化肥使用量 | 0.84 | 0.00 |
| CTP | 气压 | 0.19 | 0.52 | 气压 | 0.27 | 0.21 |
| | 日照时数 | 0.18 | 0.55 | 日照时数 | −0.35 | 0.10 |
| | 年均气温 | 0.23 | 0.44 | 年均气温 | −0.12 | 0.60 |
| | 年总降水量 | −0.10 | 0.73 | 年总降水量 | 0.22 | 0.30 |
| | 单位面积化肥使用量 | 0.65 | 0.01 | 单位面积化肥使用量 | 0.66 | 0.00 |
| RPR | 气压 | 0.18 | 0.53 | 气压 | 0.33 | 0.12 |
| | 日照时数 | 0.38 | 0.18 | 日照时数 | 0.28 | 0.19 |
| | 年均气温 | 0.31 | 0.28 | 年均气温 | −0.26 | 0.22 |
| | 年总降水量 | −0.42 | 0.13 | 年总降水量 | 0.09 | 0.67 |
| | 单位面积化肥使用量 | 0.90 | 0.00 | 单位面积化肥使用量 | 0.76 | 0.00 |

### 4.3.4 CCT 空间及时间变异影响因素的差异

不同组分对 CCT 空间变异的影响存在明显差异，且以 MCT 的影响为主（图 4.5）。CCT 的空间变异是 MCT 和 RA 共同作用的结果，但 MCT 贡献了 69.42% 的 CCT 空间变异，而 RA 仅贡献了 39.58% 的 CCT 空间变异。MCT 的空间变异则由 RPR 及 CTP 共同决定，且以 RPR 的作用为主，RPR 的贡献达到 84.84%，而 CTP 仅贡献了 15.16% 的 MCT 空间变异。

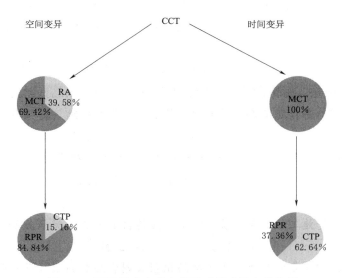

图 4.5 CCT 组分在其空间及时间变异中的作用

不同组分对 CCT 年际变异的影响也存在区别（图 4.5），并以 CTP 通过 MCT 的作用为主。尽管 CCT 是 MCT 与区域面积之积，但 CCT 在年际之间没有呈现明显改变，故使得 MCT 主导了 CCT 的年际变异。尽管 CTP 与 RPR 的改变均在 MCT 年际变异中发挥了重要作用，但 MCT 的年际变异主要是由 CTP 的年际波动所引起的，CTP 的贡献相对较大（约为 62.64%），RPR 的贡献相对较小（37.36%）。

因此，辽宁省陆地 CCT 空间变异与时间变异的影响因素存在明显差异，尽管 MCT 是引起 CCT 时间和空间变异的共同主导因素，但导致 MCT 时间和空间变异的组分存在明显不同，MCT 的空间变异由 RPR 所决定，但其年际变异由 CTP 所主导。

## 4.4 吉林省陆地 CCT 的时空变化

吉林省位于东北亚地理中心，中国东北地区腹地。北接黑龙江省，南接辽宁省，东与俄罗斯接壤，距黄海、日本海较近，西邻内蒙古自治区，地处北温带，位于东经 121°38′～131°19′、北纬 40°52′～46°18′之间。吉林省面积为 18.74 万 km²，约占全国总面积的 2%，居全国第 14 位，包含长春、吉林、四平、辽源、同化、白山、松原、白城及延边等 9 个地级行政区。吉林省位于中纬度欧亚大陆的东侧，全省为显著的温带大陆性气候。其特点是四季分明，雨热同季。全省大部分地区年平均气温为 2～6℃，呈山地偏低、平原较高的特征。冬季平均气温在 −11℃以下，夏季平原平均气温在 23℃以上。全年日照 2200～3000h，年活动积温 2700～3200℃，可以满足一季作物生长的需要。全省年降水量一般为 400～900mm，自东部向西部有明显的湿润、半湿润和半干旱的差异。初霜期在 9 月下旬，终霜在 4 月下旬至 5 月中旬。自然灾害以低温冷害、干旱、洪涝、霜冻为主，其次有冰雹及风灾。

吉林省地处世界闻名的黑土带，农田防护林体系健全，环境承载能量强，有着发展优质农产品生产的优越条件，素有"黄金玉米带"和"黑土地之乡"的美誉，是中国粮食主产区之一，也是我国农业资源大省和优质安全农产品生产大省。吉林省农业可持续发展的优势是农业资源总量大，人均拥有量多，同时也是我国较大的土壤有机库之一。由于自然条件差异，吉林省各地区在农田种植面积、种植结构上存在着很大的差异，体现出农业种植相对集中的特点，如长春和松原，地处吉林省中部，农作物种植量较大；东部是长白山区，中部是松辽平原，西部是科尔沁草原，大致呈现东林、中农、西牧的土地利用格局。

因而，基于吉林省统计年鉴所报道的粮食产量结果，结合该省作物 HI、播种面积、土地面积等数值，本章分析了吉林省 CCT 的空间及年际变化及主导因素。

### 4.4.1 吉林省 CCT 的空间变异

1991—2015 年吉林省各市（州）CCT 年总量平均值为 2120.674 万 t，总体呈现中间高、两边低、西北部高于东南部的规律（图 4.6），最大值出现在中部的长春市，其平均值可达到 579.56 万 t C/a，占吉林省 CCT 年总量平均值的 1/4，其次为中西部的四平市和松原市基本保持一致，平均值约为 400 万 t C/a，最西部的白城市及中东部的吉林市大体相当，平均值均高于 180 万 t C/a，中东部的辽源市、通化市、延边朝鲜族自治州的 CCT 平均值大体相当，介于 70 万～120 万 t C/a，东部白山市的 CCT 平均值最小，为

19.85 万 t C/a，仅为长春市 CCT 平均值的 3.4%。

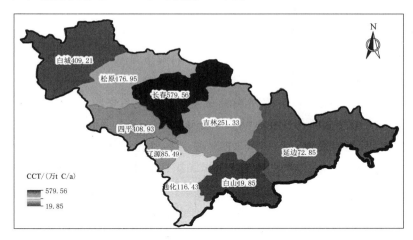

图 4.6　1991—2015 年吉林省各地市 CCT 平均值的空间分布（参见文后彩图）

1991—2015 年吉林省 MCT 平均值在空间上存在着显著的差异（图 4.7），最大值可以达到 290.43g C/(m²·a)，最小值仅为 11.34g C/(m²·a)，仅为最大值的 3.9%。总体上，MCT 也呈现中间高、两边低、西北部高于东南部的规律。最大值出现在中部的四平市和长春市，MCT 平均值约为 285g C/(m²·a)；其次为中部的松原市和辽源市，MCT 平均值基本保持一致，约为 170g C/(m²·a)；西部的白城市和中东部的吉林市、通化市具有大致相当的 MCT 平均值，约为 80g C/(m²·a)；白山市和延边朝鲜族自治州的 MCT 平均值最小，不足 20g C/(m²·a)。

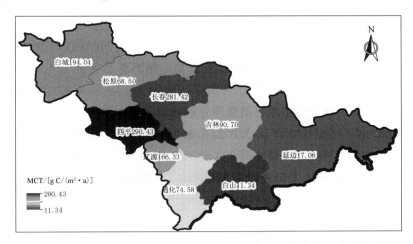

图 4.7　1991—2015 年吉林省各地市 MCT 平均值的空间分布（参见文后彩图）

作为 MCT 的重要组分之一，1991—2015 年吉林省 RPR 平均值在空间上也呈现显著的差异（图 4.8），最小值仅为 3.54%，最大值可以达到 55.81%，是最小值的 15.8 倍。RPR 的空间分布与 MCT 类似，也是总体呈现中间高、两边低、西北部高于东南部的趋势，最大值出现在中部的四平市和长春市，其值可以超过 40%；松原市和辽源市的 RPR

也相对较高,大约在 35% 左右;白山市和延边朝鲜族自治州的 RPR 最小,不足 10%;其他地市如白城市、通化市、吉林市的 RPR 为 15%～30%。

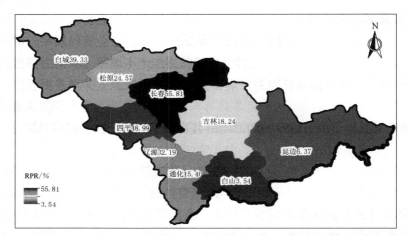

图 4.8  1991—2015 年吉林省各地市 RPR 平均值的空间分布(参见文后彩图)

CTP 也是 MCT 的重要组分,在空间上也呈现一定的差异,但变异幅度相对较小(图 4.9)。1991—2015 年吉林省 CTP 平均值的最大值为 583.81g C/(m²·a),最小值也能达到 264.20g C/(m²·a),相当于 CTP 平均值最大值的一半。空间上 CTP 平均值呈现中间高、两边低、中西部高于中东部、北部高于南部的规律。最大值出现在中部的四平市、辽源市、长春市,可以达到 500g C/(m²·a);中东部的吉林市、通化市及中西部的松原市的 CTP 平均值相对较小,但也在 490g C/(m²·a) 左右;东部的白山市、延边朝鲜族自治州及西部的白城市具有最小的 CTP 平均值,其值介于 200～400g C/(m²·a) 之间。

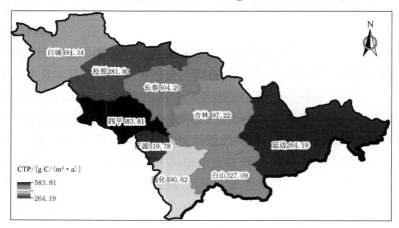

图 4.9  1991—2015 年吉林省各地市 CTP 平均值的空间分布(参见文后彩图)

从 1991—2015 年吉林省 CCT 空间分布与其组分间的关系表(表 4.4)可以看出,CCT 与 MCT 和 RPR 之间线性关系紧密,说明 CCT 的空间分布主要是由 MCT 和 RPR 的空间分布所引起的,且引起的变化程度相当。MCT 的空间分布与 RPR 及 CTP 的空间分布均有密切线性关系,且 RPR 的贡献相对更大。CCT 与 CTP 则存在一定的线性关系,说明 CTP 也对 CCT 的空间分布存在一定影响。而 CCT、MCT、RPR 则与 RA 之间的几乎不存在线性相关，说明 CCT、MCT、RPR 的空间分布与 RA 空间分布关系不大。

表 4.4　　1991—2015 年吉林省 CCT 空间分布与其组分间的相关系数表

| 项目 | CCT | MCT | RPR | CTP | RA |
| --- | --- | --- | --- | --- | --- |
| CCT | 1 | | | | |
| MCT | 0.86 | 1 | | | |
| RPR | 0.89 | 0.98 | 1 | | |
| CTP | 0.56 | 0.78 | 0.68 | 1 | |
| RA | −0.07 | −0.46 | −0.40 | −0.65 | 1 |

### 4.4.2　吉林省 CCT 的年际变异

1991—2015 年吉林省 CCT 总量随年份的变化总体上呈现了逐渐上升的趋势（图 4.10），年际增长速率为 72.78 万 t/a，说明吉林省农业技术水平的提升以及合理的投入布局、着重优化农业科技资源配置，使得农田得到良性发展。CCT 总量最低点出现在 1995 年，CCT 总量发生急剧下降，仅为 468.91 万 t，最高点出现在 2015 年，约为 3096.22 万 t，是最低点的 6.6 倍，反映出吉林省农田技术的成熟和农田产量的稳定。

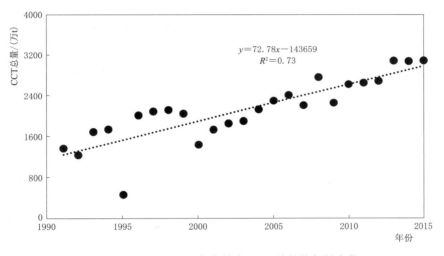

图 4.10　1991—2015 年吉林省 CCT 总量的年际变化

1991—2015 年吉林省 MCT 经历了一个先上升再下降再上升再下降最后又上升的波动过程（图 4.11），从总体上看 2015 年农田总功能大于 1991 年农田总功能。鉴于 MCT 与 CCT 之间存在密切联系，MCT 总体呈现逐渐上升的趋势，年均增加 4.52g C/($m^2 \cdot a$)，最高点可达到 191.53g C/($m^2 \cdot a$)，最低点为 28.63g C/($m^2 \cdot a$)，不足最高点的 15%。最低点出现在 1995 年，MCT 发生急剧下降，最高点出现在 2015 年，MCT 约为 132.96g C/($m^2 \cdot a$)。

作为 MCT 的重要组分之一，RPR 在年际间也呈现一定的差异（图 4.12），但波动相对平稳，1991—2015 年吉林省 RPR 经历了一个先上升再下降再上升的波动过程，最低点

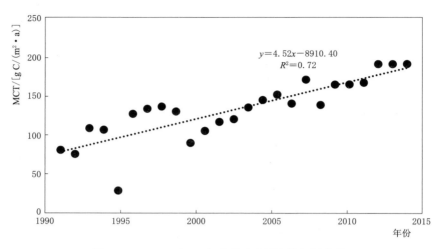

图 4.11　1991—2015 年吉林省 MCT 的年际变化

为 20.3%，最高点为 37.2%，约为最低点的 2 倍。总体上 RPR 也是随年份的变化呈现逐渐上升的趋势，年均增加了 0.62%，最高点出现在 2015 年，最低点出现在 2002 年，RPR 年平均值范围为 20%~40%。

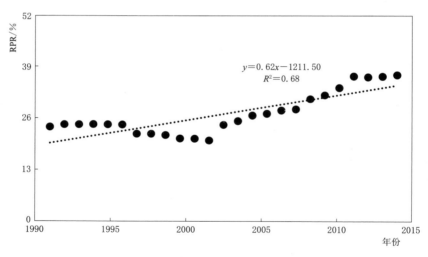

图 4.12　1991—2015 年吉林省 RPR 的年际变化

CTP 也是 MCT 的重要组分，年际间呈现明显差异，且波动幅度较大（图 4.13）。1991—2015 年吉林省 CTP 的波动过程与 MCT 类似，都是经历一个先上升再下降再上升再下降最后又上升的波动过程，总体上呈现逐年上升的趋势，年均增加了 5.08g C/(m²·a)，CTP 最高点出现在 1999 年，约为 552g C/(m²·a)，最低点出现在 1995 年，能达到 114.70g C/(m²·a)，相当于 CTP 最高点的 1/5。2000—2015 年 CTP 波动相对平稳，范围为 400~550g C/(m²·a)。

从 1991—2015 年吉林省 CCT 年际变化与其组分间的关系通过表 4.5 可以看出，CCT

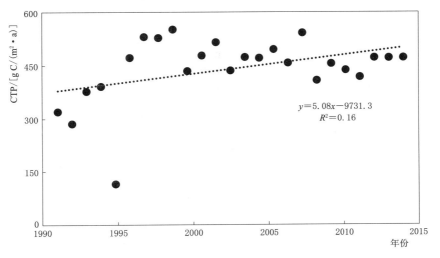

图 4.13 1991—2015 年吉林省 CTP 的年际变化

与 MCT、RPR、CTP 之间线性关系紧密,说明 CCT 的年际变化是由 MCT、RPR、CTP 的年际变化所引起的,且 CCT 与 MCT 之间线性相关性最强,几乎接近于 1,说明 MCT 年际变化是引起 CCT 年际变化的主要原因。MCT 的年际变化与 RPR 及 CTP 的年际变化均有密切线性关系,但 RPR 的贡献相对更大。而 CCT、MCT、RPR 则与 RA 之间几乎不存在线性相关,说明 CCT、MCT、RPR 的年际变化与 RA 无关。

表 4.5　　　1991—2015 年吉林省 CCT 年际变化与其组分间的相关系数表

| 项目 | CCT | MCT | RPR | CTP | RA |
| --- | --- | --- | --- | --- | --- |
| CCT | 1 | | | | |
| MCT | 0.99 | 1 | | | |
| RPR | 0.76 | 0.74 | 1 | | |
| CTP | 0.67 | 0.69 | 0.03 | 1 | |
| RA | <0.01 | <0.01 | <0.01 | <0.01 | 1 |

## 4.5　黑龙江省陆地 CCT 的时空变化

黑龙江省地处我国最东北部,包含哈尔滨、鸡西、齐齐哈尔、鹤岗、大庆、双鸭山、佳木斯、伊春、牡丹江、七台河、绥化、黑河以及大兴安岭地区 13 个地级行政单位。黑龙江省农业集约化程度高,其粮食商品量和专储量排在全国第一,是我国重要的商品粮基地。黑龙江省还是我国重工业基地,以石油、煤炭、机械、高端制造业、航空航天和高效农牧业等为主。

黑龙江省是我国纬度最高、位置最北的边疆省份。其北部和东部以黑龙江、乌苏里江为界河依邻俄罗斯,边境线长达 3045km;南部与吉林省接壤,西部和内蒙古相连。其介于东经 121°11′~135°05′、北纬 43°26′~53°33′之间,东西跨越了 3 个湿润区、14 个经度,南北跨越了 2 个热量带、10 个纬度。黑龙江省陆地总面积占全国总面积的 4.9%,居全国第 6 位，为 47.3 万 km²。

黑龙江省地处太平洋西岸、欧亚大陆东部，南北跨中温带和寒温带，为温带大陆性季风气候。全省年均气温多为 -4～5℃，其四季分明，夏季炎热且短促，冬季寒冷而漫长，而春秋属于过渡季节，时间较短，气温升降变化明显。全省年降水量多为 400～650mm，中部山区降水量丰富，其次为东部，西部、北部则少。生长季的降水量在一年中达到全年总降雨量的 83%～94%。全年降水较稳定，夏季变率较小。除此之外，全省太阳能资源、风能资源比较丰富。

黑龙江省北部地势高，东部地势低。其地形复杂多样，主要由台地、山地、平原及水面构成。西北部和北部的小兴安岭山地，中间以伊勒呼里山为连接，面积为 13 万 km²，海拔为 500～800m，最高海拔达 1439m。东南部的老爷岭、完达山等地约占全省总面积的 24.7%。海拔高度在 300m 以上的丘陵地带约占全省总面积的 35.8%。东北部的三江平原由松花江、乌苏里江、黑龙江冲击而成，西部的松嫩平原由嫩江、松花江侵蚀冲击而成，这两个平原一般海拔 50～200m，共占全省总面积的 37.0%。

黑龙江省煤炭、石油、森林资源、农产品资源及土地资源等储量丰富。全省人均耕地面积高于全国人均耕地水平，达到 0.42hm²。黑龙江省森林资源丰富，森林面积达到 2097.7 万 hm²。黑龙江省还是我国重要的国有林区以及最大的木材生产基地，其木材产量位于全国前列。除此之外，黑龙江省东部地区盛产优质煤，是国家重要的工业能源基地。位于黑龙江省西部的大庆油田是我国目前最大的油田。黑龙江省拥有居于全国第四位的天然湿地面积，达到 556 万 hm²，占全国天然湿地的 1/7。另外，湿地还为东方白鹳、丹顶鹤等珍稀动物提供了迁徙停歇地和繁殖栖息地。黑龙江省是世界著名的三大黑土带之一，其土壤肥沃，有机质含量丰富，盛产水稻、大豆、马铃薯等粮食作物和烤烟、亚麻等经济作物。

以黑龙江省统计年鉴报道的粮食产量等数据为基础，本章就黑龙江省 CCT 的空间变异及时间变异开展分析，以期为该省碳收支评估提供数据支撑。

### 4.5.1 黑龙江省 CCT 的空间分布

1993—2014 年黑龙江省各地市 CCT 总量平均值达到 3527.97 万 t C/a（图 4.14），而 1993—2014 年各地市 CCT 平均值总体呈现两边高、中间低且西部高于东部的规律（大兴安岭地区除外），其分布表现出了巨大差异。其中最大值出现在南部的哈尔滨，达到 842.46 万 t C/a，占到总量平均值的 23.9%；其次为西部的绥化和齐齐哈尔，分别为 747.18 万 t C/a 和 624.14 万 t C/a；最东部的佳木斯为 331.70 万 t C/a，是东部地区值最高的市；位于西部的大庆市达到 250.93 万 t C/a；而处于北部的黑河和最南部的牡丹江及东部的双鸭山、鸡西的 CCT 大体相当，介于 110～160 万 t C/a；位于北部的伊春和中东部的鹤岗、七台河大体相当，均为 50 万 t C/a；位于最北部的大兴安岭 CCT 最小，为 18.15 万 t C/a，仅占总量平均值的 0.5%。

黑龙江省 MCT 在空间上的差异较为显著（图 4.15），最大值达到 214.26g C/(m²·a)，最小值为 2.80g C/(m²·a)，仅为最大值的 1.3%，但总体上也呈现两边高、中间低且西部大于东部的规律（大兴安岭地区除外）。其中最大值出现在西部的绥化市；其次为南部的哈尔滨市、西部的齐齐哈尔市，MCT 约为 150g C/(m²·a)；西部的大庆市和东部的佳

## 4.5 黑龙江省陆地 CCT 的时空变化

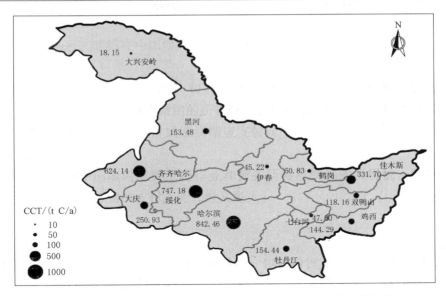

图 4.14　1993—2014 年黑龙江省各地市 CCT 平均值的空间分布

木斯市 MCT 大体相当，约为 100g C/(m²·a)；东部的鸡西市、七台河市、双鸭山市 MCT 为 50～80g C/(m²·a)；最南部的牡丹江市和北部的黑河市 MCT 约为 30g C/(m²·a)；而最北部的大兴安岭地区 MCT 最低，为 2.80g C/(m²·a)。

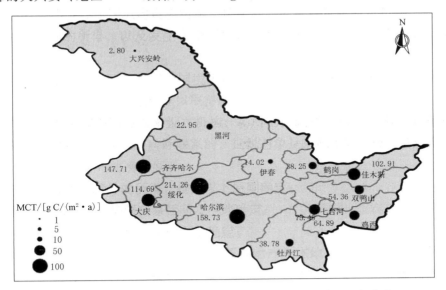

图 4.15　1993—2014 年黑龙江省各地市 MCT 平均值的空间分布

RPR 作为 MCT 的重要组分，在空间上也呈现出了显著差异（图 4.16）。总体依然呈现两边高、中间低且西部大于东部的规律（大兴安岭地区除外）。RPR 的最大值出现在绥化市，达到 43.94%，最小值出现在大兴安岭地区，仅为 1.66%，最大值约为最小值 26 倍。其中西部的绥化市和齐齐哈尔市 RPR 大致相当，都大于 43%；其次依次为南部的哈尔滨市、最东部的佳木斯市、西部的大庆市及东部七台河市,以上地区RPR介于20%~30%,分别为29.25%、26.17%、25.40%、21.11%;东部的鸡西市、双鸭山市、鹤岗市和北部的黑河市、南部的牡丹江市大体相当,以上地区RPR介于10%~20%,分别为15.25%、14.29%、11.39%、10.89%、10.59%;北部的伊春市和大兴安岭地区RPR均低于10%,分别为5.07%和1.66%。

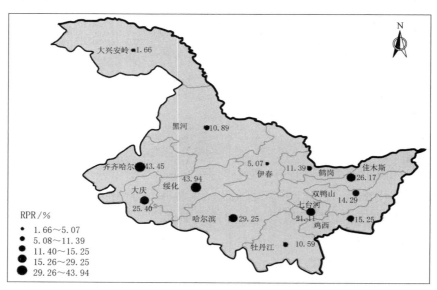

图 4.16 1993—2014 年黑龙江省各地市 RPR 平均值的空间分布

CTP作为MCT的重要组分之一,在空间上也呈现出了一定差异,但差异变幅相对较小,除大兴安岭地区外,总体也呈现出两边高、中间低且西部大于东部的规律(图4.17)。最大值为516.59g C/(m²·a),最小值为164.09g C/(m²·a),其中最小值约为最大值的1/3。最大值出现在哈尔滨市;其次依次为西部的绥化市、大庆市和东部的鸡西市,以上地区CTP介于400~500g C/(m²·a),分别为459.72g C/(m²·a)、408.83g C/(m²·a)、402.26g C/(m²·a);东部的佳木斯市、双鸭山市、七台河市和南部的牡丹江市及西部的齐齐哈尔市CTP大致相当,约为350g C/(m²·a);东部的鹤岗市、北部的黑河市及伊春市CTP大体相当,约为250g C/(m²·a);最北部的大兴安岭地区CTP最低,为164.09g C/(m²·a)。

MCT、RPR、CTP、RA四个组分与CCT之间都存在相关性(表4.6),其中MCT、RPR、CTP与CCT之间表现为强相关,RA与CCT之间表现为弱相关,根据系数大小可以说明CCT的空间分布主要由MCT和RPR的空间分布引起,且贡献程度相当,其次为CTP,RA的空间分布与CCT的空间分布关系较小;RPR、CTP与MCT之间表现为强相关,RA与MCT之间不存在相关性,说明MCT的空间分布与RPR、CTP空间分布之间有紧密联系,但RPR贡献程度最大;CTP与RPR之间表现为强相关,RA与RPR之间没有相关性,说明CTP的空间分布与RPR的空间分布之间有紧密联系;RA与CTP之间表现为弱相关,表明CTP的空间差异与RA的空间分布关系较小。

## 4.5 黑龙江省陆地 CCT 的时空变化

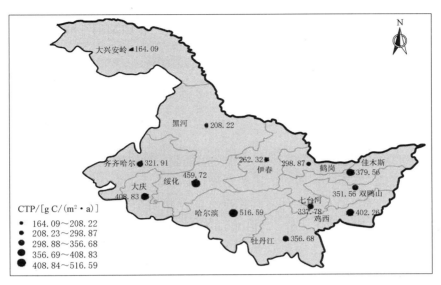

图 4.17　1993—2014 年黑龙江省各地市 CTP 平均值的空间分布

表 4.6　　　　　黑龙江省 CCT 空间分布与其组分间的相关系数表

| 项目 | CCT | MCT | RPR | CTP | RA |
|---|---|---|---|---|---|
| CCT | 1 | | | | |
| MCT | 0.91 | 1 | | | |
| RPR | 0.85 | 0.96 | 1 | | |
| CTP | 0.69 | 0.79 | 0.65 | 1 | |
| RA | 0.25 | −0.09 | −0.10 | −0.34 | 1 |

### 4.5.2 黑龙江省 CCT 的年际变异

1993—2014 年黑龙江省全省 CCT 总体呈上升的趋势（图 4.18），最大值达到 6617.87 万 t C/a，最小值仅为 1899.04 万 t C/a。总体来看，1993—2014 年，黑龙江省 CCT 在以平均每年 173.22 万 t C 的速度增长。其中最小值出现在 2003 年，原因为该年黑龙江省出现历史上较为少见的异常气候现象，各类灾害性天气多发且程度较为严重，影响农业收成。最大值出现在 2012 年，说明那几年黑龙江省气候情况稳定，农业发展较好。1993—1999 年 CCT 增长稳定，2000—2003 年由于气候因素影响开始下降，自 2003 年后 CCT 急剧增长，说明黑龙江省农业科技现代化发展迅猛。

1993—2014 年黑龙江省 MCT 总体呈现上升趋势（图 4.19）。最大值出现在 2012 年，达到 151.55g C/(m²·a)，最小值出现在 2003 年，仅为 43.40g C/(m²·a)，不足最大值的 1/3。总体来看，1993—2014 年，黑龙江省 MCT 在以平均每年增加 4.14g C/(m²·a) 的速度增长，其表现出的规律与 CCT 的规律类似，1993—1999 年 MCT 增长稳定，2000—2003 年由于气候因素影响开始下降，自 2003 年后 MCT 开始急剧增长。

1993—2014 年黑龙江省 RPR 大体呈上升趋势（图 4.20）。最大值出现在 2014 年，达

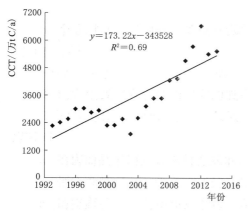

图 4.18 1993—2014 年黑龙江省 CCT 的年际变异

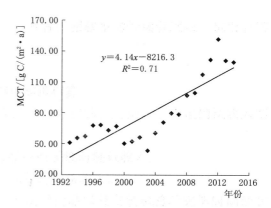

图 4.19 1993—2014 年黑龙江省 MCT 的年际变异

到 27.1%；最小值出现在 1995 年，为 15.7%。总体来看，1993—2014 年，黑龙江省 RPR 在以平均每年 0.66% 的速度增长。1993—2003 年 RPR 维持在同一水平，波动较小，自 2003 年后 RPR 开始逐渐增加，这与现代化农业的发展和人口数量的增加关系密切。

1993—2014 年黑龙江省单位耕地面积碳输出强度 CTP 大体呈上升趋势，其规律与 CCT 类似（图 4.21）。其中最大值出现在 2012 年，达到 489.44g C/($m^2 \cdot a$)，最小值出现在 2003 年，为 233.17g C/($m^2 \cdot a$)。总体来看，1993—2014 年黑龙江省 CTP 以平均每年 5.76g C/($m^2 \cdot a$) 的速度增长，1993—1999 年 CTP 增长稳定，2000—2003 年由于气候因素影响开始下降，自 2003 年后 CTP 急剧增长。

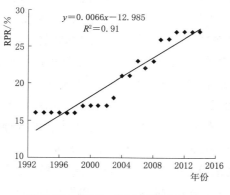

图 4.20 1993—2014 年黑龙江省 RPR 的年际变异

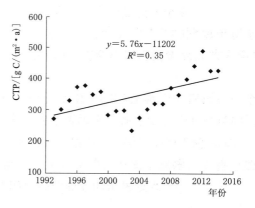

图 4.21 1993—2014 年黑龙江省 CTP 的年际变异

MCT、RPR、CTP 三个组分与 CCT 之间都存在相关性，且都表现为强相关，其中 MCT 贡献程度最大，其次为 CTP、RPR（表 4.7），说明 CCT 的年际变异与 MCT、CTP、RPR 的年际变异关系紧密；RPR、CTP 与 MCT 之间表现为强相关，说明 MCT 的年际变异与 RPR、CTP 年际变异之间有紧密联系，但 CTP 贡献程度较大；CTP 与 RPR 之间表现为强相关，说明 CTP 的年际变异与 RPR 的年际变异之间有紧密联系。

表 4.7　　　　　　　黑龙江省 CCT 年际变异与其组分间的相关系数表

| 项目 | CCT | MCT | RPR | CTP |
| --- | --- | --- | --- | --- |
| CCT | 1 | | | |
| MCT | 0.99 | 1 | | |
| RPR | 0.78 | 0.79 | 1 | |
| CTP | 0.90 | 0.90 | 0.62 | 1 |

## 4.6　河北省陆地 CCT 的时空变化

河北省地处华北平原，兼跨内蒙古高原，内环京津，外环渤海，西部与山西省仅隔太行山，北部紧邻内蒙古自治区和辽宁省，是华中通往东北、西北的交通要冲。河北省总面积为 18.85 万 km$^2$，占全国总面积的 1.96%；全省海岸线共 487km，交通线路发达。河北省地处北温带，位于北纬 36°05′～42°37′、东经 113°11′～119°45′之间，属温带大陆性季风气候。河北省的农作物种类较多，主要有小麦、玉米、稻谷、高粱、棉花等，河北省包括 11 个地级市，而且各地市的农作物种植结构差异明显。河北省的作物种类多，主因为其地貌复杂多样，有高原、山地、丘陵、盆地、平原等主要类型。河北省平均降水量约 500mm，月平均气温在 3℃以下，7 月平均气温 18～27℃。大部分地区四季分明。年日照时数超过 2000h，每年无霜期 81～204 天。

### 4.6.1　河北省 CCT 的空间分布

1992—2017 年，河北省 CCT 呈现明显的空间变异，自南向北呈减少趋势［图 4.22（a）］。CCT 的最大值出现在保定市，为 456.28 万 t C/a。石家庄市的 CCT 居于第二位，为 420.18 万 t C/a，其次分别是邯郸、邢台和沧州，均可达到 300 万 t C/a 的水平。北部三市（承德、秦皇岛、张家口）的 CCT 普遍偏低，均不足 100 万 t C/a，并以秦皇岛的 CCT 为最低，仅为 71.15 万 t C/a。

作为 CCT 的组分，MCT 也呈现明显的空间变异，也呈现从南向北逐渐减少的规律［图 4.22（b）］。河北省南部的四个地市（邯郸、衡水、石家庄、邢台），其 CCT 约为 300g C/(m$^2$·a)，并以衡水市的值为最高，可以达到 329.17g C/(m$^2$·a)，而中部的保定、沧州、廊坊和唐山 4 市，其 MCT 均高于 200g C/(m$^2$·a)，而北部秦皇岛、张家口和承德 3 市的 MCT 普遍低于 100g C/(m$^2$·a)，其中承德市和张家口市的 MCT 分别仅为 21.62g C/(m$^2$·a) 和 24.36g C/(m$^2$·a)。

与 CCT 和 MCT 呈现自南向北逐渐减少的趋势有所不同，CTP 的空间变异相对较小，普遍介于 300～500g C/(m$^2$·a)［图 4.22（c）］，并以石家庄市的值为最高，为 483.32g C/(m$^2$·a)，仅有承德和张家口的 CTP 低于 300g C/(m$^2$·a)，其中张家口市的 CTP 最低，仅为 135.01g C/(m$^2$·a)，不足该省 CTP 最大值［483.32g C/(m$^2$·a)］的 1/3。

RPR 也呈现自南向北逐渐减少的趋势［图 4.22（d）］。最大值出现在中部的保定市，该市大约 80% 的土地被用作耕地，其次分别为沧州市、邯郸市和邢台市，RPR 均接近 70%，而衡水市、唐山市和张家口市的 RPR 相对较小，但也达到 50% 左右，而承德市、

# 第 4 章　中国陆地人为干扰碳输出的时空变化

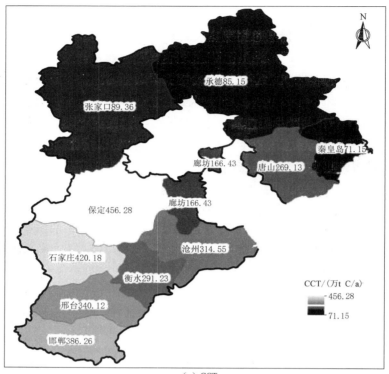

(a) CCT

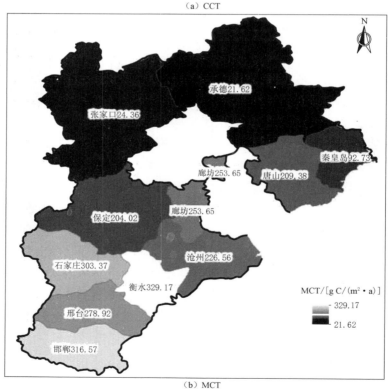

(b) MCT

图 4.22（一）　1992—2017 年河北省 CCT 及其组分 MCT、CTP、RPR 的空间分布

4.6 河北省陆地 CCT 的时空变化

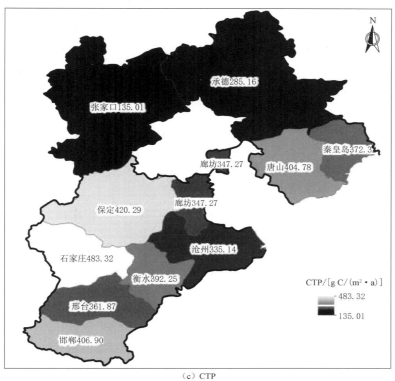

（c）CTP

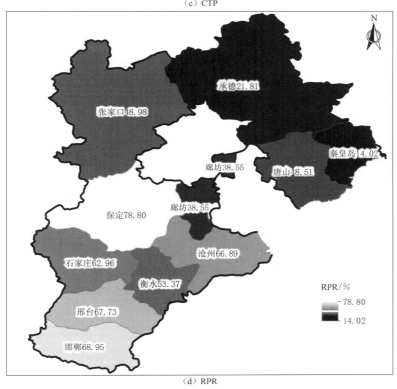

（d）RPR

图 4.22（二） 1992—2017 年河北省 CCT 及其组分 MCT、CTP、RPR 的空间分布

廊坊市和秦皇岛市的 RPR 普遍较小，均低于 40%，并以秦皇岛市的 RPR 为最低，不足 15%。

从河北省 CCT 与其组分空间变异的相关关系（表 4.8）可以看出，CCT 的空间变异主要是由 MCT 的变化所决定的，MCT 与 CCT 的空间变异呈现显著的相关性，相关系数达到 0.77（$P<0.01$）。而 MCT 的空间变异是 CTP 和 RPR 共同作用的结果，MCT 与 CTP 和 RPR 的相关系数均达到显著水平，分别为 0.73（$P<0.01$）和 0.63（$P<0.05$）。

表 4.8　1992—2017 年河北省 CCT 的空间变异与其组分间的相关系数表

| 项目 | CCT | MCT | RA | CTP | RPR |
| --- | --- | --- | --- | --- | --- |
| CCT | 1 | | | | |
| MCT | 0.77** | 1 | | | |
| RA | −0.35 | −0.75** | 1 | | |
| CTP | 0.70** | 0.73** | −0.67* | 1 | |
| RPR | 0.90** | 0.63* | −0.14 | 0.32 | 1 |

注　**表示 0.01 水平下显著相关，*表示 0.05 水平下显著相关，无标记表示相关系数不显著。

1992—2017 年河北省 CCT 平均为 2889.83 万 t C/a，占全国 CCT［630.54Tg C/a（朱先进 等，2014）］的 4.58%，比其国土面积所占比例（1.96%）高出一倍有余，这主要是由于河北省良好的自然环境条件所决定的。河北省气候较为适宜且具有多年栽培耕作史，农作物产量普遍高于地域辽阔的西北地区，使得 CCT 也较高，在全国 CCT 中所占比例较高。

因而，河北省 CCT 呈现明显的空间变异，呈现南部高、北部低的差异。CCT 的空间变异主要由 MCT 的差异所引起，而 MCT 的差异主要是 CTP 及 RPR 共同作用的结果，并以 CTP 的作用更高，这是由于 CTP 和 RPR 本身具有相关性，且 RPR 的变异幅度相对小于 CTP 的变异，使得 CTP 在 MCT 的空间变异中发挥更大的作用，表明 CTP 的差异是引起河北省 CCT 差异的主要因素。

### 4.6.2　河北省 CCT 的年际变化

河北省 CCT 及其组分不仅呈现明显的空间变异规律，而且在年际间呈现明显的波动（图 4.23）。

1992—2017 年，河北省 CCT 平均为 2889.83 万 t C/a，年际间呈现明显的波动上升趋势［图 4.23（a）］。各年 CCT 的最小值出现在 1992 年，不足 2000 万 t C，此后 CCT 逐渐增大，并持续至 1998 年前后，达到 3000 万 t C/a 的水平；此后几年，CCT 略有减少，并在 2003 年达到阶段低值（2433 万 t C）；此后 CCT 逐年增加，在 2011 年达到 3500 万 t C 左右并维持该值附近至 2016 年；2017 年达到研究时段内 CCT 的最大值，即 3600 万 t C。在整个研究时段内，CCT 呈现显著的增加趋势，年均增加 52.62 万 t C/a。

由于年际间河北省的面积没有发生改变，作为 CCT 的组分，MCT 与 CCT 具有相同的年际变化趋势，研究时段内呈现波动上升［图 4.23（b）］，在 1992 年时出现最低值，并在 2003 年达到阶段低值，但总体呈现增加趋势，年均增加 3.53g C/(m²·a)。

作为 MCT 的组分，CTP 也在研究时段内呈现波动上升趋势［图 4.23（c）］，在 1992

## 4.6 河北省陆地 CCT 的时空变化

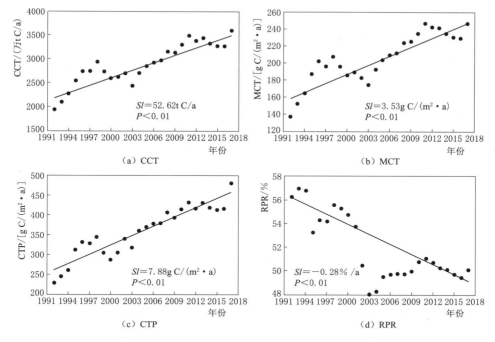

图 4.23 1992—2017 年 CCT 及其组分的年际变化

年出现研究时段内的最小值（229.09g C/m²），并一直上升至 1998 年，此后略有降低；在 2000 年出现 CTP 的阶段低值（287.40g C/m²），此后逐年增加，并在 2017 年达到 CTP 的最大值（480.90g C/m²）。在研究时段内，CTP 年均增加 7.88g C/(m²·a)。

与 CCT、MCT 及 CTP 的逐年增加有所不同，RPR 在年际间呈现减少趋势 [图 4.23（d）]。1992—1994 年，河北省耕地占整个区域土地面积的 57% 左右，此后逐年降低，到 2018 年时，RPR 已经不足 50%。研究时段内，RPR 年均减少 0.28%。

从 CCT 与其组分的相关关系（表 4.9）可以发现，CCT 的变异是 MCT 年际变化的结果，而 MCT 的年际变化主要受到 CTP 年际变化的作用，两者间具有显著的正相关关系（$r=0.98$，$P<0.01$），而 RPR 也与 MCT 呈现显著的相关关系，但 RPR 的增加伴随着 MCT 的减少，反映出 MCT 的年际变异主要是 CTP 变化的结果。

表 4.9 1992—2017 年河北省 CCT 的空间变异与其组分间的相关系数表

| 项目 | CCT | MCT | CTP | RPR |
| --- | --- | --- | --- | --- |
| CCT | 1 | | | |
| MCT | 0.99** | 1.00 | | |
| CTP | 0.97** | 0.96** | 1.00 | |
| RPR | −0.62** | −0.60** | −0.75** | 1 |

** 表示 0.01 水平下显著相关。

因而，河北省 CCT 不仅呈现空间变异，而且呈现明显的年际变异，年均增加 52.62 万 t C/a。CCT 的年际变异主要是由 CTP 通过 MCT 的变异所导致的，年际间耕作技术的提升及品种改良等使得 CTP 呈现增加趋势,尽管城市化进程使得 RPR 在年际间有所减少,但 MCT 仍呈现增大趋势。

### 4.6.3 河北省 CCT 及其组分年际变化的空间变异

河北省 CCT 及其组分不仅表现出明显的年际变化,而且各地市 CCT 及其组分的年际变化存在差异,表现为河北省 CCT 及其组分的年际变化呈现明显的空间差异(图 4.24)。

河北省 CCT 的年际变化呈现东部和南部高、北部低的空间格局[图 4.24(a)]。CCT 年均增量的最大值出现在沧州,研究时段内 CCT 的年均增量达到 12.57 万 t C。其次分别为南部的邯郸、邢台和衡水,分别年均增加 10.23 万 t C、10.17 万 t C 和 7.52 万 t C。石家庄和保定的 CCT 的年均增量低于南部各个地市,但又高于北部各地市,年均分别增加 3.11 万 t C 和 5.02 万 t C。北部张家口、承德、秦皇岛和唐山的 CCT 年均增量相对较低,年均增加量均不足 3 万 t C,其中秦皇岛的年均增量仅为 0.13 万 t C。与其他地市有所不同,廊坊市的 CCT 在年际间呈现降低趋势,1992—2017 年,廊坊市的 CCT 年均减少 1.95 万 t C。

MCT 年际变化的空间分布与 CCT 相似,也呈现东部和南部高、北部低的空间格局[图 4.24(b)]。MCT 年际变化的最大值出现在沧州市,年均增加 9.05g C/($m^2$·a),其次分别为邯郸、衡水和邢台,年均增量均在 8g C/($m^2$·a)左右,而保定市和石家庄市的 MCT 增加幅度低于东部和南部各个地市,约为 2.2g C/($m^2$·a),北部各市(张家口、承德、秦皇岛和唐山)的 MCT 增加较少,增加幅度均不足 1g C/($m^2$·a)。而廊坊市的 MCT 在研究时段内呈现减少趋势,年均减少 2.98g C/($m^2$·a)。

尽管各地市 CCT 和 MCT 的年际变化有增加也有减少,各地市 CTP 的年际变化均呈现增加趋势[图 4.24(c)],且增加幅度普遍高于 5g C/($m^2$·a);最大增加幅度可以达到 10.04g C/($m^2$·a),出现在邯郸市;最小增加幅度也可以达到 5.22g C/($m^2$·a),出现在张家口市。

与 CTP 在各个地市均呈现增加趋势有所不同,RPR 则在各个地市大多呈现减少趋势,仅在东南部的衡水、邢台和沧州略有增加[图 4.24(d)]。最大减少幅度出现在廊坊,RPR 年均减少 1.95%,最大增加幅度出现在沧州,RPR 年均增加 1.31%。

由于各地市的土地面积没有发生改变,CCT 的变化主要由 MCT 来反映,因此,本章进一步分析了 MCT 与其组分(CTP 和 RPR)的关系(图 4.25)。从图 4.25 可以发现,除廊坊外,河北省各地市的 MCT 年际变化主要是 CTP 年际变异的结果,年际间 CTP 的增加导致 MCT 呈现增加趋势[图 4.25(a)]。同时,南部地市增加的 RPR 也对 MCT 的年际增加趋势起着促进作用[图 4.25(b)]。然而,在廊坊市,MCT 的年际减少趋势主要是由 RPR 的减少所导致的[图 4.25(b)],CTP 的年际波动对廊坊市 MCT 的年际变化没有显著作用[图 4.25(a)]。

因而,河北省 CCT 的年际变异也呈现明显的空间差异,呈现南部高、北部低的趋势,并在廊坊市出现减少的规律,但不同地区的主导因素存在差异。由于北京都市圈的扩张,廊坊市的 RPR 呈现减少趋势,导致 MCT 乃至 CCT 的减少,而在其他地区,由于耕作技术等的进步,CTP 呈现增加趋势,使得 MCT 及 CCT 呈现增加趋势。

4.6 河北省陆地 CCT 的时空变化

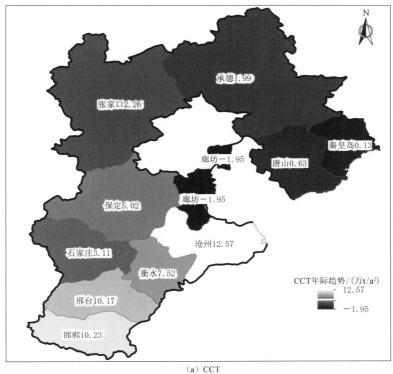

（a）CCT

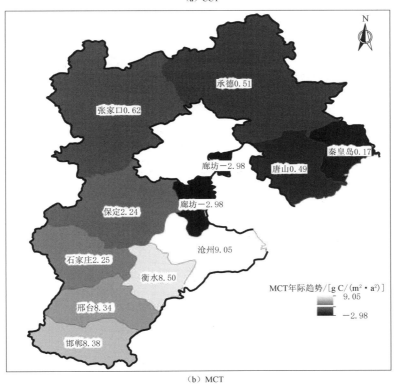

（b）MCT

图 4.24（一） 1992—2017 年河北省 CCT 及其组分（MCT、CTP、RPR）年际趋势的空间分布

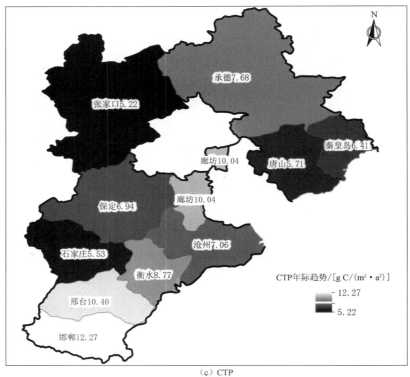

（c）CTP

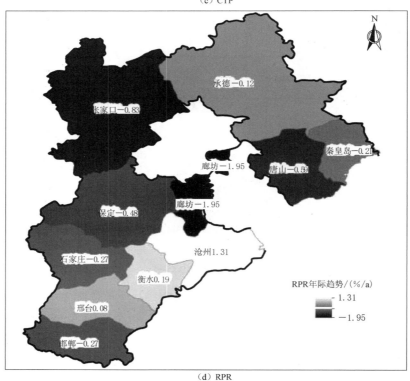

（d）RPR

图 4.24（二） 1992—2017 年河北省 CCT 及其组分（MCT、CTP、RPR）年际趋势的空间分布

4.6 河北省陆地 CCT 的时空变化

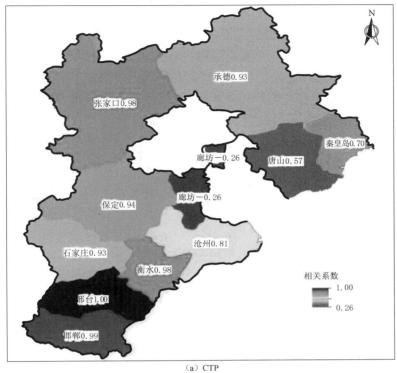

（a）CTP

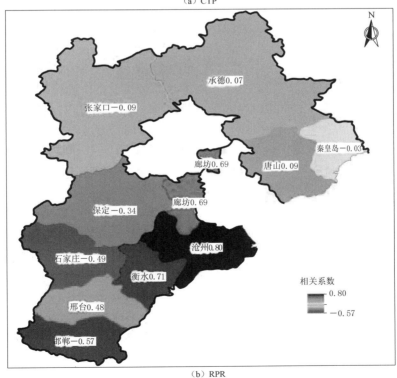

（b）RPR

图 4.25 MCT 的年际变异与 CTP 和 RPR 的相关关系

## 4.7 讨论

基于统计数据，本章分析了中国区域 HCT 总量及强度的时空分布，有助于定量评估陆地生态系统与大气间的碳交换强度，也为全球陆地生态系统的碳管理提供了理论依据。整合中国多个模型的分析结果（高艳妮 等，2012）发现，中国陆地生态系统 NPP 平均为 2.828Pg C/a。因而，HCT 占 NPP 总量的 28.49%，这一数值与东亚地区 HCT 在 NPP 中所占比例（35%）（Haberl et al.，2007）接近，明显低于欧洲区域的比例（40%～52%）（Haberl et al.，2007），但高于北美及全球的比例（22%）（Haberl et al.，2007）。这表明，HCT 在中国区域陆地生态系统碳平衡中占有重要地位，今后应充分重视人为干扰对碳平衡的影响。需要指出的是，本章中 HCT 是指农林产品生产过程中从陆地生态系统转移出的碳量，既包括直接为人们所食用的各种农产品，也包括作物秸秆等，且人类食用食物时也会因食物浪费而导致部分有机碳存留在人类社会中（Xue et al.，2021），因而与基于粮食产量估算的碳输出存在一定差异。但本章所计算的碳输出量化了人类直接从生态系统带走的碳量，更能反映人为干扰对陆地生态系统碳吸收的影响。此外，本章工作还存在一些不确定性，集中体现在以下几个方面：①作物收获指数在时间和空间上均具有一定的不确定性。作物收获指数在时间和空间上存在一定的变异，尽管本章选用了近 10 年来已发表的中国区域各类作物不同省份的收获指数，一些作物在个别省份仍没有准确的收获指数，这也使得这些地区的评估精度受到一定的影响。然而，我们所用的收获指数覆盖了中国大多数粮食作物的主要产区，对研究结果应该不会产生明显影响。②农林产品的含碳系数存在些许差异。与以往多数研究相似，我们将农作物及干草的含碳系数均设为 0.45，而林产品的含碳系数设为 0.50，虽然这可能与真实的含碳系数存在些许偏差，但也与普遍采用的含碳系数相一致。因而不会对本章结果产生明显影响。③本章所用的空间分辨率相对较低。由于本章仅获取了各省的统计数据，农林产品利用的碳消耗也只能在省级尺度开展，但同一省份不同地区的碳消耗存在明显不同，因而今后需要细致分析碳消耗在同一省份不同地区间的差异。

1992—2014 年辽宁省 CCT 总量达到 18.56Tg C/a，与之前估算结果（20.78Tg C/a）（朱先进 等，2014）略有差异，这主要是由两个研究所选用的时间范围有所不同所引起的：本章估算的 CCT 是 1992—2014 年辽宁省 CCT 总量，而朱先进 等（2014）仅估算了 2000—2009 年的值，与此同时，农作物产量呈现逐年增加的趋势，导致本章估算结果略低。同时，本章估算的辽宁省 CCT （18.56Tg C/a）占该省陆地生态系统总初级生产力（111Tg C/a）（Li et al.，2013b）的 16.72%，同时也与该省工业碳排放（化石燃料燃烧及水泥生产）总量（99.2Tg C/a）（岳超 等，2007）的 1/5 相当，这表明，辽宁省 CCT 在该省陆地生态系统碳平衡中发挥着举足轻重的作用，在估算该省陆地生态系统碳收支时需对其重点关注。此外，尽管 RPR 和 CTP 在 MCT 时空变异中均发挥着重要作用，但 MCT 的空间变异主要由 RPR 的差异所引起，而其年际变异主要是 CTP 变化的结果，这表明，MCT 的空间变异和年际变异的主导成因存在明显不同。这也跟生态功能（如总初级生产力等）时空变异所获得的结论类似：总初级生产力的空间变异主要由气候因素所决

## 4.7 讨论

定（Chen et al., 2015a; Law et al., 2002; Yu et al., 2013），而生态系统对气候变化的响应主导了总初级生产力的年际变异（Hui et al., 2003; Richardson et al., 2007; Wu et al., 2012）。这也表明，尽管用"空间"换"时间"是生态学研究的重要方法，但空间换时间的方法可能会高估生态系统功能在时间上变化的幅度（Elmendorf et al., 2015）。因此，利用空间换时间揭示生态问题时需谨慎。

1991—2015 年，吉林省 CCT 总量均值约为 21.21Tg C/a，相当于中国区域净初级生产力 [(2.83±0.83) Pg C/a]（高艳妮 等，2012）的 1%，但相当于中国区域 CCT (0.63Pg C/a)（朱先进 et al., 2014）的 3.36%，因而，吉林省 CCT 在中国陆地生态系统碳收支中占有重要地位，需要在今后引起足够重视。影响吉林省 CCT 总量空间分布的因素主要受地形和气候的作用。吉林省东部山区海拔较高，以森林为主，从而表现为 RPR 较低，西部地区地势平坦，适宜于农业种植，进而导致 RPR 较高。南部及东部地区温度较高、降水量较为充沛，西部及北部地区温度较低、降水缺乏，进而导致 CTP 的改变，使得 CTP 呈现明显的区域差异。因而地形和气候可能是 RPR 及 CTP 空间分布的主导因素。

1993—2014 年，黑龙江省 CCT 总量均值约为 35.28Tg C/a，相当于中国区域 CCT (0.63Pg C/a)（朱先进 等，2014）的 5.59% 及中国陆地生态系统碳汇量（1.9 亿～2.6 亿 t C/a）(Piao et al., 2009) 的 13.56%～18.56%，同时也相当于中国区域净初级生产力 [(2.83±0.83) Pg C/a]（高艳妮 等，2012）的 1%，可以看出，黑龙江省 CCT 在中国陆地生态系统碳收支中占有重要地位。黑龙江省 CCT 空间分布呈现两边高、中间低且西部高于东部的规律，这主要是由 MCT 的空间分布差异所引起的，而 MCT 的差异又是 CTP 与 RPR 共同作用的结果，气候和地形可能是影响 CTP 及 RPR 空间分布的主导因素。处于黑龙江省西部的松嫩平原地势较为平坦，土壤肥沃，黑土、黑土钙占 60% 以上，适宜发展农业，其中平原上分布着哈尔滨市、齐齐哈尔市、绥化市、大庆市，因此以上地区 RPR 较高；处于黑龙江省东北部的三江平原地势平坦，区内水资源丰富，适宜农业发展，其中平原上分布着佳木斯市、鹤岗市、双鸭山市、七台河市，因此以上地区 RPR 较高。北部地区则以森林为主，因此 RPR 较低。南部及西部地区温度较高、降水缺乏，东部及北部地区温度较低、降水量较为充沛，温度和降水也影响着粮食产量，从而导致 CTP 呈现明显的区域差异。年际间黑龙江省 CCT 呈上升趋势，其中 CCT 在以平均每年 173.22 万 t C 的速度增长。年际间土地面积的相对稳定使得 MCT 主导了 CCT 的年际变异，1993—2014 年 MCT 在以平均每年增加 4.14g C/(m²·a) 的速度增长。MCT 的年际变异则是 CTP 与 RPR 共同作用的结果，其中 CTP 的贡献作用更为明显，年际间 RPR 和 CTP 分别平均增加了 0.66% 和 5.76g C/(m²·a)。其中 CCT、MCT 和 CTP 的年际变化曲线上下波动较大，原因为其受气候变化因素影响较大；随着人口的不断增长，需要满足人类粮食需求，因此 RPR 年际变化曲线一直呈上升趋势。

1992—2017 年河北省 CCT 平均为 2889.83 万 t C/a，占全国农田碳输出量（0.63Pg C/a）（朱先进 等，2014）的 4.58%，比其国土面积所占比例（1.96%）高出一倍有余，这主要由河北省良好的自然环境条件所决定。河北省气候较为适宜且具有多年栽培耕作史，农作物产量普遍高于地域辽阔的西北地区，使得 CCT 强度也较高，在全国 CCT 中所占比例较高。河北省 CCT 呈现明显的空间变异，呈现南部高、北部低的差异。CCT 的空间变异主要由 MCT 的差异所引起，而 MCT 的差异主要是 CTP 及 RPR 共同作用的结果，并以 CTP 的作用更高，这是由于 CTP 和 RPR 本身具有相关性，且 RPR 的变异幅度相对小于 CTP 的变异，使得 CTP 在 MCT 的空间变异中发挥更大的作用，表明 CTP 的差异是引起河北省 CCT 差异的主要因素。河北省 CCT 不仅呈现空间变异，而且呈现明显的年际变异，年均增加 52.62 万 t C/a。CCT 的年际变异主要是由 CTP 的变异所导致的，年际间耕作技术的提升及品种改良等使得 CTP 呈现增加趋势，尽管城市化进程使得 RPR 在年际间有所减少，但 MCT 仍呈现增大趋势。河北省 CCT 的年际变异也呈现明显的空间差异，呈现南部高、北部低的趋势，并在廊坊市出现减少的规律，但不同地区的主导因素存在差异。由于北京都市圈的扩张，廊坊市的 RPR 呈现减少趋势，导致 MCT 乃至 CCT 的减少，而在其他地区，由于耕作技术等的进步，CTP 在年际间呈现增加趋势，使得 MCT 及 CCT 呈现增加趋势。

## 4.8 小结

HCT 是生态系统碳收支的重要分量，由 CCT、GCT 及 FCT 所组成。基于统计年鉴报道的粮食产量及林草产品产量结果，结合经验统计关系，本章就中国 HCT 的时空变化规律进行了描述，并就北方部分省份（辽宁省、吉林省、黑龙江省、河北省）CCT 的时空变化及主导因素开展分析，得到主要结果如下：

(1) 2001—2010 年，中国 HCT 总量为 805.79Tg C/a，并以 CCT（达到 630.54Tg C/a）为主，其次是 GCT 和 FCT，空间上呈现东高西低的现象，最大值则出现在东部的山东、河南、江苏等省份，年际间呈现明显的增加趋势，年均增加 22.02Tg C。HCT 强度与 HCT 总量呈现相似的时空变化趋势。

(2) 1992—2014 年，空间上辽宁省 CCT 在 MCT 主导下呈现自西北向东北逐渐降低，而 MCT 的空间差异主要取决于 RPR 的空间变异。年际间 CCT 以 0.48Tg C/a 的速率增加，但其变异主要是 CTP 通过影响 MCT 来实现的。CCT 的时空变异与气候因素没有呈现显著的相关性，但与单位面积化肥使用量呈现显著的正相关关系。因而，影响辽宁省 CCT 空间变异和年际变异的组分存在明显差异。

(3) 1991—2015 年，吉林省 CCT，在 MCT 影响下呈现中间高、西北部高于东南部的趋势，而 MCT 的差异又以 RPR 的作用为主。年际间吉林省 CCT 呈现明显增加趋势，增长速率为 0.73Tg C/a。MCT 是 CCT 年际变异的主导因素，而 MCT 的年际变异则是 CTP 及 RPR 共同作用的结果，且两者作用大致相当。

(4) 1993—2014 年，黑龙江省 CCT，在 MCT 的影响下呈现两边高、中间低、西部高于东部的特征，而 MCT 的空间变异源自 RPR 与 CTP 的共同作用，并以 RPR 的作用为主。年际间 CCT 呈现显著上升趋势，年均增加 1.72Tg C/a，MCT 是引起 CCT 年际增加的主要因素，但 MCT 的年际变异主要源于 CTP 的作用。

(5) 1992—2017 年，河北省 CCT，在 MCT 影响下呈现明显的南高北低趋势，而

MCT 的空间分异源自 CTP 的主要作用。年际间河北省 CCT 呈现显著增加趋势，年均增加 0.53Tg C/a，也是由 CTP 的年际变异所引起。河北省 CCT 的年际变异也呈现南部高、北部低的特征，除廊坊 CCT 年际变异受 RPR 影响外，CTP 是导致 CCT 年际变异的主要原因。

# 第5章 区域陆地碳汇评估的新实践

人类活动加剧不断改善了人们生活，也导致了大气 $CO_2$ 浓度持续升高，引发了全球性的气候问题（Canadell et al.，2021）。观测记录表明，2014年全球大气 $CO_2$ 浓度已经达到 $397.7\pm0.1$ ppm，比工业革命前（1750年）大气 $CO_2$ 浓度增加了 43%，并且 $CO_2$ 浓度上升速度逐年加快（WMO，2015）；2015年也被认为是有记录以来全球最暖的一年，比 1961—1990 年的平均水平高出约 0.75℃，同时伴随着极端气候事件发生频率的升高（WMO，2016）。因而，减缓气候变化是人类社会的历史责任和使命，正日益引起人们的关注（IPCC，2013）。联合国已经召开了28届全球气候变化大会，探讨全球应对气候变化的行动。

陆地生态系统是大气 $CO_2$ 的汇，在减缓大气 $CO_2$ 浓度升高及气候变化中起着重要作用（Ballantyne et al.，2012；Ciais et al.，2000；Le Quéré et al.，2013；Poulter et al.，2014；Tian et al.，2016）。2002—2011年，陆地生态系统每年吸收 $(41\pm9)$ 亿吨碳，占人为碳排放量的近 50%（Le Quéré et al.，2013），并且该作用在大气氮沉降增加及 $CO_2$ 浓度升高的背景下持续增强（Fang et al.，2014；Fernández-Martínez et al.，2014）。因而，增加陆地生态系统的碳吸收是减缓气候变化的重要措施。

增加陆地生态系统的碳吸收需要以量化陆地生态系统碳汇的空间分布为基础（Ciais et al.，2000）。基于大气反演（Ciais et al.，2000；Tian et al.，2016）、生物量清查（Pan et al.，2011）及各类模型（Tian et al.，2016），大量研究已经认同了陆地生态系统的碳汇功能。然而，针对同一地区，利用不同方法评估的碳收支会出现截然不同的结论（Piao et al.，2009），碳汇的大小尤其是具体的空间分布方面还存在较大的不确定性。因此，除了利用现有方法评估区域碳收支以外，我们还需要构建新的评估方法体系以提高碳收支评估的精度。

碳汇的定义（Chapin et al.，2006；Steffen et al.，1998）指出，陆地生态系统碳汇是植被所固定的有机物经自然和人为消耗后在陆地表面残留的数量。因而，分别计算植被固定的有机物及自然和人为活动的消耗量可以估算陆地生态系统的碳汇，为评估区域碳汇强度提供依据。增加植被所固定的有机物或者减少自然和人为活动消耗的有机物可以提高陆地生态系统的碳汇强度、实现陆地生态系统增汇。

涡度相关技术可以连续观测生态系统与大气间垂直方向的 $CO_2$ 交换量（Baldocchi，2008），大致反映了 NEP（Chapin et al.，2012），同时也可以拆分出为总初级生产力（gross primary productivity，GPP）和生态系统呼吸（ecosystem respiration，

ER）(Reichstein et al.，2005)，为评估区域碳汇强度提供了坚实的数据基础，也使得基于碳汇形成过程评估陆地生态系统碳汇强度成为可能（于贵瑞 等，2011b，2018）。结合反映自然和人为活动碳消耗的生态系统与大气间垂直方向非 $CO_2$（如挥发性有机物等）的碳交换、NEP 在水平方向的平行流动及 NEP 在垂直方向的地下迁移等，我们可以估算陆地生态系统的净碳收支，实现从碳汇形成过程评估陆地生态系统的碳汇强度（Ciais et al.，2022；Piao et al.，2022a；于贵瑞 等，2011b）。基于该理念，已有研究评估了中国陆地生态系统的碳汇强度及其气候潜力值，发现该方法所获得的陆地碳汇强度与已有结论大致相当（Wang et al.，2015）。然而，基于该理念，现有研究仅估算了中国陆地生态系统的碳汇总量及其气候潜力值（Wang et al.，2015），目前还没有研究基于碳汇形成过程评估陆地生态系统碳汇强度的区域分布，限制了该方法在区域碳管理中的应用。

从碳汇形成过程出发评估陆地生态系统碳汇强度的空间分布既有助于揭示陆地生态系统的碳收支特征及区域差异，也有助于完善区域碳汇评估的方法体系，为估算中国乃至全球碳收支提供数据基础，为准确评估区域碳收支提供方法论依据。同时，在应对气候变化的社会环境下，工业也面临着巨大减排压力，进而影响着工业发展。陆地生态系统增加 1t $CO_2$ 的净吸收量与工业减少 1t $CO_2$ 排放量对大气 $CO_2$ 浓度的变化具有相等的效果。因而，增加陆地生态系统的碳吸收可以变相增加工业经济的排放份额，进而为增加区域工业产值、提振区域经济提供便利。此外，探讨陆地碳汇及增汇潜力的区域差异有助于阐明碳汇功能在地区间的差别，进而为选择合理增汇区域、制定减缓气候变化的政策提供依据，也可以为生态补偿及碳交易提供参考。

因而，以陆地碳汇形成过程为基础，本章选择典型区域（沈阳市、辽宁省、吉林省、河北省）就陆地碳汇的时空变化进行评估，从碳汇形成过程出发评估典型区域碳汇强度，发展陆地碳汇评估的新方法，也为区域碳收支评估提供范例与数据支撑。

## 5.1 研究方案

陆地生态系统的碳循环过程是碳汇评估方案的基础（图 5.1）(Chapin et al.，2006；Ciais et al.，2022；Wang et al.，2015)。陆地生态系统的碳循环始于总初级生产力（GPP），这是吸收大气中 $CO_2$ 的第一步。植被固定的有机碳首先由植物的自养呼吸（Ra）释放回大气中。然后，剩余有机碳即净初级生产力（NPP）通过异养呼吸（Rh）进一步被动物和微生物消耗。Ra 和 Rh 组成了生态系统呼吸（ER）。此外，植被固定的有机碳还被生物摄取所消耗，这被称为是生物摄取的排放（$E_{CI}$）。在生态系统通过 $CO_2$ 释放碳的阶段，植被固定的有机碳还以 $CH_4$、CO 等活性碳的形式释放，这被称为是活性碳的排放（$E_{RC}$）。除了自然释放之外，植被固定的有机碳也受自然和人为因素的干扰。自然干扰（$E_{ND}$）造成的排放是由火灾（$E_F$）和土壤侵蚀引起的，其中土壤侵蚀的引起的 $E_{ND}$ 可以进一步分为风蚀（$E_{win}$）和水蚀（$E_{wat}$）。人为干扰（$E_{AD}$）的排放包括来自农田（CCT），草地（GCT）和森林（FCT）的碳排放。在人为干扰后，部分被排放的碳又以人返回碳（HC）的形式返回到生态系统中。处此之外，部分的碳还以例如碳酸氢铵（$NH_4HCO_3$）、尿素[$CO(NH_2)_2$]等工业肥料（IF）等形式释放回生态系统中。

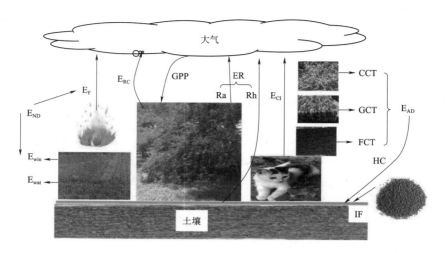

图 5.1　陆地生态系统的碳循环过程

GPP—总初级生产力；Ra—自养呼吸；Rh—异养呼吸；ER—生态系统呼吸；$E_{RC}$—活性炭排放；
$E_{CI}$—生物摄取排放；CCT—农田碳移出量；GCT—草地碳移出量；FCT—森林碳移出量；
$E_F$—火灾排放；$E_{win}$—风蚀排放；$E_{wat}$—水蚀排放；$E_{AD}$—人为干扰排放；
$E_{ND}$—自然干扰排放；HC—人类返回碳；IF—工业肥料

因此，基于其形成过程的碳汇评估方案涉及在生态系统和周围环境之间发生的碳交换。根据碳汇评估方案的理论基础，输入碳通量为 GPP、HC 和 IF，而输出碳通量包括 ER、$E_{RCCI}$、$E_{AD}$ 和 $E_{ND}$（图 5.2）。

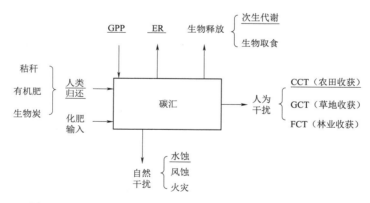

图 5.2　基于碳汇形成过程计算区域陆地碳汇所涉及的碳通量

输入碳通量是指总初级生产力（GPP），工业肥料（IF）和人类返回碳（HC），另外还包括从秸秆，粪肥和生物炭中返回的那部分碳。输出通量包括生态系统呼吸（ER），活性碳和生物摄取（$E_{RCCI}$）的排放，人为干扰（$E_{AD}$）的排放和自然干扰（$E_{ND}$）的排放。$E_{RCCI}$ 由活性炭（$E_{RC}$）和生物摄取（$E_{CI}$）的排放组成。$E_{AD}$ 是从农田（MCT）、草地（MGT）和森林（MFT）中排放碳，而 $E_{ND}$ 是由火（$E_F$）和水（$E_{wat}$）和风（$E_{win}$）引起的土壤侵蚀引起的。

考虑到 IF 的碳含量较低，这可由它们的化学式如碳酸氢铵（$NH_4HCO_3$）、尿素

[CO(NH$_2$)$_2$] 计算,所以只考虑 GPP 和 HC 作为输入碳通量。此外,考虑到 $E_{CI}$ 在 GPP 中所占的比例很小(Wang et al.,2015),且辽宁省的土地以农田为主,$E_{CI}$ 可以忽略不计,因此我们把该地区的 $E_{CI}$ 设为 0。此外,$E_{AD}$ 主要由该地区的农田碳排放组成,从草地和森林中去除的碳很少,但很难获得(朱先进 等,2014),只有 CCT 作为 $E_{AD}$。鉴于北方省份很少发生火灾,而且风蚀土壤很难定量,故只将水蚀($E_{wat}$)排放量视为自然扰动($E_{ND}$)排放。

因此,各区域碳汇计算涉及的碳通量有 GPP、HC、ER、$E_{RC}$、CCT、$E_{wat}$,由图 5.2 中碳通量的下划线表示。

本章选用 MODIS 的 GPP 数据作为碳的主要输入,鉴于 GPP 和 ER 在空间上具有正相关性(Yu et al.,2013;Zhu et al.,2014b),基于下式计算得到 ER 的数值:

$$ER=0.68GPP+81.90 \qquad (5.1)$$

根据各地级市统计年鉴,由各地级市粮食产量数据计算了相关碳通量的大小,包括 CCT 和 HC。CCT 是根据农产品的产量($Y_i$),作物收获指数($HI_i$),含水量($C_{wi}$)和干物质的碳含量($C_{Ci}$)计算得出的(Zhu et al.,2017)。HC 的量设定为 CCT 的 20%。

而其他碳通量的大小,如 $E_{RC}$ 和 $E_{wat}$,其空间分布很少可用,则按其总量与区域面积的比例计算。活性炭的排放包括甲烷($CH_4$),非甲烷挥发性有机化合物(NMVOC)和一氧化碳(CO)的排放(Wang et al.,2015)。$CH_4$ 的排放($E_m$)发生在稻田、湖泊和自然湿地(Chen et al.,2013b)。基于最近发表的论文(Chen et al.,2013),可以通过稻田和天然湖泊来获取各地区的 $E_m$ 值。此外,天然湿地的 $E_m$ 与天然湖泊的 $E_m$ 相当(Chen et al.,2013b)。因此,通过对稻田、天然湖泊和天然湿地的 $E_m$ 进行总结,从之前的研究(Chen et al.,2013b)中估算出了各地的 $E_m$。由于很少关注中国的 NMVOC 和 CO 排放的空间变化,我们只能基于中国的总排放量以及各区域土地面积在中国所占的比例来计算各地 NMVOC($E_{NM}$)和 CO($E_{CO}$)的排放量(Wang et al.,2015)。$E_{RC}$ 是 $E_m$、$E_{NM}$ 和 $E_{CO}$ 的总和。

水蚀引起土壤碳的横向和垂直输送(Yue et al.,2016b)。横向输送包括碳排放(F1)和侵蚀碳(F2)的沉积,而垂直输送包括大气中 $CO_2$(F3)的交换,分解碳从埋藏碳到大气(F4 和 F5)。侵蚀碳的横向和垂直输送分别为 F1−F2 和 F3−F4−F5。$E_{wat}$ 是横向和垂直运输的总和,数值为正值,表示碳排放。在最近的一篇论文中,Yue 等(2016)报道了中国东北部的 $E_{wat}$。将东北三省区的面积与东北地区 $E_{wat}$ 相结合,估算了各地区水土流失的碳排放量。

基于各地区陆地碳汇及各组分的强度,分析各地区陆地碳汇及其组分的空间分布。结合各地区陆地碳汇及其组分的空间分布,量化该区域陆地碳汇总量,利用 Mann-Kendall 趋势分析揭示陆地碳汇及其组分的时间动态。

基于中华人民共和国林业行业标准中《森林生态系统服务功能评估规范》(LY/T 1721—2008)中碳汇价值的核算标准和全国各地碳汇价格,我们将陆地生态系统的碳汇价格定义为 1200 元/t。结合不同省份碳汇总量,我们得到各地区需为其碳排放所付出的财政支出或生态补偿款。

## 5.2 辽宁省陆地碳汇的时空变化

辽宁省位于中国东北部，北接吉林省，西部与内蒙古自治区、河北省接壤，南与山东省隔海相望，具有典型的温带大陆性气候，年均气温 7~8℃，年总降水量超过 700mm。气候上呈现明显的东部温暖湿润、西部寒冷干燥的特点。

辽宁省作为东北老工业基地的主战场，其碳汇功能对气候变化呈现高度敏感性，因而应该重视辽宁省的碳汇功能并基于碳汇的分布规律采取合理的生态补偿策略。因而，基于碳汇形成过程，本节首先就辽宁省陆地碳汇的时空变化进行分析，同时结合辽宁省碳汇空间分布提出生态补偿策略，该研究既有助于促进经济效益和生态效益的和谐发展，又可以为减缓气候变化的区域碳管理提供理论参考，为实现社会公平和应对气候变化的历史使命提供依据。

### 5.2.1 辽宁省陆地碳汇及其组分的空间变化

2000—2014 年，辽宁省陆地生态系统年均从大气中吸收 1.11 亿 tC，并通过秸秆还田等方式向陆地生态系统归还了 400 万 tC，陆地生态系统每年的总碳收入约为 1.15 亿 tC。而陆地生态系统自身通过自养和异养呼吸过程向大气释放了 8696 万 tC，并通过水蚀的方式损失了 257 万 tC、以挥发性有机物等形式损失了 97 万 tC，此外，人们通过作物收获的方式还从陆地表层转移了 1998 万 tC，使得辽宁省陆地生态系统整体呈现弱的碳吸收状态，年均碳吸收强度约为 430 万 tC（图 5.3）。值得注意的是，本章所获碳汇强度仅考虑了自然生态系统和农林业生产中的碳收支，尚未考虑工业中的碳排放。如果考虑工业碳排放，辽宁省陆地生态系统的碳汇强度将更低。

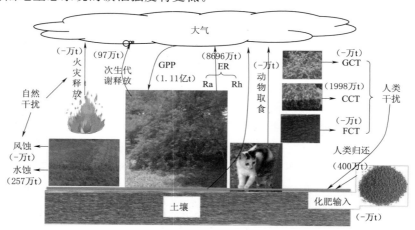

图 5.3　辽宁省陆地碳汇形成过程各通量的强度
[注：(-万 t) 表征本章未考虑该通量]

辽宁省陆地生态系统碳汇强度及其形成过程中所用通量呈现明显的空间分异规律（图 5.4）。作为陆地碳汇形成的最主要输入通量，总初级生产力（GPP）呈现东高西低的趋势 [图 5.4（a）]，辽东地区的 GPP 最高可以超过 1800g C/(m²·a)，而在辽宁省西南地区，GPP 最低，其值不足 400g C/(m²·a)。人类归还的碳通量（HC）也有明显的空间差异，

5.2 辽宁省陆地碳汇的时空变化

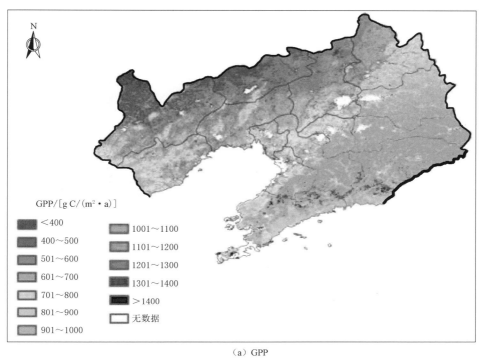

(a) GPP

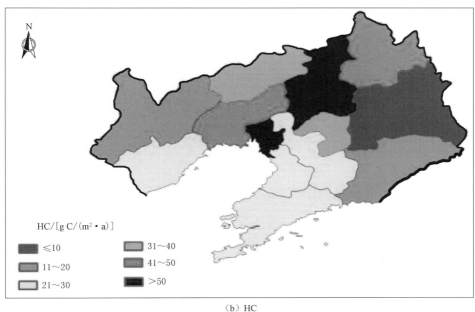

(b) HC

图 5.4（一） 辽宁省陆地生态系统碳汇及其形成过程中各通量的空间分布
（Zhu et al.，2018）（参见文后彩图）

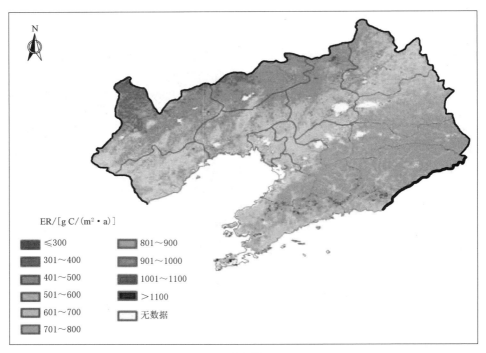

(c) ER

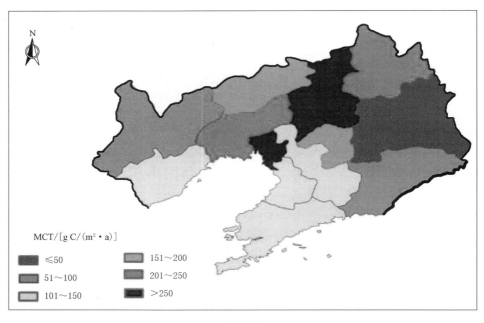

(d) MCT

图 5.4（二） 辽宁省陆地生态系统碳汇及其形成过程中各通量的空间分布
（Zhu et al., 2018）（参见文后彩图）

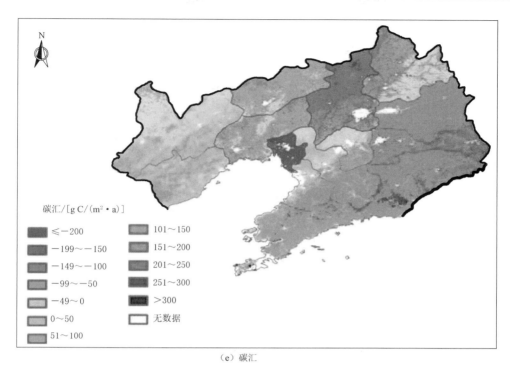

(e) 碳汇

图 5.4（三） 辽宁省陆地生态系统碳汇及其形成过程中各通量的空间分布
(Zhu et al.，2018)（参见文后彩图）

最大值出现在沈阳及盘锦地区，其值超过 50g C/(m²·a)，最小值则出现在辽东地区的抚顺、本溪等地区，其值不足 10g C/(m²·a)［图 5.4（b）］。ER 是陆地生态系统返还大气 $CO_2$ 的最大分量，其空间分布也呈现东部高西部低的趋势，最大值出现在丹东、本溪等辽东地区，可以超过 1100g C/(m²·a)，最小值出现在西南部的朝阳等地区，不足 300g C/(m²·a)［图 5.4（c）］。农田碳输出量（MCT）也呈现一定的区域格局规律，呈现中部高、东部低的趋势，最大值出现在沈阳、盘锦，可以超过 250g C/(m²·a)，最小值出现在抚顺、本溪，其值不足 50g C/(m²·a)［图 5.4（d）］。在碳输入和碳输出通量的共同作用下，辽宁省陆地碳汇［图 5.4（e）］呈现东部高、西部低的趋势，东部呈现显著的碳吸收功能，年碳吸收强度可以超过 250g C/(m²·a)［图 5.4（e）］，同时在辽宁省南部的大连、葫芦岛等地，也呈现一定的碳吸收强度，其值可以介于 100g C/(m²·a) 左右，但辽宁省中部、西部及北部地区则呈现明显的碳排放，碳排放强度因区域不同而有所差异，盘锦和沈阳的排放强度最大。

### 5.2.2 辽宁省陆地碳汇及其组分的时间变化

基于辽宁省陆地碳汇及其组分的空间分布，可以获得碳汇及其组分的区域总量，进而分析发现辽宁省陆地碳汇及其组分明显的年际波动及组分之间的差异（图 5.5）。

研究时段内辽宁省陆地碳输入各项均呈现明显的增加趋势［图 5.5（a）～图 5.5（b）］。2000—2014 年，GPP 介于 92.77～121.85Tg C/a 之间，年均增加速率达到 1.13Tg C/a²

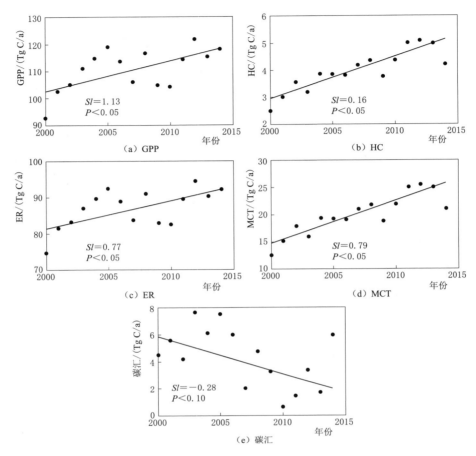

图 5.5　辽宁省陆地生态系统碳汇及其形成过程中各通量的年际变化（Zhu et al.，2018）

[图 5.5（a）]。人类归还的有机碳量（HC）也介于 2.51～5.11Tg C/a 之间，年均增加速率可以达到 0.16Tg C/$a^2$ [图 5.5（b）]。

辽宁省陆地碳输出各项也呈现明显的增加趋势 [图 5.5（c）～图 5.5（d）]。2000—2014 年，ER 总量介于 74.73～94.48Tg C/a 之间，年均增加速率达到 0.77Tg C/$a^2$ [图 5.5（c）]。农田收获碳输出量（CCT）也介于 12.53～25.52Tg C/a 之间，年均增加速率可以达到 0.79Tg C/$a^2$ [图 5.5（d）]。

碳输入与碳输出在研究时段内的同步增加导致辽宁省陆地碳汇年际间呈现一定波动，总体呈现微弱的较少趋势 [图 5.5（e）]。由于碳输入的增加速率小于碳输出对应值，辽宁省陆地碳汇在 2000—2014 年呈现减少趋势，年际之间减少速率达到 0.28Tg C/$a^2$ [图 5.5（e）]。

## 5.2.3　基于陆地碳汇价值的生态补偿对策

辽宁省陆地碳汇的区域差异使得其碳汇价值在地区间有明显不同（图 5.6）。其中，丹东、大连等东南部及本溪、抚顺等东部地区碳汇价值较高，均可超过 10 亿元/a，而铁岭、沈阳等中北部地区碳汇价值较弱，均可超过 -15 亿元/a。为了补偿陆地碳排放强度，沈阳市每年约需从财政支出 17.17 亿元，而丹东市可以依托于其独特的碳汇功能获得 30.39 亿元的生态补偿。

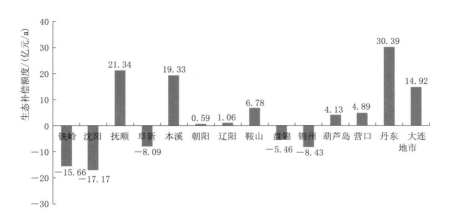

图 5.6　各地市 2000—2014 年基于碳汇强度的生态补偿额度

基于辽宁省陆地碳汇的空间分布及变化趋势，为提高辽宁省陆地碳汇的强度，尚需采取以下对策：

（1）加强生态补偿力度，提升区域公平。生态补偿是体现区域公平、实现生态效益和经济效益并重、保护生态环境的重要措施，已在国际范围内得到普遍认。为了体现经济发展与保护环境的同等重要性，实现社会的可持续发展，建议基于陆地碳汇的空间分布通过财政转移支付等手段，在区域间实施生态补偿，对碳汇强度较强的区域给予适当的经济补偿。

（2）重视生态环境保护，提高自然植被的固碳功能。总初级生产力是形成陆地碳汇的基础。鉴于辽宁省陆地生态系统的总初级生产力尚有 40% 的提升空间，通过加强生态环境保护以减少植被破坏、植树造林以提高植被覆盖度可以增加植被进行光合作用的场所，提高有机物质的固定量，提升陆地生态系统的碳汇强度。

（3）提高农副产品的循环利用效率，增强辽宁省陆地固持大气 $CO_2$ 的功能。农副产品是农业生产过程中形成的副产品，是农业生产过程中的重要产物和宝贵财富。合理提高农副产品的循环利用效率可以延长其在人类社会中的滞留时间、减少陆地生态系统的碳排放强度，起到固持大气 $CO_2$ 的功能。因此，大力发展农副产品再利用产业如生物炭制备产业，既能实现废弃物利用的有效利用，又可以增加生物炭的使用有助于减少农作物输出到社会中的有机碳量，增加陆地生态系统的净碳吸收强度。

## 5.3　沈阳市陆地碳汇的时空变化

沈阳市位于中国东北的南部，是中国重要的老工业基地，在共和国工业发展进程中发挥了重要作用。同时，沈阳市位于东北平原的南部，是我国重要的商品粮基地，在保障国家粮食安全中起着举足轻重的作用。此外，沈阳市也十分重视生态环境的保护工作，在构建全国森林城市等生态环境保护中取得了卓有成效的成绩。然而，受其所处地理位置的限制，沈阳市的气候属于典型的温带半湿润大陆性气候，夏季高温多雨、冬季干燥寒冷，全年年均气温较低且降水量较为缺乏、分布不均匀，使得该地区成为我国碳汇的敏感区。因此，当前急需开展沈阳市陆地碳汇空间分布研究，进行基于陆地碳汇的空间分布规律揭示生态补偿对策。本章结果既可以为减缓气候变化的区域碳管理政策制定提供理论依据，也可以为保护生态环境、促进区域协调发展提供政策基础，同时也是沈阳市创建全国文明城市的迫切需求。

### 5.3.1 沈阳市陆地碳汇在辽宁省陆地碳汇中的作用

基于辽宁省陆地生态系统碳汇的空间分布，我们获得了辽宁省各地市的碳汇强度，结果发现，辽宁省陆地碳汇总量约为 430 万 t C/a，但不同地市间碳汇强度存在明显区别（图 5.7）。丹东市是辽宁省碳汇量最多的地级市，年碳汇量可以达到 253 万吨，其次分别为抚顺市和本溪市，碳汇量分别可以达到 178 万 t 和 161 万 t，大连市也呈现较强的碳吸收强度，可以达到 124.31 万 t C/a。营口、葫芦岛、鞍山、辽阳和朝阳等市也呈现一定的碳吸收功能。与以上地级市呈现碳吸收功能有所不同，沈阳、铁岭、阜新、锦州和盘锦等市呈现碳排放，表现为碳源。其中以沈阳市的排放强度为最大，年碳排放强度达到 143.06 万 t C，铁岭市的碳排放总量与沈阳市的排放总量大致相当，可以达到 130.47 万 t C/a，锦州市和阜新市的排放强度相当，大约为 70 万 t C/a 的排放量，而盘锦市的排放量为 45.50 万 t C/a。

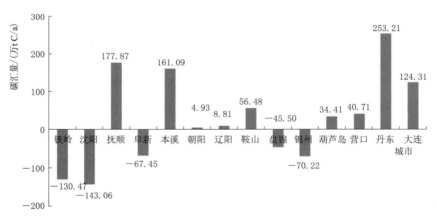

图 5.7　2000—2014 年辽宁省各地市陆地生态系统碳汇强度
（正值表示碳吸收，呈现碳汇；负值表示碳排放，呈现碳源）

由此可见，在各地市 457 万 t 的净碳排放量中，沈阳市的排放量（143 万 t）占到近 1/3，表明沈阳市是全省碳排放的主体，已经在固碳过程中落在其他地市的后面，需要在今后加强措施提高该市的固碳能力。

### 5.3.2 沈阳市陆地碳汇的空间格局规律

陆地生态系统碳汇的格局源于其形成过程中各碳通量的空间格局。作为碳汇形成的起点，总初级生产力（GPP）呈现明显的南高北低的趋势（图 5.8），最大值出现在辽中区及城区部分地区,可以超过 1000g C/(m²·a),最小值则出现在康平县,其值约为 100g C/(m²·a)。

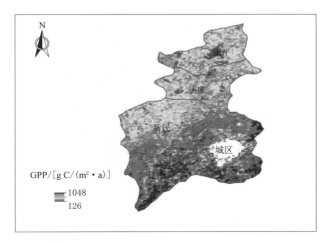

图 5.8  2000—2014 年沈阳市陆地生态系统 GPP 的空间分布(参见文后彩图)

沈阳市陆地生态系统 GPP 的空间分布使得 ER 也呈现明显的空间变异(图 5.9)。ER 也呈现明显的南高北低的趋势,最大值出现在辽中区及城区部分地区,可以接近 800g C/(m²·a),最小值则出现在康平县,其值约为 170g C/(m²·a)。

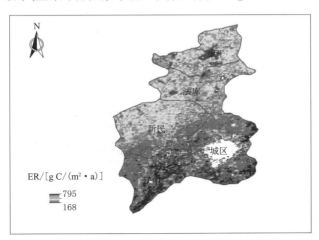

图 5.9  2000—2014 年沈阳市陆地生态系统 ER 的空间分布(参见文后彩图)

在 GPP 和 ER 的共同作用下,沈阳市净生态系统生产力(NEP)也表现出南高北低的趋势(图 5.10)。城区及辽中区总体呈现较高的 NEP,表明在未经人类及自然干扰下,辽中及城区部分地区表现为碳的净吸收。新民市的南部呈现仍然呈现为较弱的碳吸收,但北部大部分地区呈现为碳的排放。再往北至法库县和康平县,两县区大部分地区在自然状态下即已呈现碳的净排放,但在两县交界的地区有个别区段呈现为碳的吸收。整个沈阳市的 NEP 最大值约为 180g C/(m²·a),最小值则可以达到 -270g C/(m²·a)。

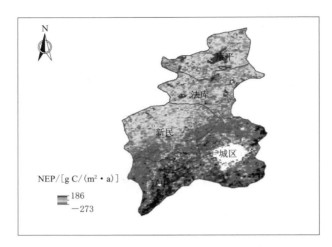

图 5.10　2000—2014 年沈阳市陆地生态系统 NEP 的空间分布（参见文后彩图）

除了以生态系统呼吸释放碳量以外，人类活动也以农作物输出等形式将大量的有机碳输出到系统之外，表现为 MCT。沈阳市 MCT 的变异幅度相对较小，均高于 $200\text{g C}/(\text{m}^2 \cdot \text{a})$，但也呈现一定的空间变异，最小值出现在康平县，约为 $220\text{g C}/(\text{m}^2 \cdot \text{a})$，最大值出现在辽中区，约为 $280\text{g C}/(\text{m}^2 \cdot \text{a})$（图 5.11）。

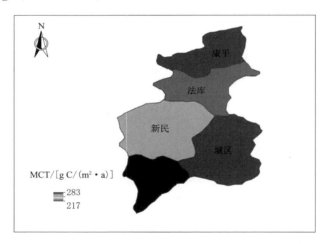

图 5.11　2000—2014 年沈阳市陆地生态系统 MCT 的空间分布（参见文后彩图）

在生态系统碳输入和自然及人为输出的共同作用下，沈阳市陆地生态系统总体呈现为碳排放，表现为碳源，但在空间上有所差异（图 5.12），城区碳排放强度相对较弱，最小仅为 $26\text{g C}/(\text{m}^2 \cdot \text{a})$，近似表现为碳中性，可能与城区大量城市绿地等的存在有关，新民的碳排放强度也相对较小，但康平、法库和辽中的排放强度相对较高，最大可以超过 $600\text{g C}/(\text{m}^2 \cdot \text{a})$。

不仅碳汇强度及其形成过程中各通量在空间上存在明显差异，碳汇总量及其形成过程中的各通量的总量在各区县间也有明显的数量上的不同（表 5.1）。

## 5.3 沈阳市陆地碳汇的时空变化

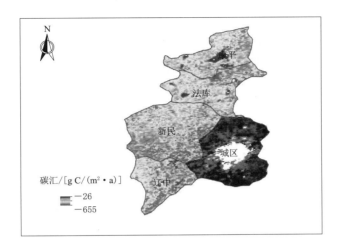

图 5.12　2000—2014 年沈阳市陆地生态系统碳汇的空间分布（参见文后彩图）

表 5.1　　　各区县 2000—2014 年陆地生态系统碳汇及其形成通量总量　　　万 t C/a

| 区域 | GPP | ER | NEP | CCT | 碳汇 |
| --- | --- | --- | --- | --- | --- |
| 康平 | 108.30 | 89.61 | 18.69 | 42.36 | −19.92 |
| 法库 | 127.14 | 104.29 | 22.85 | 57.09 | −28.09 |
| 新民 | 215.31 | 175.56 | 39.75 | 87.81 | −39.11 |
| 城区 | 219.93 | 176.86 | 43.07 | 91.09 | −37.87 |
| 辽中 | 121.24 | 96.99 | 24.25 | 50.23 | −20.23 |
| 总计 | 791.92 | 643.31 | 148.61 | 328.58 | −145.22 |

GPP 总量的最大值出现在城区，可以达到近 220 万 t C/a，新民市 GPP 的总量与城区大致相当，超过了 215 万 t C/a，而辽中、康平、法库三区县的 GPP 总量大致相似，均小于城区和新民市的 GPP 总量。自然消耗的碳排放表现为生态系统呼吸（ER），其在各个区域间的分布也有明显的差异，以城区和新民市的 ER 总量为最大，均为 176 万 t C/a，辽中、康平和法库的 ER 总量大约相当于城区和新民的一半左右，节约 89 万~104 万 t C/a。在未经人类干扰下，生态系统净留存的生产力即净生态系统生产力的总量在各区县间也有明显差异，城区和新民市的 NEP 总量大致相当，约为 40 万 t C/a，辽中、康平和法库的 NEP 总量也大致相似，但比城区和新民市的 NEP 总量大致小一半，约为 20 万 t C/a。除了自然生态系统的碳循环过程，人类也从陆地表层移走大量的有机碳，以农田碳输出量（CCT）为著。CCT 在各个区县间呈现明显差异，城区和新民市的 CCT 最大，约为 90 万 t C/a，康平、法库和辽中的 CCT 较为接近，约为 50 万 t C/a。GPP、ER 及 CCT 的共同作用使得各区县的碳汇强度均呈现碳排放的特点，且各区县碳汇大小大致介于−20 万 t C/a 到−40 万 t C/a 之间，最大的排放量出现在新民和城区，约为−40 万 t C/a，法库县的碳排放量约为−28 万 t C/a，康平和辽中的碳排放量最小，约为−20 万 t C/a。

### 5.3.3 基于沈阳陆地碳汇空间分布的生态补偿对策

基于中华人民共和国林业行业标准中《森林生态系统服务功能评估规范》（LY/T 1721—2008）中碳汇价值的核算标准和全国各地碳汇价格，我们将陆地生态系统的碳汇价格定义为1200元/t。结合各区县碳汇总量，我们得到各区县需为其碳排放所付出的财政支出（表5.2）。

表5.2　　　　　　　　沈阳市各区县2000—2014年碳汇补偿财政支出

| 区　县 | 碳汇量/万 t | 财政支出/(亿元/a) |
| --- | --- | --- |
| 康　平 | −19.92 | 2.39 |
| 法　库 | −28.09 | 3.37 |
| 新　民 | −39.11 | 4.69 |
| 城　区 | −37.87 | 4.54 |
| 辽　中 | −20.23 | 2.43 |

从表5.2中可以看到，为了补偿陆地碳排放强度，沈阳市每年约需从财政支出17.43亿元，但该支出在各区县间的分配有所不同，以城区和新民市的支出额度最高，约为4.6亿元/a，法库县也需支出3.37亿元/a，康平市和辽中市则需支出约2.4亿元/a。

沈阳市陆地生态系统的碳排放现实既已形成，当前能做的是采取尽可能的措施增加有机碳在陆地生态系统的固存量，尽可能地减少陆地生态系统的碳排放强度。可以采取的措施概要如下：

（1）植树造林，增加陆地生态系统的碳固定量。从沈阳市总初级生产力（GPP）的空间分布图（图5.8）可以看到，沈阳市的气候条件决定了该地区具有较高的总初级生产力潜力，表现为GPP的最大值可以达到1000g C/(m$^2$·a)，这也与沈阳市是重要的商品粮基地的现实相匹配。但由于部分土地未充分利用，导致GPP在个别区段较低。如能充分利用此类地段进行植树造林，既可以起到涵养水源、防风固沙等功能，还可以实现植被固定有机碳的大幅增加，为增加陆地碳吸收、减缓大气 $CO_2$ 浓度升高奠定基础。

（2）大力发展生物炭产业，提高农作物输出碳的归还量。从沈阳市陆地生态系统碳汇形成过程的各个分量强度可以看到，在不考虑人为活动从农田移出有机碳的情况下，净生态系统生产力可以视为陆地的碳汇强度，此时各区县均呈现一定的碳汇功能（表5.2），且强度相对较高，整个沈阳市的碳吸收强度可以达到近150万 t C/a。但人类以农作物的形式从农田移出大量的有机碳，整个沈阳市每年从农田中输出的有机碳量大约为330万 t C/a，这导致沈阳市陆地生态系统整体呈现碳排放。但需注意的是，人类从农田中输出的有机碳，一部分是以粮食的形式被人类直接消耗，另一部分则以各种废弃物的形式残存在人类社会并逐渐被分解释放到大气中。如果将农作物的废弃物充分利用则可增加陆地有机碳在陆地表层的存留时间、减少陆地生态系统的碳排放强度。生物炭产业是将农作物的废弃物高温炭化实现碳的固定，是实现废弃物利用的有效手段，并在调整土壤物理结构及养分肥力等方面有着明显成效，加强生物炭产业的发展，增加生物炭的使用有助于减少农作物输出到社会中的有机碳量，增加陆地生态系统的净碳吸收强度。

## 5.4　吉林省陆地碳汇的时空变化

吉林省位于我国东北地区中部,处在东经121°38′~131°17′、北纬40°52′~46°18′之间,面积18.74万km²,约占全国总面积的2%,居全国第14位,包含长春、吉林、四平、辽源、通化、白山、松原、白城及延边等9个地级行政区。北接黑龙江省,南接辽宁省,西邻内蒙古自治区,东与俄罗斯接壤,东南部以图们江、鸭绿江为界,东西长约750km,西北宽约600km。吉林省陆地面积18.74万hm²,占中国陆地面积的1.95%。

吉林省地貌形态差异明显。地势由东南向西北倾斜,呈现明显的东南高、西北低的特征。以中部大黑山为界,可分为东部山地和中西部平原两大地貌区。东部山地分为长白山中山低山区和低山丘陵区,中西部平原分为中部台地平原区和西部草甸、湿地、湖泊、沙地区。地貌类型主要有火山地貌、侵蚀剥蚀地貌、冲洪积地貌和冲击平原地貌。主要山脉有大黑山、张广才山、吉林哈达岭、老岭、牡丹岭等。主要平原有松嫩平原、辽河平原。

吉林省是我国重点林业省份之一,林业发展悠久,林业管理体系较为健全,作为全国重要的木材生产基地,在全国占有重要的地位。吉林省东部长白山林区素有"长白林海"之称,是中国六大林区之一,也是涵养水源、调节江河流量、防止水土流失、减少洪涝灾害的天然绿色水库。吉林省的森林按照水平分布可分为:东部山地森林区、西部平原草原区和中部低山丘陵森林草原过渡。吉林省林业资源丰富,全省林业用地面积929.94万hm²,其中林地面积827.04万hm²,森林覆盖率44.10%,相对于全国的18.21%覆盖率要高出很多。除此之外,吉林省湿地面积达172.8万hm²,位居全国前列。肥沃的黑土地和多样的气候条件为农业的发展提供了有利的环境,使吉林省成为国家的重要商品粮基地。因此,研究吉林省碳汇空间分布对吉林省乃至东北都有至关重要的意义。

### 5.4.1　碳汇及其组分的空间分布

吉林省陆地生态系统GPP呈现明显的空间变异(图5.13)。2000—2015年,吉林省陆地生态系统GPP呈现东南高、西北低的格局,沿西北至东南方向,GPP呈现逐步上升的趋势。白山市、通化市、延边朝鲜族自治州三地GPP最高,白城市、松原市GPP总量最低。

各地区的GPP总量存在明显差异(图5.14),延边朝鲜族自治州位于吉林省东部,其GPP总量最大,达到0.40亿t,占全省GPP总量的29.07%,其次是位于吉林省东南部的吉林市、白山市、通化市,位于中部的辽源市其GPP总量最少,仅占全省GPP总量的2.6%,不及延边朝鲜族自治州的1/10,位于西北部的白城市、松原市、四平市、长春市四市的GPP总量基本持平,但总量都较少。

吉林省陆地生态系统MCT呈现明显的空间变异(图5.15)。2000—2015年,吉林省陆地生态系统MCT呈现中部高,西北部和东南部低,西北部高于东南部的格局。四平市、长春市两地MCT较大,MCT大于300g C/(m²·a),白山市和延边朝鲜族自治州两地的MCT最小,均不足21g C/(m²·a)。

吉林省各地区的CCT总量存在明显差异(图5.16)。长春市、四平市、松原市三地位于吉林省中部,其CCT总量较大,平均值达到4万t/a,三地的CCT总量占全省的

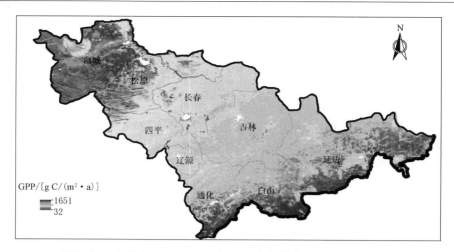

图 5.13　吉林省 2000—2015 年 GPP 空间分布（参见文后彩图）

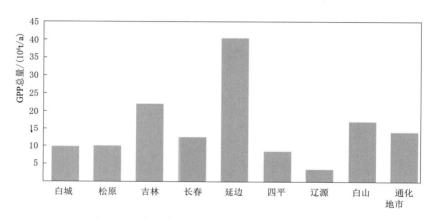

图 5.14　吉林省 2000—2015 年各地市 GPP 总量

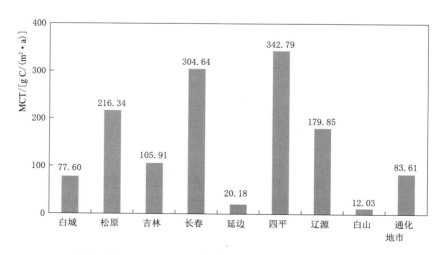

图 5.15　2000—2015 年吉林省各地市 MCT 的空间分布

65.5%,其次是位于西北部的白城市和中部的吉林市,二者的 CCT 均介于 200 万 t/a~300 万 t/a 之间,辽源市、通化市、延边朝鲜族自治州三地的 CCT 总量基本持平,总量均在 100 万 t/a 左右,位于东南部的白山市其 CCT 总量最少,仅占全省 CCT 总量的 0.87%。

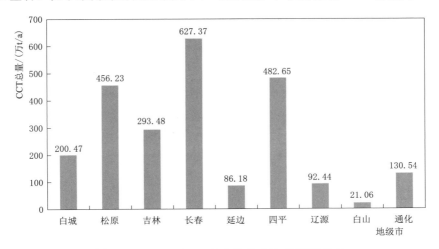

图 5.16　2000—2015 年吉林省各地市 CCT 总量

2000—2015 年吉林省碳汇量及其形成通量见表 5.3,吉林省输入碳通量主要包括 GPP 和 HC,其中年 GPP 总量为 $(138.88\pm9.48)\times10^6$ t,占总碳输入的 96.67%,占绝大多数;而在输出碳中 ER 占主要地位,达到总输出碳的 79.53%,输出碳的第二大通量为 CCT,说明农田碳输出量对碳汇影响也很大,但总体来看,吉林省的碳通量为一个较大的正数,即形成碳汇。

表 5.3　　　　　　　2000—2015 年吉林省碳汇量及其形成通量

| 项目 | 碳通量 | 数量/($10^6$ t/a) | 所占比例/% | 测量方法 |
| --- | --- | --- | --- | --- |
| 输入碳 | GPP | 138.88±9.48 | 96.67 | MODIS 遥感技术 |
| | HC | 4.78±1.01 | 3.33 | MCT×0.2 |
| 输出碳 | ER | 110.02±6.45 | 79.53 | |
| | CCT | 23.90±5.05 | 17.28 | |
| | $E_{RC}$ | 1.10 | 0.80 | |
| | $E_{wat}$ | 3.32 | 2.39 | |
| 净值 | 碳汇 | 9.74±3.23 | — | 输入碳-输出碳 |

吉林省陆地生态系统的碳汇强度呈现明显的空间变异(图 5.17)。2000—2015 年,吉林省陆地生态系统碳汇强度呈现东南高、西北次之,中部地区最低的格局。沿西北至东南方向,碳汇强度大致呈现上升的趋势。延边朝鲜族自治州、白山市、通化市三地的碳汇强度最大,吉林市、辽源市、白城市次之,位于中部的四平市其碳汇强度最小。

2000—2015 年吉林省各地区的年均碳汇量存在明显差异(图 5.18)。延边朝鲜族自治州、吉林市、白山市、通化市四地的碳汇量为正值,其中延边朝鲜族自治州碳汇总量最大,占这四个市碳汇总量的 50% 左右,白城市和辽源市碳输出量和输入量基本持平,松

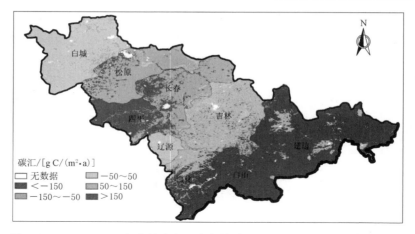

图 5.17　2000—2015 年吉林省各地市年均碳汇的空间分布（参见文后彩图）

原市、长春市、四平市三地的碳汇总量均为负值，且三地碳汇水平基本保持一致，三市碳汇总量均值为−236 万 t/a。

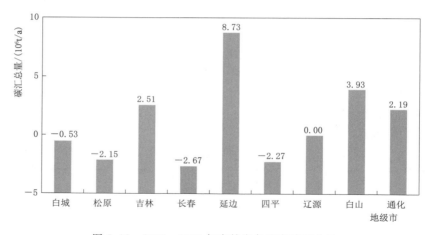

图 5.18　2000—2015 年吉林省各地市碳汇总量

## 5.4.2　碳汇及其组分的年际变化

吉林省陆地生态系统的 GPP 在年际间呈现一定的波动（图 5.19）。2000—2015 年，吉林省全省的 GPP 呈现先缓慢上升再下降而后又上升再下降的波动过程，在这 16 年间，2000 年的 GPP 最低（1.21 亿 t），其次较低点为 2007 年的 1.22 亿 t，最高点为 2012 年的 1.54 亿 t。总体上，吉林省陆地生态系统的 GPP 呈现缓慢上升的趋势，年均增加 103 万 t C。

吉林省陆地生态系统的 CCT 在年际间呈现一定的波动，但波动不明显（图 5.20）。2000—2015 年，吉林省全省的 CCT 呈现先上升再下降而后又上升的波动过程，其中 2015 年的 CCT 达到 16 年最高水平 30.96 百万 t C，其次较高点为 2014 年，最低点为 2000 年的 14.41 百万 t C，不足 2015 年的一半。总体上，吉林省陆地生态系统的 CCT 呈现缓慢上升的趋势，年均增加 1.01 百万 t。

5.4 吉林省陆地碳汇的时空变化

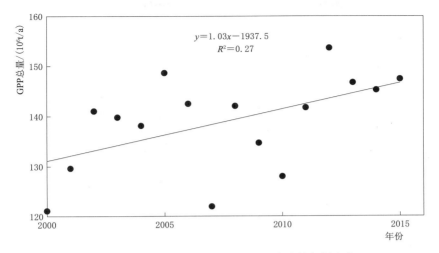

图 5.19　2000—2015 年吉林省 GPP 总量的年际变化

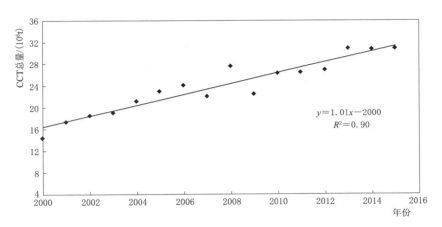

图 5.20　2000—2015 年吉林省 CCT 总量的年际变化

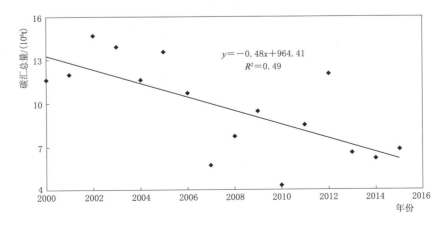

图 5.21　2000—2015 年吉林省碳汇总量的年际变化

吉林省陆地生态系统的碳汇总量在年际间呈现较大幅度的波动（图 5.21）。2000—2015 年，吉林省全省的碳汇总量呈现先上升在下降而后又上升再下降的连续波动过程，其中 2002 年的碳汇总量最高（0.14 亿 t C），2010 年的最低（0.04 亿 t C）。总体而言，吉林省陆地生态系统的碳汇总量呈现负增长，年均减少 48 万 t C。

## 5.5 河北省陆地碳汇的时空变化

河北省位于我国华北平原北部，地处东经 113°27′～119°50′、北纬 36°05′～42°40′之间，总面积 18.88 万 km²，包含石家庄、秦皇岛、保定、张家口、廊坊、衡水等 11 个地级行政区。河北省环抱北京，西北部、北部与内蒙古自治区交界，东北部与辽宁省接壤，南接河南、山东两省，西靠山西省，东与直辖市天津毗邻，并紧傍渤海。

河北省地势由西向东、从北往南倾斜，呈现明显的西北高、东南低的地势特征。河北省地貌复杂多样，有平原、高原、丘陵、盆地、山地五种地形类型，北部为坝上高原，东北部有燕山，太行山位于西部，南部主要为河北平原。在所有类型的地形中，山地和平原所占面积比重较大，山地面积占河北省总面积的 48.1%。河北平原面积占河北省总面积的 43.4%。坝上高原属于蒙古高原的一部分，地势南高北低，占河北省总面积的 8.5%。燕山和太行山山地，包括中山山地区、低山山地区、丘陵地区和山间盆地 4 种地貌类型，其中小五台山为河北省的最高峰。

河北省属于温带大陆性季风气候，基本四季分明，地处暖温带与湿地的交接区，植被类型复杂多样，是中国植被资源比较丰富的省份之一。河北省的林地面积为 775.64 万 hm²，森林覆盖率达 26.78%。河北省农作物种类也比较多，粮食作物主要有小麦、玉米、稻谷、高粱、豆类等，经济作物主要有棉花、油料、麻类等。

### 5.5.1 碳汇及其组分的空间分布

河北省陆地生态系统 GPP 呈现明显的空间变异（图 5.22）。2000—2015 年，河北省陆地生态系统 GPP 自西南向东北呈现先减小后增大的趋势，范围为 448.66～733.38 g C/(m²·a)，全省 GPP 总量达到 111.45Tg C/a。最大值出现在秦皇岛市，可以达到 733.38g C/(m²·a)，其次是邯郸市、衡水市、石家庄市、邢台市。最小值出现在张家口，为 448.66g C/(m²·a)，其次是廊坊市、沧州市、承德市、保定市、唐山市。

河北省 ER 呈现明显的空间变异（图 5.23），自西南向东北呈现先减小后增大的趋势，介于 386.99g～580.6g C/(m²·a) 之间，全省 ER 总量为 91.06Tg C/a，最大值出现在秦皇岛市，可以达到 580.6g C/(m²·a)，最小值出现在张家口市，为 386.99g C/(m²·a)。其他地市为 500g C/(m²·a) 左右。

河北省 NEP 呈现明显的空间变异（图 5.24），自南向北呈现减小趋势，介于 61.67～152.78g C/(m²·a) 之间，全省 NEP 总量为 20.39Tg C/a，最大值出现在秦皇岛市，可以达到 152.78g C/(m²·a)。最小值出现在张家口市，为 61.67g C/(m²·a)。邢台、衡水、石家庄、邯郸这 4 个地市的 NEP 相差不大，保定、沧州、廊坊、唐山、承德 5 个地市的 NEP 相似。

河北省陆地生态系统 MCT 呈现明显的空间变异（图 5.25）。2000—2015 年，河北陆

5.5 河北省陆地碳汇的时空变化

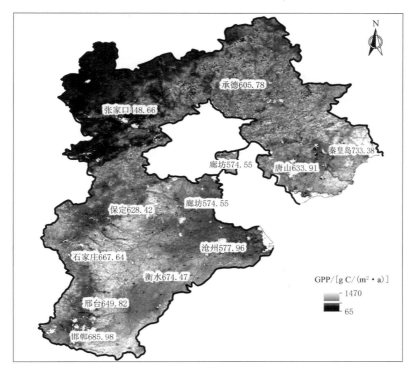

图 5.22 2000—2015 年河北省 GPP 的空间分布

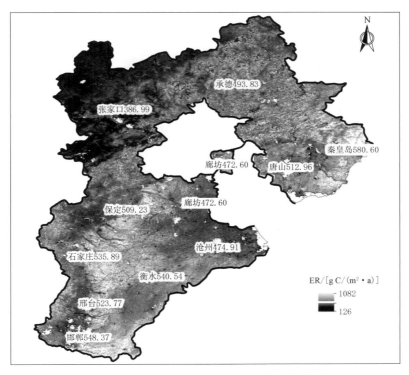

图 5.23 2000—2015 年河北省 ER 的空间分布

第 5 章 区域陆地碳汇评估的新实践

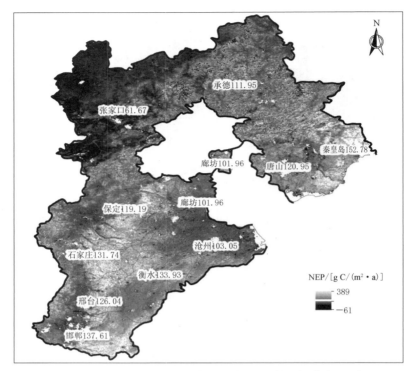

图 5.24 2000—2015 年河北省 NEP 的空间分布

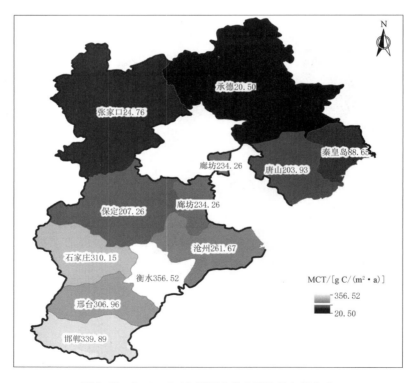

图 5.25 2000—2015 年河北省 MCT 的空间分布

地生态系统 MCT 自南向北呈现减小趋势，介于 20.5～357.52g C/(m²·a) 之间，全省 MCT 总量为 30.17Tg C/a，最大值出现在衡水市，可以达到 357.52g C/(m²·a)，其次是邯郸市、石家庄市、邢台市。最小值出现在承德市，为 20.5g C/(m²·a)，其次是张家口市、秦皇岛市、唐山市、保定市、廊坊市、沧州市，均介于 200g C/(m²·a) 至 300g C/(m²·a) 之间。

河北省陆地生态系统的碳汇强度呈现明显的空间变异（图 5.26），2000—2015 年，河北省碳汇强度呈现北高、南低，介于 −152.09～95.55g C/(m²·a) 之间，全省碳汇强度总量为 −3.75Tg C/a，最大值出现在承德市，可以达到 95.55g C/(m²·a)，其次是秦皇岛市。最小值出现在衡水市，为 −152.09g C/(m²·a)。除张家口、承德、秦皇岛 3 市外其他地市的年均碳汇量均为负值。

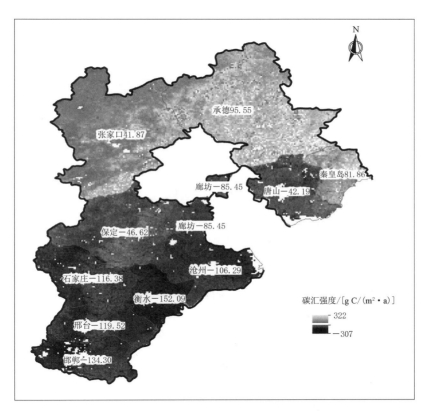

图 5.26　2000—2015 年河北省碳汇强度的空间分布

### 5.5.2　碳汇及其组分的年际变化

河北省陆地生态系统的 GPP 在年际间呈现一定的波动（图 5.27）。2000—2015 年，GPP 总量介于 94.57～127.23Tg C/a，总体呈现上下波动越来越小的过程。在这 16 年间，2001 年的 GPP 最低，为 0.946 亿 t C，其次较低点为 2000 年的 0.954 亿 t C，最高点为 2004 年的 1.272 亿 t C。总体上，河北省陆地生态系统的 GPP 呈现缓慢上升的趋势，年均增加 81 万 t C。

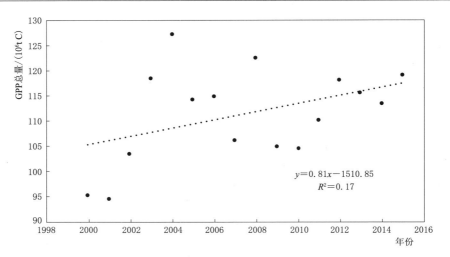

图 5.27 2000—2015 年河北省 GPP 总量的年际变化

GPP 的时间变异呈现空间差异（图 5.28），GPP 变率介于 $0.80 \sim 7.73$ g C/($m^2 \cdot a^2$) 之间，最大值出现在衡水市，可以达到 $7.73$ g C/($m^2 \cdot a^2$)，其次是沧州市。最小值出现在廊坊市，可以达到 $0.8$ g C/($m^2 \cdot a^2$)。

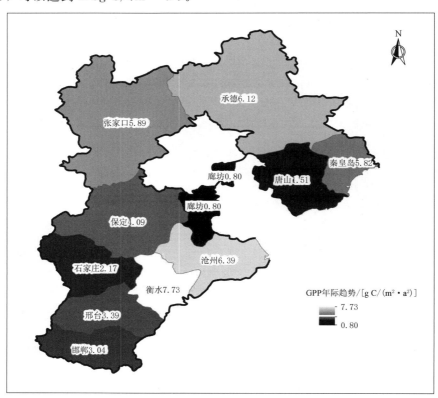

图 5.28 2000—2015 年河北省 GPP 年际趋势的空间分布

河北省 ER 呈现明显的时间变异（图 5.29），2000—2015 年，ER 总量介于 79.58Tg C/a 至 101.79Tg C/a，总体呈现先上升后下降再上升趋势，波动越来越小。在这 16 年间，2001 年的 ER 最低，为 0.796 亿 t C，其次为 2000 年的 0.802 亿 t C，最高点为 2004 年的 1.018 亿 t C。总体上，河北省的 ER 呈现缓慢上升的趋势，年均增加 55 万 t C。

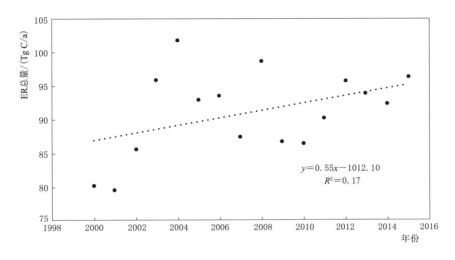

图 5.29　2000—2015 年河北省 ER 总量的年际变化

ER 的时间变异也呈现明显的空间变异（图 5.30），呈现北高、西南低、东南高、中部低的趋势，ER 变率介于 $0.54\sim5.26$g C/($m^2 \cdot a^2$) 之间，最大值出现在衡水市，可以达到 5.26g C/($m^2 \cdot a^2$)，其次是沧州市。最小值出现在廊坊市，为 0.54g C/($m^2 \cdot a^2$)。

NEP 呈现明显的时间变异（图 5.31），2000—2015 年，NEP 总量介于 $14.99\sim25.44$Tg C/a，总体呈现先迅速增大再减小再增大再缓慢减小的趋势。在这 16 年间，2001 年的 NEP 最低，为 0.150 亿 t C，其次为 2000 年的 0.153 亿 t C，最高点为 2004 年的 0.254 亿 t C。总体上，河北省陆地生态系统的 NEP 呈现缓慢上升的趋势，年均增加 26 万 t C。

NEP 的时间变异也呈现明显的空间变异（图 5.32），呈现北高、西南低、东南高、中部低的趋势，NEP 变率介于 $0.26\sim2.47$g C/($m^2 \cdot a^2$) 之间，最大值出现在衡水，可以达到 2.47g C/($m^2 \cdot a^2$)，其次是沧州市。最小值出现在廊坊市，为 0.26g C/($m^2 \cdot a^2$)。

河北省陆地生态系统的 CCT 的年际变化趋势线为 $y=0.66x-1291.68$，呈现明显的时间变异，但波动较小（图 5.33）。2000—2015 年，CCT 总量介于 $24.33\sim34.87$Tg C/a 之间，总体呈现先降低后升高在降低的趋势，其中 2011 年的 CCT 最高，为 0.349 亿 t C，其次为 2012 年，最低为 2003 年的 0.243 亿 t C。总体上，河北省陆地生态系统的 CCT 呈现缓慢上升的趋势，年均增加 66 万 t C。

MCT 的时间变异也呈现明显的空间变异（图 5.34），自南向北呈现减小趋势，MCT 变率介于 $0.76\sim10.58$g C/($m^2 \cdot a^2$) 之间，最大值出现在沧州市，可以达到 10.58g

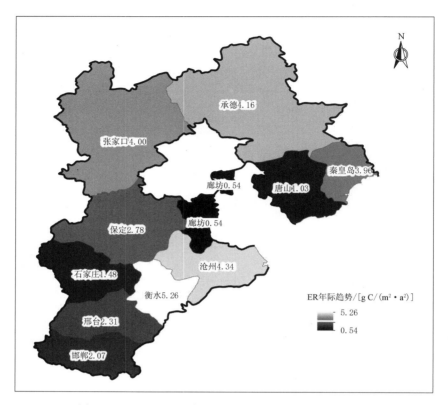

图 5.30　2000—2015 年河北省 ER 年际趋势的空间分布

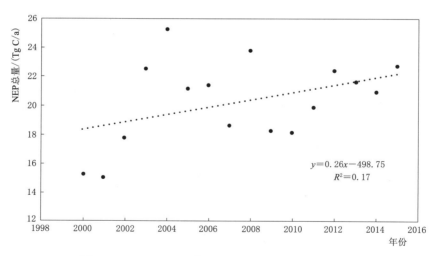

图 5.31　2000—2015 年河北省 NEP 总量的年际变化

C/(m²·a²)，其次是邯郸市。最小值出现在张家口市，为 0.76g C/(m²·a²)。

河北省陆地生态系统的碳汇总量在年际间呈现较大幅度的波动（图 5.35）。2000—2015 年，河北省的碳汇总量呈现先上升再下降而后又上升的连续波动过程，其中 2004 年

## 5.5 河北省陆地碳汇的时空变化

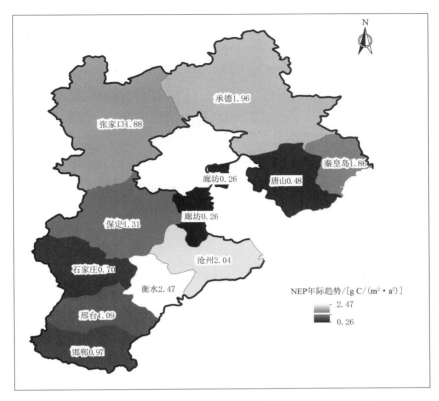

图 5.32　2000—2015 年河北省 NEP 年际趋势的空间分布

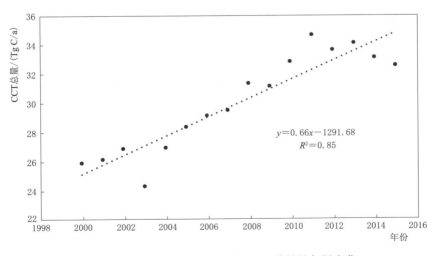

图 5.33　2000—2015 年河北省 CCT 总量的年际变化

的碳汇总量达到最高，为 383 万 t C，最低为 2010 年的 −825 万 t C。总体而言，河北省陆地生态系统的年碳汇总量呈现负增长，年均减少 27 万 t C。

碳汇强度的年际趋势也呈现明显的空间变异（图 5.36），自北向南呈现减小趋

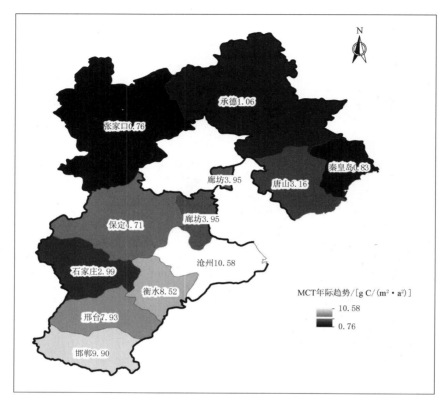

图 5.34　2000—2015 年河北省 MCT 年际趋势的空间分布

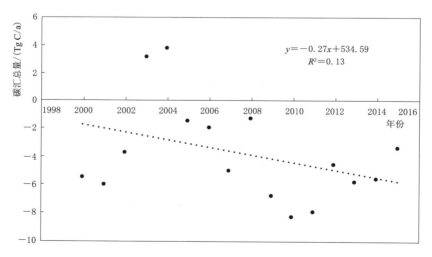

图 5.35　2000—2015 年河北省碳汇总量的年际变化

势，介于 $-6.59\sim1.07\,\text{g C}/(\text{m}^2\cdot\text{a}^2)$ 之间，最大值出现在承德市，可以达到 $1.07\,\text{g}$ $\text{C}/(\text{m}^2\cdot\text{a}^2)$，并与秦皇岛市、张家口市大体相当。最小值出现在邯郸市，为 $-6.59\,\text{g}$ $\text{C}/(\text{m}^2\cdot\text{a}^2)$。

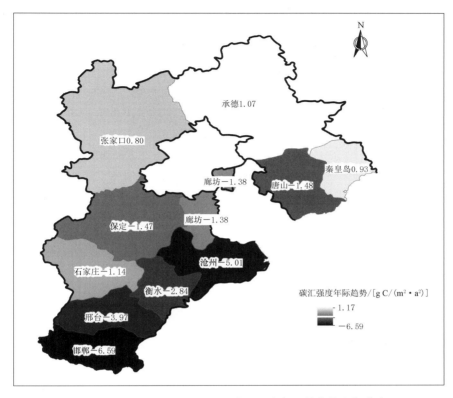

图 5.36　2000—2015 年河北省碳汇强度年际趋势的空间分布

## 5.6　碳汇评估不确定性分析

在已有基于碳汇形成过程评估区域碳汇（Wang et al.，2015）的基础上，本章进一步对其进行修正，以利用公开可以获取的数据分析不同区域陆地碳汇的强度及其时空变化。相比最早提出的基于形成过程的区域碳汇评估方法（Wang et al.，2015），本章陆地碳汇评估的改进主要体现在 3 个方面：①加入人类归还的有机碳作为陆地生态系统碳输入的一个分量。尽管传统研究将收获后的有机物质视为碳的移出，但人类收获后的有机碳尚可通过秸秆还田或者有机肥等形式返回农田，从而表现出一定量的碳输入。因而，本章将人类归还的有机碳作为碳输入的一部分，以更充分地反映生态系统的碳收支过程。②使用水蚀引起的有机碳净损失量替代水蚀侵蚀引起的有机碳剥离量。尽管水蚀侵蚀使土壤有机质在原位得到剥离，但剥离后的有机碳在运输过程中会发生沉积，使得部分剥离的有机碳又再次回到生态系统中（Yue et al.，2016b）。因而，使用净碳损失量替代剥离量更能反映水蚀对土壤碳的净影响。③删除河流入海碳通量所引起的碳输出。虽然河流入海碳通量部分反映了生态系统移出的有机碳的数值，但其本身已经通过水蚀输出量予以计算，再次核算河流入海碳通量会重复计算该部分碳损失，导致碳汇评估结果的低估。

基于陆地碳汇的形成过程及修正的碳汇评估方法，本章评估了中国部分省份陆地碳汇的强度,为摸清该地区陆地生态系统的碳平衡状态提供了数据支撑,但在研究过程中各分量的计算存在一定的不确定性,使得研究结果可能与真实状况有所偏差,本章中的不确定性主要体现在以下 4 个方面:

(1) GPP 的计算具有一定的不确定性。虽然本章所用的 GPP 具有较高的空间分辨率 (Zhao et al., 2010),但仍有一些不确定性,具体可以归结为两个方面:①没有明确考虑模型参数的空间变化。光能利用率模型使用的是每种植被类型固定的参数 (Running et al., 2004),但每个植被类型内各参数存在巨大差异 (Garbulsky et al., 2010; Zhu et al., 2016b)。②现有模型无法完全捕捉 GPP 的年际变异 (Raczka et al., 2013; Verma et al., 2014),使得气候和生物因素〔尤其是经常发生的极端事件 (Frank et al., 2015; Reichstein et al., 2013)〕对 GPP 年际变化的影响无法充分体现。

(2) ER 的计算过于简单,本章中选用 GPP 和 ER 间的正向耦联相关性 (Yu et al., 2013) 来计算 ER,这种方法非常简便且在理论上是可行的 (Chen et al., 2015b),但 GPP 和 ER 间的经验关系在区域及年际间可能会发生变化 (Piao et al., 2010; Zhang et al., 2014c)。

(3) 未能充分考虑植被类型间的差异。尽管各省份以农业为主,但也有其他类型的生态系统,今后还需利用不同植被类型精细化评估陆地生态系统的碳吸收功能。

(4) 农田碳输出量及其归还量的计算和自然干扰所引起的碳排放也有一定的不确定性。本章基于收获系数计算农田碳输出量,尽管该方法较为简便,但收获系数在不同的栽培条件下存在一定差异 (谢光辉 等,2011b),使得农田碳输出量的计算结果存在一定偏差,进而引起碳归还量的偏差。同时,秸秆归还量的设置过于武断等,但当前未见该方面数值的报道,只能基于经验假设该数值。假设秸秆的归还系数介于 0~0.5 之间,人类归还有机碳的数值在空间上呈现明显差异 (Zhu et al., 2018)。此外,如何将低空间分辨率的碳输出量、人类归还量和自然干扰排放量扩展至高空间分辨率水平,也是需要深入研究的方面。

## 5.7 小结

基于陆地碳汇形成过程,本章改进了区域碳汇评估方法,评估了中国北方典型省份的陆地碳汇强度及其时空变化,为认知陆地碳汇强度及其时空变化、揭示陆地碳汇的生态价值提供了数据支撑,得到结论如下:

(1) 农田碳输出量及人类归还量在区域陆地碳汇评估中占有重要地位,需要在区域陆地碳汇评估中予以充分考虑。

(2) 2000—2014 年,辽宁省陆地生态系统整体呈现弱的碳吸收状态,年均碳吸收 430 万 t C,空间上呈现东高西低的特点。2001—2014 年虽然碳吸收量与排放量均呈增加趋势,但碳排放量的增加速率高于吸收量的增加速率,使得辽宁省陆地碳汇呈现减少趋势。

(3) 2000—2014 年,沈阳市是辽宁省碳排放强度最高的地级市,年均碳排放量达到 143 万 t C,各个地区均呈现明显的碳排放,但以城区的排放强度最低。

(4) 2000—2015 年,吉林省陆地生态系统整体呈现碳吸收状态,年均碳吸收 974 万 t

tC，空间上呈现东高西低的特点。2000—2015年碳吸收量的增加速率小于排放量的增加速率，使得吉林省陆地碳汇呈现减少趋势，年均减少48万tC。

（5）2000—2015年，河北省陆地生态系统呈现碳排放状态，年均排放375万tC，空间上呈现北高南低的分布规律。2000—2015年碳输入与碳输出共同增加，但碳输入增加率慢于输出使河北省碳汇量呈现显著减少趋势，年均减少27万tC。

# 第6章 全球农田碳输出量及其强度的时空变化规律

农田是陆地生态系统的重要组成部分，也是受人类影响最大的生态系统（Lu et al.，2020）。通过收获等方式，人类从农田移出大量有机碳，满足人类生产生活需要，构成陆地碳收支的重要组成部分（Chapin et al.，2006；Ciais et al.，2022）。同时，部分人类收获移出的有机碳存留在人类社会，减缓了大气 $CO_2$ 浓度升高趋势（Fang et al.，2001；Pan et al.，2011），使得量化农田碳输出量及其强度可以为减缓大气 $CO_2$ 浓度升高速率的区域碳管理提供数据支撑。

已有研究利用统计数据分析了部分国家如中国（Zhu et al.，2017；朱先进 等，2014）、巴西（Novaes et al.，2017）等地人为活动自农田移出的碳量，发现了农田碳输出量的明显空间变化及年际增加趋势（Novaes et al.，2017）。尽管也有研究基于LPJml模型初步发现全球农田碳输出总量达到 2.2Pg C/a（Bondeau et al.，2007），但模型假设同类植被型使用相同参数增加了输出结果的不确定性（Wirsenius，2003）。因而，亟须基于统计数据准确量化农田碳输出的时空变化，为评估陆地碳收支、减缓大气 $CO_2$ 浓度升高速率提供理论依据。

基于统计数据已有研究量化了区域农田碳输出强度的时空变化（Novaes et al.，2017；Zhu et al.，2017；朱先进 等，2014），但已有结果均以行政单位（国家、省份等）为单位对农田碳输出量及其强度的时空变化规律进行解析，而同一行政单位内农田碳输出量及其强度存在明显空间异质性，限制了已有研究结果的空间精度。因而，需要基于统计数据生成高空间分辨率农田碳输出强度的空间结果，为陆地碳收支评估提供高精度碳收支数据。

因而，基于联合国粮农组织（Food and Agriculture Organization of the United Nations，FAO）公布的历年粮食产量数据，结合相关经验系数，本章就全球农田碳输出量的时空变异进行分析，同时结合气候土壤生物数据生成高分辨率农田碳输出强度的空间分布结果，揭示农田碳输出强度的时空变化规律，以期为全球碳收支评估及增汇潜力估算提供数据支撑。

## 6.1 数据来源及分析

### 6.1.1 数据来源

本章所用数据源于FAO公布的全球农作物产量数据库，该数据库涵盖全球220个国家或地区 1961—2021 年 158 种农作物的产量，结合国土面积及农作物收获面积，计算农田碳输出量（CCT）农田及碳输出强度（MCT）的时空变化。

由于政治与历史原因，部分国家和地区采用不同的统计口径。针对该类区域的统计数据，本章选用后续年份计算各个地区在原统计单元所占的比例，进而结合原统计单元的总量计算得到缺失年份的数值。尽管该方法存在一定偏差，但对全球农田碳输出量及其强度时空变异认知的影响相对较小。

### 6.1.2 农田碳输出量及其组分的计算

农田碳输出量包括土壤淋溶、农产品收获等多个方面，但土壤淋溶等的损失量在总的农田碳输出中所占比例较小，本章仅就农产品收获所引起的农田碳输出量进行计算。

农产品收获引起的农田碳输出量（CCT）是人类将农产品从农田移出所造成的碳损失量，某种作物的农田碳输出可以根据农田作物产量（$Y$）、作物收获指数（HI）、作物含水量（$C_w$）及含碳系数（$C_C$）来计算，而某一地区的农田碳输出量是该地区所有作物 CCT 的总和，即：

$$\mathrm{CCT} = \sum_{i=1}^{n} [Y_i(1-C_{wi})/\mathrm{HI}_i]C_{Ci} \tag{6.1}$$

式中：$n$ 为作物种类。

作物的收获指数是指作物收获经济产量与总干物质量的比值。随着栽培技术及育种技术的进步，HI 也在不断地发生改变，但变动较小。同时，尽管不同作物的 HI 存在差异，但部分作物的产量本身较小，且其 HI 无法准确获取。因而，本章选用谢光辉等（2011a，2011b）收集整理的近年来中国收获指数的均值来表征全球相应作物的 HI，其他作物的 HI 采用相似作物的收获指数来替代。经过整理，本章所用各作物的 HI 见表 6.2。作物的含碳系数（$C_C$）在不同品种间存在一定的差异，国际上通用的生物量与碳间的转化率为 0.45 或者 0.5（Olson et al.，1983），近年来的研究普遍采用 0.45 作为转化系数（王绍强 等，1999）。因而，本章将其设为 0.45。含水量则选用已有文献报道结果的经验数值来计算（Piao et al.，2009），具体数值详见表 6.1。

表 6.1　　　　　　　不同农作物的收获指数和含水量

| 代码 | 作物类型 | | 作物名 | | 收获指数 | 含水量 |
|---|---|---|---|---|---|---|
| | 英文 | 中文 | 英文 | 中文 | | |
| 0111 | Cereals | 谷物 | Wheat | 小麦 | 0.46 | 0.13 |
| 0112 | Cereals | 谷物 | Maize (corn) | 玉米 | 0.49 | 0.13 |
| 0113 | Cereals | 谷物 | Rice | 水稻 | 0.5 | 0.13 |
| 0114 | Cereals | 谷物 | Sorghum | 高粱 | 0.31 | 0.13 |
| 0115 | Cereals | 谷物 | Barley | 大麦 | 0.49 | 0.13 |
| 0116 | Cereals | 谷物 | Rye | 黑麦 | 0.31 | 0.13 |
| 0117 | Cereals | 谷物 | Oats | 燕麦 | 0.31 | 0.13 |
| 0118 | Cereals | 谷物 | Millet | 谷子 | 0.38 | 0.13 |
| 01191 | Cereals | 谷物 | Triticale | 小黑麦 | 0.31 | 0.13 |

续表

| 代码 | 作物类型 | | 作物名 | | 收获指数 | 含水量 |
|---|---|---|---|---|---|---|
| | 英文 | 中文 | 英文 | 中文 | | |
| 01192 | Cereals | 谷物 | Buckwheat | 荞麦 | 0.31 | 0.13 |
| 01193 | Cereals | 谷物 | Fonio | 福尼奥米 | 0.31 | 0.13 |
| 01194 | Cereals | 谷物 | Quinoa | 藜麦 | 0.31 | 0.13 |
| 01195 | Cereals | 谷物 | Canary seed | 燕麦 | 0.31 | 0.13 |
| 01199.02 | Cereals | 谷物 | Mixed grain | 混合谷物 | 0.31 | 0.13 |
| 01199.90 | Cereals | 谷物 | Cereals n.e.c. | 谷类 | 0.31 | 0.13 |
| 01211 | Vegetables | 蔬菜 | Asparagus | 芦笋 | 0.911 | 0.82 |
| 01212 | Vegetables | 蔬菜 | Cabbages | 卷心菜 | 0.911 | 0.82 |
| 01213 | Vegetables | 蔬菜 | Cauliflowers and broccoli | 花椰菜和西兰花 | 0.911 | 0.82 |
| 01214 | Vegetables | 蔬菜 | Lettuce and chicory | 生菜和菊苣 | 0.911 | 0.82 |
| 01215 | Vegetables | 蔬菜 | Spinach | 菠菜 | 0.911 | 0.82 |
| 01216 | Vegetables | 蔬菜 | Artichokes | 洋蓟 | 0.911 | 0.82 |
| 01219.01 | Vegetables | 蔬菜 | Cassava leaves | 木薯叶 | 0.911 | 0.82 |
| 01221 | Fruits | 水果 | Watermelons | 西瓜 | 0.901 | 0.82 |
| 01229 | Fruits | 水果 | Cantaloupes and other melons | 哈密瓜和其他甜瓜 | 0.901 | 0.82 |
| 01231 | Vegetables | 蔬菜 | Chillies and peppers, green (Capsicum spp. and Pimenta spp.) | 青辣椒 | 0.911 | 0.82 |
| 01232 | Vegetables | 蔬菜 | Cucumbers and gherkins | 黄瓜和小黄瓜 | 0.911 | 0.82 |
| 01233 | Vegetables | 蔬菜 | Eggplants (aubergines) | 茄子 | 0.911 | 0.82 |
| 01234 | Vegetables | 蔬菜 | Tomatoes | 西红柿 | 0.911 | 0.82 |
| 01235 | Vegetables | 蔬菜 | Pumpkins, squash and gourds | 南瓜, 西葫芦 | 0.911 | 0.82 |
| 01239.01 | Vegetables | 蔬菜 | Okra | 秋葵 | 0.911 | 0.82 |
| 01241.01 | Vegetables | 蔬菜 | String beans | 四季豆 | 0.911 | 0.82 |
| 01241.90 | Vegetables | 蔬菜 | Other beans, green | 其他豆类 | 0.911 | 0.82 |
| 01242 | Vegetables | 蔬菜 | Peas, green | 青豌豆 | 0.911 | 0.82 |
| 01243 | Vegetables | 蔬菜 | Broad beans and horse beans, green | 蚕豆和马豆, 青 | 0.911 | 0.82 |
| 01251 | Vegetables | 蔬菜 | Carrots and turnips | 胡萝卜和萝卜 | 0.911 | 0.82 |
| 01252 | Vegetables | 蔬菜 | Green garlic | 青蒜 | 0.911 | 0.82 |
| 01253.01 | Vegetables | 蔬菜 | Onions and shallots, green | 洋葱(鲜) | 0.911 | 0.82 |
| 01253.02 | Vegetables | 蔬菜 | Onions and shallots, dry (excluding dehydrated) | 洋葱 | 0.911 | 0.82 |
| 01254 | Vegetables | 蔬菜 | Leeks and other alliaceous vegetables | 韭葱及其他蔬菜 | 0.911 | 0.82 |
| 01270 | Vegetables | 蔬菜 | Mushrooms and truffles | 蘑菇和松露 | 0.911 | 0.82 |

续表

| 代码 | 作物类型 | | 作物名 | | 收获指数 | 含水量 |
| --- | --- | --- | --- | --- | --- | --- |
| | 英文 | 中文 | 英文 | 中文 | | |
| 01290.01 | Vegetables | 蔬菜 | Green corn（maize） | 嫩玉米 | 0.911 | 0.82 |
| 01290.90 | Vegetables | 蔬菜 | Other vegetables, fresh n. e. c. | 其他蔬菜 | 0.911 | 0.82 |
| 01311 | Fruits | 水果 | Avocados | 油梨 | 0.901 | 0.82 |
| 01312 | Fruits | 水果 | Bananas | 香蕉 | 0.901 | 0.82 |
| 01313 | Fruits | 水果 | Plantains and cooking bananas | 香蕉 | 0.901 | 0.82 |
| 01314 | Fruits | 水果 | Dates | 椰枣 | 0.901 | 0.82 |
| 01315 | Fruits | 水果 | Figs | 无花果 | 0.901 | 0.82 |
| 01316 | Fruits | 水果 | Mangoes, guavas and mangosteens | 芒果、番石榴、山竹 | 0.901 | 0.82 |
| 01317 | Fruits | 水果 | Papayas | 番木瓜 | 0.901 | 0.82 |
| 01318 | Fruits | 水果 | Pineapples | 凤梨 | 0.901 | 0.82 |
| 01319 | Fruits | 水果 | Other tropical fruits, n. e. c. | 其他热带水果 | 0.901 | 0.82 |
| 01321 | Fruits | 水果 | Pomelos and grapefruits | 柚子 | 0.901 | 0.82 |
| 01322 | Fruits | 水果 | Lemons and limes | 柠檬和酸橙 | 0.901 | 0.82 |
| 01323 | Fruits | 水果 | Oranges | 橙子 | 0.901 | 0.82 |
| 01324 | Fruits | 水果 | Tangerines, mandarins, clementines | 柑橘 | 0.901 | 0.82 |
| 01329 | Fruits | 水果 | Other citrus fruit, n. e. c. | 其他柑橘果 | 0.901 | 0.82 |
| 01330 | Fruits | 水果 | Grapes | 葡萄 | 0.901 | 0.82 |
| 01341 | Fruits | 水果 | Apples | 苹果 | 0.901 | 0.82 |
| 01342.01 | Fruits | 水果 | Pears | 梨 | 0.901 | 0.82 |
| 01342.02 | Fruits | 水果 | Quinces | 榅桲 | 0.901 | 0.82 |
| 01343 | Fruits | 水果 | Apricots | 杏子 | 0.901 | 0.82 |
| 01344.01 | Fruits | 水果 | Sour cherries | 酸樱桃 | 0.901 | 0.82 |
| 01344.02 | Fruits | 水果 | Cherries | 樱桃 | 0.901 | 0.82 |
| 01345 | Fruits | 水果 | Peaches and nectarines | 桃子和油桃 | 0.901 | 0.82 |
| 01346 | Fruits | 水果 | Plums and sloes | 李子 | 0.901 | 0.82 |
| 01349.10 | Fruits | 水果 | Other pome fruits | 其他果实 | 0.901 | 0.82 |
| 01349.20 | Fruits | 水果 | Other stone fruits | 其他核果 | 0.901 | 0.82 |
| 01351.01 | Fruits | 水果 | Currants | 醋栗 | 0.901 | 0.82 |
| 01351.02 | Fruits | 水果 | Gooseberries | 醋栗 | 0.901 | 0.82 |
| 01352 | Fruits | 水果 | Kiwi fruit | 猕猴桃 | 0.901 | 0.82 |
| 01353.01 | Fruits | 水果 | Raspberries | 山莓 | 0.901 | 0.82 |
| 01354 | Fruits | 水果 | Strawberries | 草莓 | 0.901 | 0.82 |
| 01355.01 | Fruits | 水果 | Blueberries | 蓝莓 | 0.901 | 0.82 |

续表

| 代码 | 作物类型 | | 作 物 名 | | 收获指数 | 含水量 |
|---|---|---|---|---|---|---|
| | 英文 | 中文 | 英文 | 中文 | | |
| 01355.02 | Fruits | 水果 | Cranberries | 越橘 | 0.901 | 0.82 |
| 01355.90 | Fruits | 水果 | Other berries and fruits of the genus vaccinium n. e. c. | 越桔属的其他浆果和水果 | 0.901 | 0.82 |
| 01356 | Fruits | 水果 | Locust beans (carobs) | 角豆 | 0.901 | 0.82 |
| 01359.01 | Fruits | 水果 | Persimmons | 柿子 | 0.901 | 0.82 |
| 01359.02 | Fruits | 水果 | Cashewapple | 苹果 | 0.901 | 0.82 |
| 01359.90 | Fruits | 水果 | Other fruits, n. e. c. | 其他水果 | 0.901 | 0.82 |
| 01371 | Fruits | 水果 | Almonds, in shell | 木桌方碗壳杏仁 | 0.901 | 0.82 |
| 01372 | Fruits | 水果 | Cashew nuts, in shell | 鲜腰果 | 0.901 | 0.82 |
| 01373 | Fruits | 水果 | Chestnuts, in shell | 板栗 | 0.901 | 0.82 |
| 01374 | Fruits | 水果 | Hazelnuts, in shell | 榛子 | 0.901 | 0.82 |
| 01375 | Fruits | 水果 | Pistachios, in shell | 开心果 | 0.901 | 0.82 |
| 01376 | Fruits | 水果 | Walnuts, in shell | 核桃 | 0.901 | 0.82 |
| 01377 | Fruits | 水果 | Brazil nuts, in shell | 巴西坚果,带壳 | 0.901 | 0.82 |
| 01379.01 | Fruits | 水果 | Areca nuts | 槟榔果 | 0.901 | 0.82 |
| 01379.02 | Fruits | 水果 | Kola nuts | 可乐果 | 0.901 | 0.82 |
| 01379.90 | Fruits | 水果 | Other nuts (excluding wild edible nuts and groundnuts), in shell, n. e. c. | 其他坚果 | 0.901 | 0.82 |
| 0141 | Oil crops | 油料作物 | Soya beans | 大豆 | 0.42 | 0.13 |
| 0142 | Oil crops | 油料作物 | Groundnuts, excluding shelled | 花生米 | 0.5 | 0.09 |
| 01441 | Oil crops | 油料作物 | Linseed | 亚麻籽 | 0.36 | 0.09 |
| 01442 | Oil crops | 油料作物 | Mustard seed | 芥末种子 | 0.36 | 0.09 |
| 01443 | Oil crops | 油料作物 | Rape or colza seed | 油菜 | 0.26 | 0.09 |
| 01444 | Oil crops | 油料作物 | Sesame seed | 芝麻 | 0.34 | 0.09 |
| 01445 | Oil crops | 油料作物 | Sunflower seed | 葵花籽 | 0.32 | 0.09 |
| 01446 | Oil crops | 油料作物 | Safflower seed | 红花籽 | 0.36 | 0.09 |
| 01447 | Oil crops | 油料作物 | Castor oil seeds | 蓖麻油种子 | 0.36 | 0.09 |
| 01448 | Oil crops | 油料作物 | Poppy seed | 罂粟籽 | 0.36 | 0.09 |
| 01449.01 | Oil crops | 油料作物 | Melonseed | 瓜子 | 0.36 | 0.09 |
| 01449.02 | Oil crops | 油料作物 | Hempseed | 大麻籽 | 0.36 | 0.09 |
| 01449.90 | Oil crops | 油料作物 | Other oil seeds, n. e. c. | 其他油籽 | 0.36 | 0.09 |
| 01450 | Oil crops | 油料作物 | Olives | 橄榄 | 0.36 | 0.09 |
| 01460 | Oil crops | 油料作物 | Coconuts, in shell | 椰子 | 0.901 | 0.82 |
| 01491.01 | Oil crops | 油料作物 | Oil palm fruit | 油棕榈果实 | 0.36 | 0.09 |

6.1 数据来源及分析

续表

| 代码 | 作物类型 英文 | 作物类型 中文 | 作物名 英文 | 作物名 中文 | 收获指数 | 含水量 |
|---|---|---|---|---|---|---|
| 01499.01 | Oil crops | 油料作物 | Karite nuts（sheanuts） | 生油树果 | 0.36 | 0.09 |
| 01499.02 | Oil crops | 油料作物 | Tung nuts | 油桐子 | 0.36 | 0.09 |
| 01499.03 | Oil crops | 油料作物 | Jojoba seeds | 荷荷巴种子 | 0.36 | 0.09 |
| 01499.04 | Oil crops | 油料作物 | Tallowtree seeds | 牛油树种子 | 0.36 | 0.09 |
| 01499.05 | Oil crops | 油料作物 | Kapok fruit | 木麻果 | 0.901 | 0.82 |
| 01510 | Roots and Tubers | 根茎作物 | Potatoes | 土豆 | 0.59 | 0.133 |
| 01520.01 | Roots and Tubers | 根茎作物 | Cassava, fresh | 新鲜木薯 | 0.67 | 0.133 |
| 01530 | Roots and Tubers | 根茎作物 | Sweet potatoes | 甘薯 | 0.67 | 0.133 |
| 01540 | Roots and Tubers | 根茎作物 | Yams | 山药 | 0.67 | 0.133 |
| 01550 | Roots and Tubers | 根茎作物 | Taro | 芋头 | 0.67 | 0.133 |
| 01591 | Roots and Tubers | 根茎作物 | Yautia | 箭叶黄体芋 | 0.67 | 0.133 |
| 01599.10 | Roots and Tubers | 根茎作物 | Edible roots and tubers with high starch or inulin content, n.e.c., fresh | 可食用根和块茎 | 0.67 | 0.133 |
| 01610 | Nuts | 坚果 | Coffee, green | 清咖啡 | 0.42 | 0.13 |
| 01620 | Nuts | 坚果 | Tea leaves | 茶叶 | 0.61 | 0.082 |
| 01630 | Nuts | 坚果 | Maté leaves | 巴西茶叶 | 0.61 | 0.082 |
| 01640 | Nuts | 坚果 | Cocoa beans | 可可豆 | 0.42 | 0.13 |
| 01651 | Nuts | 坚果 | Pepper (Piper spp.), raw | 胡椒 | 0.911 | 0.82 |
| 01652 | Nuts | 坚果 | Chillies and peppers, dry (Capsicum spp., Pimenta spp.), raw | 干辣椒 | 0.31 | 0.13 |
| 01653 | Nuts | 坚果 | Nutmeg, mace, cardamoms, raw | 豆蔻 | 0.36 | 0.09 |
| 01654 | Nuts | 坚果 | Anise, badian, coriander, cumin, caraway, fennel and juniper berries, raw | 八角茴香 | 0.36 | 0.09 |
| 01655 | Nuts | 坚果 | Cinnamon and cinnamon-tree flowers, raw | 肉桂和肉桂花 | 0.911 | 0.82 |
| 01656 | Nuts | 坚果 | Cloves (whole stems), raw | 蒜 | 0.911 | 0.82 |
| 01657 | Nuts | 坚果 | Ginger, raw | 生姜 | 0.67 | 0.133 |
| 01658 | Nuts | 坚果 | Vanilla, raw | 香草 | 0.911 | 0.82 |

续表

| 代码 | 作物类型 英文 | 作物类型 中文 | 作物名 英文 | 作物名 中文 | 收获指数 | 含水量 |
|---|---|---|---|---|---|---|
| 01659 | Nuts | 坚果 | Hop cones | 蛇麻草 | 0.911 | 0.82 |
| 01691 | Nuts | 坚果 | Chicory roots | 菊苣根 | 0.67 | 0.13 |
| 01699 | Nuts | 坚果 | Other stimulant, spice and aromatic crops, n.e.c. | 其他香料 | 0.36 | 0.09 |
| 01701 | Pulses | 豆类 | Beans, dry | 豆类 | 0.42 | 0.13 |
| 01702 | Pulses | 豆类 | Broad beans and horse beans, dry | 蚕豆和马豆,干 | 0.42 | 0.13 |
| 01703 | Pulses | 豆类 | Chick peas, dry | 鹰嘴豆 | 0.42 | 0.13 |
| 01704 | Pulses | 豆类 | Lentils, dry | 小扁豆 | 0.42 | 0.13 |
| 01705 | Pulses | 豆类 | Peas, dry | 豌豆 | 0.42 | 0.13 |
| 01706 | Pulses | 豆类 | Cow peas, dry | 豇豆 | 0.42 | 0.13 |
| 01707 | Pulses | 豆类 | Pigeon peas, dry | 鸽子豌豆 | 0.42 | 0.13 |
| 01708 | Pulses | 豆类 | Bambara beans, dry | 巴马豆 | 0.42 | 0.13 |
| 01709.01 | Pulses | 豆类 | Vetches | 巢菜 | 0.31 | 0.13 |
| 01709.02 | Pulses | 豆类 | Lupins | 羽扇豆 | 0.42 | 0.13 |
| 01709.90 | Pulses | 豆类 | Other pulses n.e.c. | 其他豆类 | 0.42 | 0.13 |
| 01801 | Sugar crops | 糖料作物 | Sugar beet | 甜菜 | 0.71 | 0.133 |
| 01802 | Sugar crops | 糖料作物 | Sugar cane | 甘蔗 | 0.7 | 0.133 |
| 01809 | Sugar crops | 糖料作物 | Other sugar crops n.e.c. | 其他糖料 | 0.7 | 0.133 |
| 01921.01 | Fibre crops | 纤维作物 | Seed cotton, unginned | 籽棉 | 0.16 | 0.083 |
| 01922.01 | Fibre crops | 纤维作物 | Jute, raw or retted | 黄麻 | 0.38 | 0.133 |
| 01922.02 | Fibre crops | 纤维作物 | Kenaf, and other textile bast fibres, raw or retted | 红麻 | 0.38 | 0.133 |
| 01929.02 | Fibre crops | 纤维作物 | True hemp, raw or retted | 大麻 | 0.38 | 0.133 |
| 01929.04 | Fibre crops | 纤维作物 | Ramie, raw or retted | 苎麻 | 0.38 | 0.133 |
| 01929.05 | Fibre crops | 纤维作物 | Sisal, raw | 西沙尔麻 | 0.38 | 0.133 |
| 01929.06 | Fibre crops | 纤维作物 | Agave fibres, raw, n.e.c. | 龙舌兰纤维 | 0.38 | 0.133 |
| 01929.07 | Fibre crops | 纤维作物 | Abaca, manila hemp, raw | 马尼拉麻 | 0.38 | 0.133 |
| 01929.90 | Fibre crops | 纤维作物 | Other fibre crops, raw, n.e.c. | 其他纤维植物 | 0.38 | 0.133 |
| 01930.01 | Fibre crops | 纤维作物 | Peppermint, spearmint | 薄荷 | 0.911 | 0.82 |
| 01930.02 | Fibre crops | 纤维作物 | Pyrethrum, dried flowers | 匹菊 | 0.61 | 0.082 |
| 26190.01 | Fibre crops | 纤维作物 | Flax, processed but not spun | 亚麻 | 0.38 | 0.133 |

此外,作物收获指数和含水量在年际及区域之间存在差异,导致计算所得 CCT 存在不确定性,为了量化收获指数及含水量等系数引起的 CCT 不确定性,本章将收获指数及含水量随机加减 20% 以内的误差,获得修正后的收获指数及含水量,重新计算 CCT 数值,并将该过程重复 100 次,计算 100 次 CCT 数值的标准差,以表征收获指数及含水量

变异引起的 CCT 不确定性。

为了揭示 CCT 时空变化的形成机制,并为区域碳收支评估提供数据支撑,本章进一步结合各国家及地区国土面积数据,量化了农田碳输出强度(MCT)的时空变化,MCT 表征为 CCT 与国土面积的比值,单位为 g C/(m²·a)。同时结合 CCT 的不确定性揭示 MCT 时空变化的不确定性。

为了进一步揭示 MCT 时空变化的形成机制,本章进一步结合各国家及地区收获面积数据,将 MCT 分解为收获面积所占比例(RPR,%)与单位收获面积农田碳输出强度(CTP),其中 RPR 选用收获面积与国土面积的比值来确定,而 CTP 选用 CCT 与收获面积的比值来确定。同时结合 CCT 的不确定性揭示 CTP 时空变化的不确定性。

### 6.1.3 高精度全球 MCT 数据的生成

基于统计数据仅能获得各个国家或地区的 MCT 数值,无法如实反映人类自农田收获农作物移出有机碳强度在行政区内的空间变化,故需发展高精度 MCT 数据生成方法,生成高精度 MCT 数据,为量化农田碳收支、评估区域陆地碳汇提供数据支撑。

鉴于 MCT 表征了单位土地面积的碳输出强度,受到 CTP 和 RPR 的共同影响,其中 RPR 受到人为活动的强烈限制,尽管人为栽培管理措施也会影响 CTP 的大小,但通过气候生物等环境要素也可以反映 CTP 的空间变异,本章通过分别量化 RPR 和 CTP 的空间分布获得 MCT 的空间分布。

由于 RPR 受到人为活动的影响,本章选用全球高空间分辨率的耕地分布数据结合各个国家或地区的播种面积构建全球 RPR 高分辨率数据。Lu 等(2020)通过融合当前农田分布图及多层次农田面积统计结果构建了自适应统计分配模型(self-adapting statistics allocation model,SASAM),进而生成了 2010 年全球 500m×500m 分辨率的农田分布图。基于 2010 年全球农田分布图,结合各个国家和地区的地理位置,本章提取各国家或地区 2010 年农田面积值,并与 FAO 统计数据所得播种面积数值相对比,发现 FAO 各年统计数据所得播种面积值与提取所得农田面积具有高度的相关性(图 6.1),表明可以利用全球高分辨率农田数据外推获得 RPR 的全球分布。然而,不同年份的 FAO 统计数据所得播种面积与提取所得农田面积的对应关系有所差异,体现为回归斜率在年际之间的区别,最小值仅为 0.71,最大值可以达到 0.86,且在年际间呈现增加趋势,表明农田面积的持续扩张(图 6.1)。因而,基于农田分布图获得各年份 RPR 空间数据时,本章利用 FAO 统计数据所得播种面积与提取所得农田面积的回归斜率进行校正,使生成的 RPR 结果更接近 FAO 统计数据所报道的数值。因而,本章首先将 2010 年全球 500m×500m 分辨率的农田分布图进行重采样,获得 0.5°×0.5°的 2010 年全球农田分布图。基于 2010 年全球农田分布图,结合各年 FAO 统计数据所得播种面积与 2010 年提取所得农田面积的回归斜率,本章获得 2000—2021 年全球高分辨率(0.5°×0.5°)RPR 空间分布,为生成 MCT 的空间分布提供数据支撑。

尽管 CTP 的空间变异主要反映为气候土壤生物要素的作用,但单一要素对 CTP 空间变异的影响呈现非线性关系,且对 CTP 空间变异的解释比例相对较小,体现出传统统计学方法很难捕捉 CTP 空间变异。同时,相比较于传统统计学方法,机器学习算法可以充分捕捉环境要素对因变量的非线性影响,且随机森林回归在多种机器学习算法中呈现最佳表

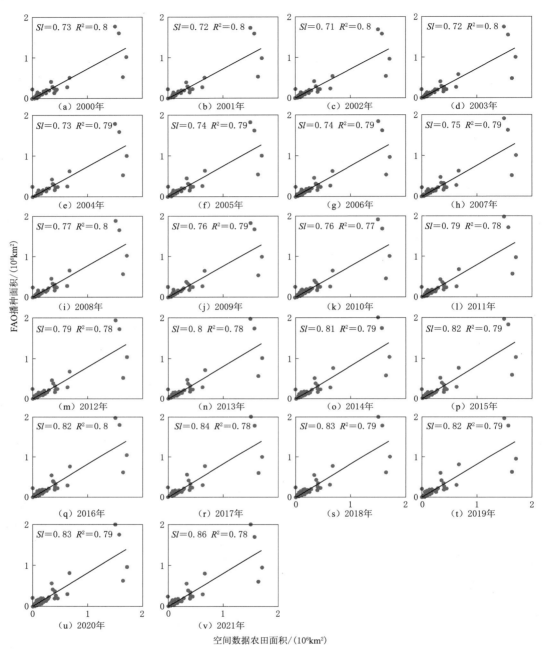

图 6.1 不同年份 FAO 统计数据所得耕地面积（FAO 播种面积）与文献报道格网数据提取所得农田面积（空间数据农田面积）的对应关系，(a)~(v) 分别表征 2000—2021 年的逐年回归关系

现（Zhu et al.，2023b，2023c）。因而，本章借用随机森林回归，基于气候土壤生物要素生成 CTP 的空间分布。所用的气候要素包括 6 种：年均气温（MAT）、年总降水量（PAR）、年总光合有效辐射（PAR）、年总潜在蒸散（PET）、年均饱和水气压差（VPD）、年均 $CO_2$ 浓度（$CO_2$）。所用的土壤要素包括 3 种：土壤湿度（SM）、土壤有机碳密度（SOC）

和土壤全氮密度（STN）。所用的生物要素包括年均叶面积指数（LAI）和年最大叶面积指数（MLAI）。所有数据的空间分辨率均为 0.5°×0.5°。MAT、MAP、PET 均源自于英国气候研究中心（climatic research unit，CRU）发布的月尺度长时间序列数据（Harris et al.，2020），将对应的月值数据进行平均（MAT）或累加（MAP、PET）获得各年份对应变量的年值结果。PAR 数据源自全球陆地表面卫星（global land surface satellite，GLASS）产品（Cheng et al.，2014；Liang et al.，2013），基于逐日的 PAR 数值累加得到各年 PAR 数据。VPD 数据源自 CRU 的逐月气温和水气压结果（Harris et al.，2020），利用逐月气温结合马格努斯公式 $[6.10695×10^{(7.59271Ta/(240.72709+Ta))}/10]$ 量化逐月饱和水汽压，结合该月水气压数值计算得到各月 VPD 并求算年内 VPD 均值，得到年 VPD 数值。$CO_2$ 浓度数据源于 $CO_2$ 摩尔质量分数（44g/mol）、Mauna Roa 实地观测的 $CO_2$ 浓度及当前状态下的气体摩尔体积，其中当前状态下的气体摩尔体积可通过理想气体状态方程结合当地 MAT 及气压来计算，而当地气压可结合海拔、MAT 利用压高公式进行计算（Zhu et al.，2016b）。SM 数据源自旬尺度 0.1°×0.1°的全球土壤湿度结果，通过计算各旬 SM 均值并重采样至 0.5°×0.5°得到各年 SM 数值。SOC 和 STN 使用适于地球系统模拟的全球土壤数据（Shangguan et al.，2014），基于表层土壤 SOC 和 STN 浓度，结合土壤容重计算得到 SOC 和 STN 数值，并经过重采样获得 0.5°×0.5°全球土壤属性空间分布结果。LAI 和 MLAI 源自校正的 MODIS 数据（Yuan et al.，2011a），使用 8 天尺度的 LAI 结果求算各年 LAI 均值及最大值。利用各个国家或地区的地理范围，结合气候土壤生物栅格数据获得各国家或地区的环境要素结果，结合 FAO 统计数据所得各个国家和地区的 CTP 数据，利用随机森林回归构建基于环境要素的 CTP 区域扩展方案，发现扩展方案所得 CTP 结果与统计数据所得 CTP 之间存在良好的对应关系，随着扩展方案所得 CTP 增加，统计数据所得 CTP 呈现明显的增大趋势，且扩展方案所得 CTP 解释了超过 86%的统计数据所得 CTP 空间变异（图 6.2）。同时，扩展方案预测所得 CTP 普遍低估了统计数据所得结果，表现为回归斜率明显高于 1（图 6.2）。

结合初始结果与统计数据间回归斜率的校正系数，本章基于全球农田分布数据所得 RPR 及环境要素所得 CTP 的乘积得到全球预测 MCT 空间分布。利用各国家或地区行政区划，本章提取得各国家或地区预测 MCT 数据，并用 FAO MCT 进行校验，发现生成的 MCT 空间数据与统计数据所得结果具有良好的一致性，随着预测所得 MCT 的增加，统计数据所得 MCT 呈现明显的增大趋势，且不同年份均呈现相似规律，预测 MCT 可以解释 46%～65%的 MCT 空间变异（图 6.3）。

结合各国家与地区的国土面积及 MCT，整合环境要素所得 CCT 与统计数据所得 CCT 之间也呈现明显的空间一致性（图 6.4）。随着预测 CCT 增加，FAO CCT 呈现明显的增大趋势，且预测 CCT 对统计结果空间变异的解释比例超过 72%（图 6.4）。然而，不同年份预测 CCT 与 FAO CCT 在数值上存在一定差异，表现为回归斜率的年际波动（图 6.4）。回归斜率最小值为 0.73，最大值为 1.65（图 6.4）。

为了保证预测 CCT 与统计结果之间的一致性，本章进一步基于两者的回归斜率（图 6.4）对生成的 MCT 逐年进行校正，获得最终 MCT 的空间分布，进而分析其时空变化，为量化区域碳收支提供数据支撑。

## 第 6 章  全球农田碳输出量及其强度的时空变化规律

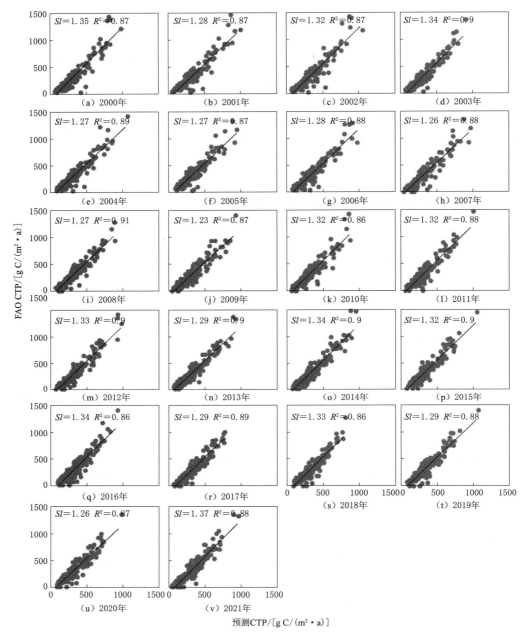

图 6.2　2000—2021 年随机森林回归扩展方案所得 CTP（预测 CTP）与 FAO 统计数据所得 CTP（FAO CTP）之间的对应关系

### 6.1.4　数据分析

本章从空间变化及时间变化两方面分别分析 CCT 及其组分的时空变化，并结合方差分析量化各组分对 CCT 时空变化的影响及区域差异，揭示 CCT 时空变化的主要影响因素。

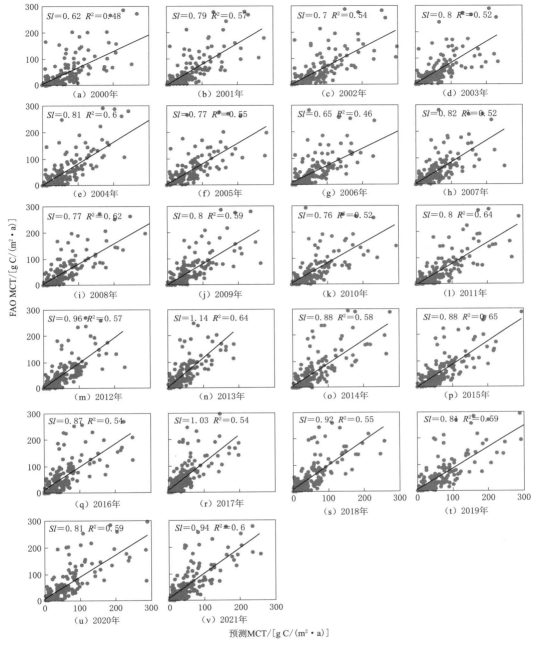

图 6.3  2000—2021 年整合环境要素及 RPR 所得 MCT（预测 CCT）与 FAO 统计数据所得 MCT（FAO MCT）之间的对应关系

在时间变化方面，基于各个国家与地区的 CCT 及其组分，本章首先利用 Mann-Kendall 趋势分析量化 CCT 及其组分的年际趋势，以标准差量化 CCT 及其组分的年际变异幅度，揭示不同作物及不同区域碳输出量对全球 CCT 的贡献，同步揭示 CCT 及其组分年际变化（趋势与幅度）的空间分布，并量化不同区域 CCT 年际变化影响因素，揭示影

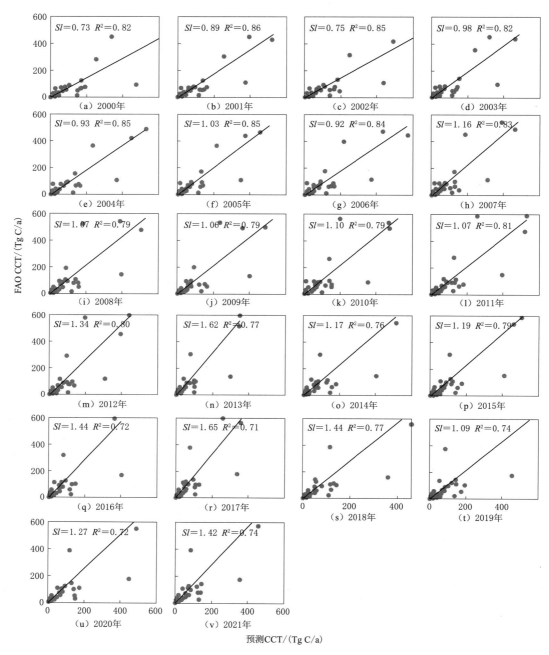

图 6.4 2000—2021 年整合环境要素及 RPR 所得 CCT（预测 CCT）与 FAO 统计数据所得 CCT（FAO CCT）的关系

响因素的区域差异。

在空间变化方面，基于各个国家与地区的 CCT 及其组分数据，量化不同区域之间 CCT 及其组分的区域差异，同步分析 CCT 及其组分不确定性的空间分布，阐明各组分对 CCT 空间分布的影响。

基于生成的 MCT 空间数据，本章进一步阐述了 MCT 的时空变化规律及影响因素：①利用 2000—2021 年的 MCT 均值结果，以 3°为间隔，分析 MCT 随着纬度与经度的变化趋势，同时利用独立效应分析揭示主要环境要素及农田分布对 MCT 空间变异的作用。②利用 Mann - Kendall 趋势分析量化 2000—2021 年 MCT 的年际趋势，以标准差表征 2000—2021 年 MCT 年际幅度，并以 3°为间隔，分析 MCT 年际趋势与幅度随着纬度与经度的变化规律，同时利用独立效应分析揭示主要环境要素及农田分布对 MCT 年际趋势与幅度空间变异的作用。

## 6.2 全球 CCT 的时空变异

### 6.2.1 CCT 及其组分的空间变异

CCT 呈现明显的空间变异，主要由亚洲及美洲的贡献所组成，非洲及大洋洲的贡献较小（图 6.5）。在全球（3.50±1.25）Pg C/a 的 CCT 总量中，亚洲贡献了超过 40% 的全球 CCT，达到（1.49±0.67）Pg C/a。其次为美洲，其 CCT 总量也可以达到（1.00±0.39）Pg C/a，占全球 CCT 总量的 28.57%。欧洲 CCT 总量居于第三位，可以达到（0.67±0.07）Pg C/a，而非洲和大洋洲的 CCT 总量均不足 0.30Pg C/a，并以大洋洲的 CCT 总量为最低，仅为（0.05±0.02）Pg C/a。

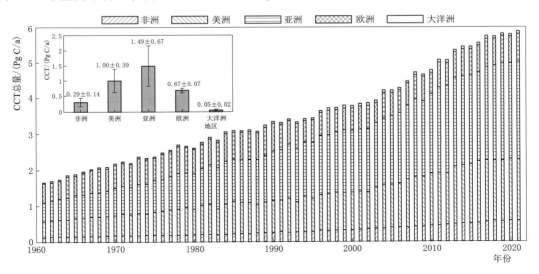

图 6.5 全球不同区域 CCT 总量的差异

不同国家与地区之间，CCT 呈现明显区别，并与国土面积呈现高度正相关性（图 6.6）。中国、美国、俄罗斯、巴西、印度等国是 CCT 数值较高的国家，其 CCT 数值可以超过 100.0Tg C/a，并以中国 CCT 数值为最高，达到（537.57±202.37）Tg C/a。澳大利亚、加拿大、墨西哥、阿根廷、英国、法国、南非、埃及等国的 CCT 相对较低，但也超过 20.0Tg C/a。非洲大部分国家 CCT 总量低于 20.0Tg C/a。

CCT 数值受到其组分 MCT 的严重影响，使得 MCT 也呈现明显的空间差异（图

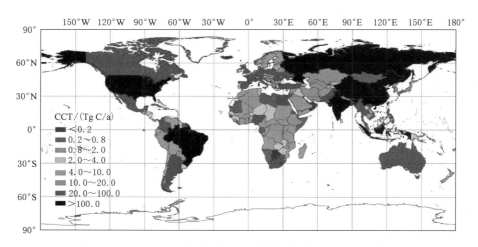

图 6.6  1961—2021 年全球 CCT 的空间分布（参见文后彩图）

6.7）。但与 CCT 最大值出现在中国有所不同，MCT 的最大值出现在毛里求斯，可以超过 1000g C/(m²·a)，而巴巴多斯、马来西亚、孟加拉国、荷兰、匈牙利、德国、波兰等国也有较高 MCT 数值，可以超过 150g C/(m²·a)。印度、泰国、越南及部分欧洲国家（英国、法国、乌克兰、瑞典等）也有较高的 MCT 数值，可以超过 80g C/(m²·a)。中国、印度尼西亚、巴基斯坦、尼日利亚等国，其 MCT 较小，但也可以超过 45g C/(m²·a)。美国、巴西等国的 MCT 则介于 30～45g C/(m²·a)，埃及、阿根廷、墨西哥的 MCT 则低于 30g C/(m²·a)，俄罗斯、加拿大、澳大利亚及大多数非洲国家，其 MCT 不足 20g C/(m²·a)。

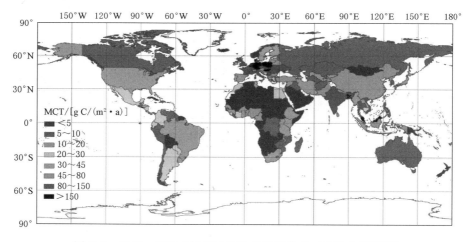

图 6.7  1961—2021 年全球 MCT 的空间分布（参见文后彩图）

MCT 空间变异源于 RPR 和 CTP 空间变异的共同作用，RPR 和 CTP 也呈现明显的空间分布（图 6.8 和图 6.9）。RPR 的空间分布呈现亚洲和欧洲高、其他地区低的特点（图 6.8）。印度、孟加拉国、摩尔多瓦、卢旺达等国，其 RPR 较高，可以超过 50%。菲律宾、尼日利亚及部分欧洲国家（波兰、罗马尼亚、乌克兰、匈牙利、丹麦等）的

RPR 有所降低，但也介于 30%～45% 之间。多数亚洲国家（巴基斯坦、越南、泰国、韩国、朝鲜、尼泊尔、叙利亚）及欧洲国家（希腊、葡萄牙、土耳其、法国、德国、西班牙、捷克等）的 RPR 进一步降低，普遍介于 20%～30% 之间。中国、英国、比利时、荷兰等国，其 RPR 介于 15%～20% 之间。俄罗斯及美洲、非洲及大洋洲大多数国家，其 RPR 均低于 15%。

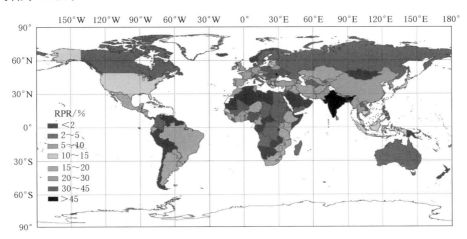

图 6.8　1961—2021 年全球 RPR 的空间分布（参见文后彩图）

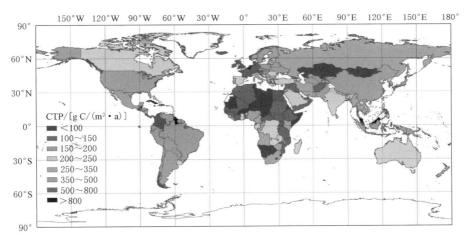

图 6.9　1961—2021 年全球 CTP 的空间分布（参见文后彩图）

CTP 的空间变异则与 RPR 有明显不同，呈现自赤道向两极减少且非洲数值偏低的特征（图 6.9）。毛里求斯、巴巴多斯、斐济、马来西亚、古巴等赤道附近国家和荷兰等欧洲国家具有较高的 CTP，其值可以超过 800g C/($m^2$·a)。法国、德国、奥地利、冰岛、英国、丹麦等欧洲国家及埃及、哥斯达黎加等国，其 CTP 也较高，可以超过 500g C/($m^2$·a)。美国、巴西、秘鲁、日本、泰国、印度尼西亚、匈牙利、挪威等国，其 CTP 介于 350～500g C/($m^2$·a) 之间。中国、巴基斯坦、墨西哥、阿根廷、南非等国，其 CTP 小于 350g C/($m^2$·a)，但也超过 250g C/($m^2$·a)。印度、澳大利亚、加拿大、西班牙等国，其 CTP 介于 200～250g C/(m²·a) 之间。而非洲多数国家及俄罗斯、蒙古、哈萨克斯坦等的 CTP 普遍低于 200g C/(m²·a)。

进一步分析 CCT 与其组分空间变异之间的关系（图 6.10）可以发现，CCT 与其组分的空间变异呈现密切关系。CCT 的空间变异是国土面积与 MCT 共同作用的结果，而线性相关结果表明，国土面积对 CCT 空间变异的贡献明显高过 MCT［图 6.6（a）和图 6.6（b）］。方差分析结果表明，国土面积贡献了 52.65% 的 CCT 空间变异，而 MCT 贡献了剩余 47.35% 的 CCT 空间变异。MCT 空间变异则表现为 RPR 和 CTP 的共同作用，线性相关分析表明 CTP 对 MCT 的作用明显强于 RPR［图 6.10（c）和图 6.10（d）］。方差分析结果进一步证实，RPR 贡献了 38.88% 的 MCT 空间变异，而 CTP 贡献了 61.12% 的 MCT 空间变异，是引起 MCT 空间变异的主体。因而，国土面积和 MCT 对 CCT 空间变异的作用大致相当，但 MCT 的空间变异主要由 CTP 的作用所决定。CTP 的空间变化则受到栽培作物种类及气候条件等因素的共同作用，总体呈现自赤道向两极减少的特点（图 6.9）。

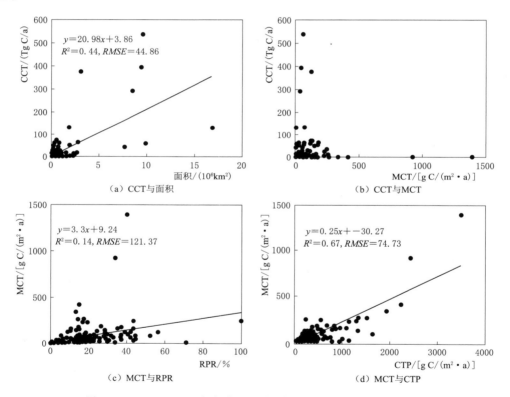

图 6.10　1961—2021 年全球 CCT 与其主要组分空间变异的关系

## 6.2.2　CCT 及其组分年际趋势的空间分布

1961—2021，全球 CCT 总量呈现明显的增加趋势，且以谷物的贡献为最大。1961—2021 年全球 CCT 均值达到（3.50±1.25）Pg C/a，最小值不足 1.65Pg C/a，出现在 1961 年，而在 2021 年全球 CCT 达到 5.89Pg C/a，年际间 CCT 呈现明显的增加趋势，年均增加 0.064Pg C/a² [图 6.11（a）]。全球 CCT 的年际增加趋势源自不同类型作物 CCT 的年际变化规律。不同类型作物 CCT 的增加趋势虽有所差异，但总体均呈现显著增大的特征 [图 6.11（a）]。谷物类 CCT 的增长趋势最大，可以达到 27.31Tg C/a²，其次为油料作物和糖料作物的 CCT，其值也可以达到 15.1Tg C/a²，其他类型作物的 CCT 也呈现明显的增加趋势，但增加速率较前述三类作物的增加速率低。不同类型作物对全球 CCT 年际增加趋势的贡献率也有一定差异，并以谷物类 CCT 的贡献率为最高，占到 11.98%，其他各类作物 CCT 对全球 CCT 增加趋势的贡献率虽有区别，但也均在 10% 以上 [图 6.11（b）]。

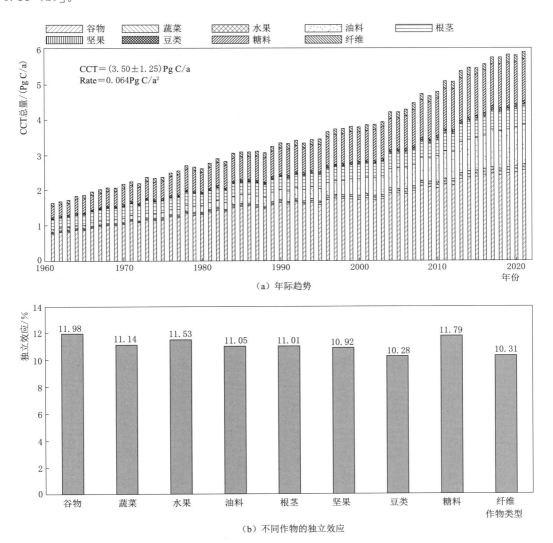

图 6.11 全球 CCT 的年际趋势及其在不同类型作物之间的分配

尽管全球 CCT 呈现显著的年际增加趋势，但不同国家或地区 CCT 的年际趋势呈现明显差异，并以中国、印度、巴西的增加幅度为最高（图 6.12）。整体而言，不同国家或地区 CCT 的年际趋势呈现亚洲、大洋洲、北美洲、南美洲较高，欧洲、非洲较低的趋势，亚洲、北美洲和南美洲的 CCT 年际趋势普遍较高，中国、印度、巴西、美国、加拿大、阿根廷、印度尼西亚、泰国、巴基斯坦等国的 CCT 年际趋势较高，均高于 $1.00\text{Tg C}/a^2$，并以中国 CCT 的年际趋势值为最高，可以达到 $11.38\text{Tg C}/a^2$。俄罗斯、墨西哥、澳大利亚的 CCT 年际增加趋势次之，也能超过 $0.30\text{Tg C}/a^2$。其次为部分美洲国家（厄瓜多尔、玻利维亚、洪都拉斯、委内瑞拉）、西亚国家（哈萨克斯坦）、非洲国家（南非、苏丹、肯尼亚、喀麦隆等）的 CCT 年际趋势，其增加趋势可以超过 $0.10\text{Tg C}/a^2$。其他国家（埃及、加纳、坦桑尼亚等）的 CCT 呈现微弱的增加趋势，而北欧、西亚的部分国家及日本、韩国，其 CCT 呈现显著的减少趋势，最小值出现在古巴，年均之间 CCT 的减少速率可以达到 $0.43\text{Tg C}/a^2$（图 6.12）。

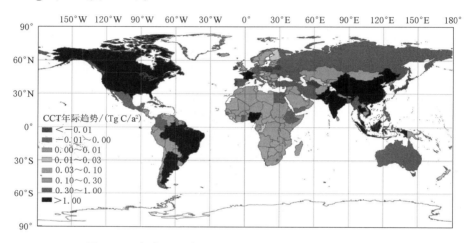

图 6.12　全球 CCT 年际趋势的空间分布（参见文后彩图）

鉴于国家与地区国土面积的相对稳定性，某一国家 CCT 年际趋势源于 MCT 的年际趋势，使 MCT 年际趋势也呈现明显的空间差异（图 6.13）。MCT 年际趋势的最大值出现在东南亚及南亚的马来西亚、泰国、越南、孟加拉国等国，其值可以超过 $3.00\text{g C}/(m^2 \cdot a^2)$，并以马来西亚的增长速率为最高，可以超过 $6.00\text{g C}/(m^2 \cdot a^2)$。中国、巴西、印度、法国及部分东南亚国家等国 MCT 的年际趋势较小，普遍低于 $3.00\text{g C}/(m^2 \cdot a^2)$，但也高于 $1.00\text{g C}/(m^2 \cdot a^2)$。美国、阿根廷、埃及等国，其 MCT 年际增长速率更低，增长速率介于 $0.50\sim1.00\text{g C}/(m^2 \cdot a^2)$（图 6.13）。其他国家 MCT 年际增长速率更低，甚至在部分欧洲国家，其 MCT 年际之间呈现减少趋势（图 6.13）。

MCT 年际趋势源于 RPR 及 CTP 的年际趋势，而 RPR 及 CTP 年际趋势呈现明显的空间差异。

RPR 的年际趋势呈现明显的空间变异，呈现自赤道向两极逐渐减少的特点（图 6.14）。RPR 年际趋势的最大值出现在赤道地区，如卢旺达、尼日利亚、喀麦隆、越南等，其值可以超过 $0.5\%/a$，最大值出现在卢旺达，年均增速可以超过 $1\%$。南亚和东南亚多数国家（如印度、泰国、缅甸等）及部分非洲国家（加纳、贝宁、布隆迪等）的 RPR 年际趋势也呈现较高数值，可以超过 $0.2\%/a$，中国、巴西、阿根廷及非洲多数国家

6.2 全球CCT的时空变异

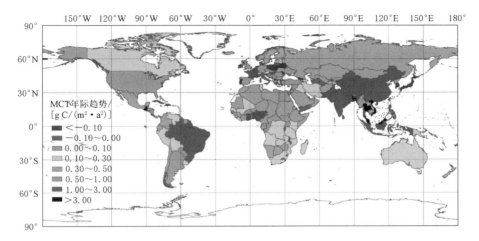

图 6.13 全球 MCT 年际趋势的空间分布（参见文后彩图）

的 RPR 在年际间呈现增加趋势，但增加速率较低，介于 0.08~0.20%/a 之间，北美洲大部分地区 RPR 变化较小，而欧洲多数国家 RPR 呈现减少趋势（图 6.14）。

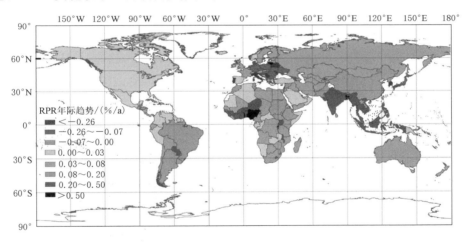

图 6.14 全球 RPR 年际趋势的空间分布（参见文后彩图）

不仅 RPR 年际趋势呈现空间差异，CTP 的年际趋势也呈现明显的区域不同（图 6.15）。CTP 年际趋势呈现亚洲和大洋洲及美洲高、欧洲和非洲低的趋势（图 6.15）。CTP 年际趋势的最大值出现在马来西亚，其值可以超过 $32.45\ \mathrm{g\ C/(m^2 \cdot a^2)}$，而比利时、瑞典、巴西、哥斯达黎加等国家也有较高的 CTP 年际增长速率，年际之间增加速率均超过 $8\ \mathrm{g\ C/(m^2 \cdot a^2)}$。中国、巴基斯坦、美国、法国、埃及、南非、智利等国，其 CTP 也在年际间呈现增加趋势，增加速率介于 $5\sim 8\ \mathrm{g\ C/(m^2 \cdot a^2)}$ 之间。印度、阿根廷、墨西哥等国的 CTP 年际增长速率进一步降低，普遍介于 $3\sim 5\ \mathrm{g\ C/(m^2 \cdot a^2)}$。俄罗斯、加拿大、日本等国的 CTP 年际增长速率进一步降低至 $2\sim 3\ \mathrm{g\ C/(m^2 \cdot a^2)}$。澳大利亚、蒙古、哈萨克斯坦等国的 CTP 年际增长速率则介于 $1\sim 2\ \mathrm{g\ C/(m^2 \cdot a^2)}$。非洲多数国家 CTP 年际增长速率较低，甚至在部分国家出现减少的趋势。

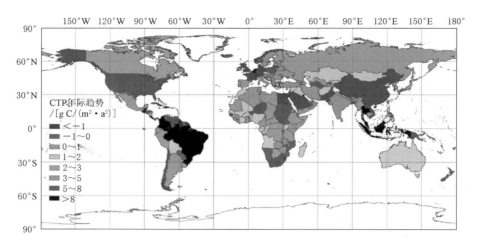

图 6.15　全球 CTP 年际趋势的空间分布（参见文后彩图）

## 6.2.3　CCT 及其组分年际变异幅度的空间分布

不仅 CCT 的年际趋势呈现明显的空间差异，CCT 年际变异幅度也在国家及地区之间呈现明显区别。全球 CCT 的变异幅度呈现亚洲和大洋洲及美洲国家大、欧洲和非洲国家小的特征，以中国、美国、俄罗斯、印度、巴西、加拿大、阿根廷等国家的变异幅度较高（图 6.16）。中国、美国、印度、巴西、加拿大及部分东南亚国家的 CCT 变异幅度普遍高于 20.0Tg C/a，并以中国和巴西的数值最高，超过 200.0Tg C/a，其次为澳大利亚、巴基斯坦、墨西哥等国，其 CCT 变异幅度也超过 10.0Tg C/a，而大多数非洲及欧洲国家的 CCT 变异幅度不足 10.0Tg C/a（图 6.16）。

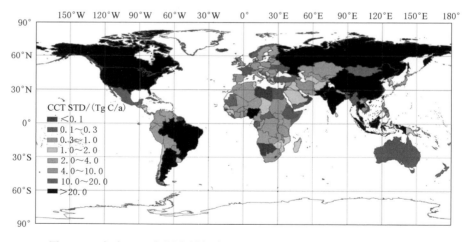

图 6.16　全球 CCT 年际变异幅度（STD）的空间分布（参见文后彩图）

MCT 的年际变异幅度也呈现明显的空间差异，大多数国家 MCT 年际变异幅度小于 12g C/(m²·a)，仅有部分亚洲、欧洲及南美洲国家具有较大的 MCT 年际变异幅度（图 6.17），中国、巴西、巴基斯坦及部分欧洲国家具有较高的 MCT 年际变异幅度，其值可以超过 20g C/(m² · a)；印度、越南、泰国、马来西亚及比利时、丹麦等国家，其 MCT 年际变异幅度，可以超过 30g C/(m² · a)，而 MCT 年际变异幅度最高值出现在孟加拉国家、巴巴多斯等国家，其数值可以超过 100g C/(m² · a)（图 6.17）。

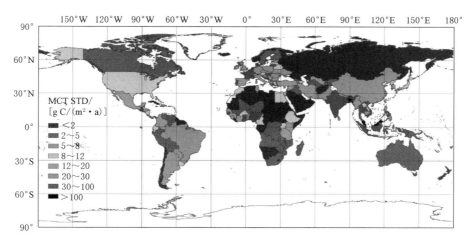

图 6.17　全球 MCT 年际变异幅度（STD）的空间分布（参见文后彩图）

RPR 年际变异幅度呈现明显的区域差异，也呈现自赤道向两极逐渐减少的趋势（图 6.18）。RPR 变异幅度的最大值出现在马绍尔群岛，可以达到 35.85%，卢旺达、尼日利亚等非洲国家的 RPR 变异幅度也较高，超过 11%。部分欧洲（葡萄牙、塞浦路斯、马耳他等）及非洲国家的 RPR 变异幅度相对较高，可以超过 7%。而印度及东南亚部分国家（马来西亚、泰国、越南等）和欧洲国家（葡萄牙、塞浦路斯、马耳他等）的 RPR 变异幅度次之，可以介于 4.0%~7.0% 之间，而中国、巴西及西亚部分国家的 RPR 变异幅度更小，介于 1.0%~2.0% 之间。俄罗斯、澳大利亚及北美、非洲北部的部分国家，其 RPR 较为稳定，年际变异幅度不足 1.0%（图 6.18）。

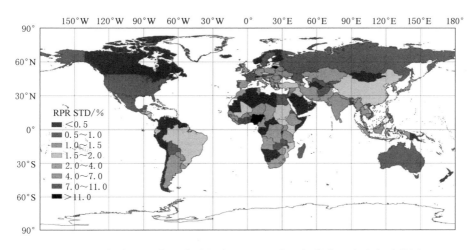

图 6.18　全球 RPR 年际变异幅度（STD）的空间分布（参见文后彩图）

CTP 的年际变异幅度也有明显的空间差异，同样呈现亚洲、大洋洲及美洲较高、欧洲和非洲较低且赤道周围较大的特征（图 6.19）。CTP 年际变异幅度的最大值出现在赤道周围的圣基茨与尼维斯联邦及马来西亚等，其值可以超过 400g C/(m²·a)。巴西、印度尼西亚、比利时、斐济、荷兰等国也具有较高的 CTP 年际变异幅度，可以超过 200g C/(m²·a)。埃及、巴拿马、泰国、法国等国的 CTP 年际变异幅度进一步减少，普遍介于 130~200g C/(m²·a) 之间。中国、美国、德国、英国、南非等国的 CTP 年际变异幅度进一步降低，介于 90~130g C/(m²·a) 之间。其他国家 CTP 年际变异幅度普遍小于 90g C/(m²·a)，且非洲大部分国家 CTP 年际变异幅度小于 20g C/(m²·a)。

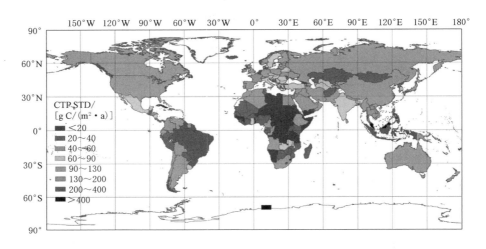

图 6.19　全球 CTP 年际变异幅度（STD）的空间分布（参见文后彩图）

### 6.2.4　CCT 组分对其年际变异的影响

尽管 CCT 是 MCT 与国土面积的乘积，但年际之间国土面积没有明显改变，所以 CCT 年际变异主要由 MCT 的变异所引起，不同国家之间没有明显差异，CCT 和 MCT 年际趋势也有明显的一致性。

然而，RPR 和 CTP 对 MCT 年际变异的贡献在区域之间存在明显差异（图 6.20 和图 6.21），非洲国家 MCT 的年际变化主要由 RPR 的改变所引起（图 6.20），而北半球多数国家 MCT 的年际变化则以 CTP 的改变为主要原因（图 6.21）。中国、美国及部分欧洲国家，CTP 贡献了超过 85% 的 MCT 年际变化，而 RPR 的贡献不足 15%。相反，在多数非洲国家，RPR 是引起 MCT 年际变化的主要因素，贡献了超过 70% 的 MCT 年际变化，CTP 的贡献则相对较小。总体可以看出，经济不发达或粗放型发展国家，RPR 对 MCT 年际变异的贡献较高；而经济发达国家及集约型发展国家，CTP 是影响 MCT 年际变异的主要因素。

### 6.2.5　CCT 及其组分年际变异空间分布的影响因素

CCT 及其组分年际变异的空间分布首先受到其均值空间分布的影响（图 6.22 和图 6.23）。随着 CCT 均值的增大，CCT 年际趋势显著增加 [图 6.22（a）]，CCT 均

## 6.2 全球 CCT 的时空变异

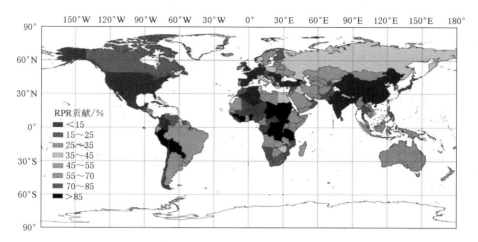

图 6.20　RPR 对 MCT 年际变异贡献的空间分布（参见文后彩图）

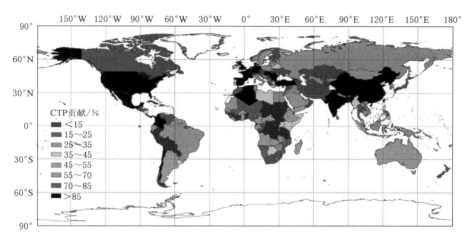

图 6.21　CTP 对 MCT 年际变异贡献的空间分布（参见文后彩图）

值可以解释 CCT 年际趋势空间变异的 90%［图 6.22（a）］。然而，随着 MCT 均值的增加，MCT 年际趋势的空间分布则呈现减少趋势［图 6.22（b）］，尽管单位 MCT 均值引起的 MCT 年际趋势变化幅度（斜率）较小，但也解释了 41% 的 MCT 年际趋势的空间变异［图 6.22（b）］。此外，尽管 RPR 和 CTP 均值均对其年际趋势产生显著影响，但对其年际趋势空间变异的解释比例普遍较低，均不足 20%［图 6.22（c）和 6.22（d）］。

与 CCT 及其组分的均值对其年际趋势的影响有所不同，CCT 及其组分的均值均对其年际变异幅度的空间变异产生显著促进作用（图 6.23）。CCT 均值解释了 87% 的 CCT 年际变异幅度的空间变异［图 6.23（a）］，而 MCT 均值贡献了 65% 的 MCT 年际变异幅度空间变异。RPR 和 CTP 分别贡献了 35% 和 59% 的对应组分年际变异幅度的空间变异［图 6.23（c）和图 6.23（d）］。

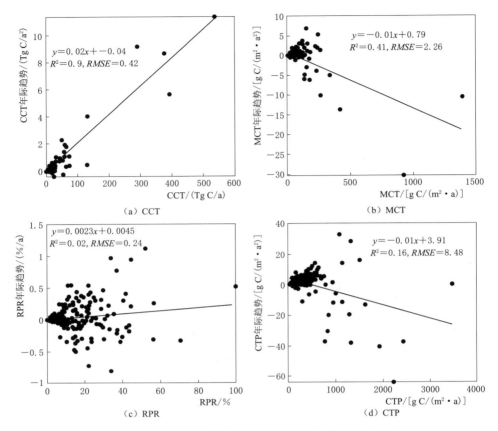

图 6.22 全球 CCT 及其组分年际趋势与其均值的关系

## 6.2.6 CCT 不确定性的空间分布

不同国家与地区 CCT 的不确定性也呈现明显区别,且与 CCT 具有相似的空间分布规律(图 6.24)。中国、美国、俄罗斯、巴西、印度及部分东南亚国家 CCT 具有较高不确定性,其不确定性可以超过 2Tg C/a。墨西哥、巴基斯坦、法国等国家的 CCT 不确定性进一步较低,介于 1~2Tg C/a 之间。埃及、阿根廷、加拿大的 CCT 不确定性进一步降低,介于 0.5~1Tg C/a 之间。非洲大部分国家 CCT 不确定性不足 0.5Tg C/a。

与 MCT 均值的空间分布相似,MCT 不确定性也呈现明显的区域差异(图 6.25),最大值出现在毛里求斯,巴巴多斯、留尼汪等区域的 MCT 不确定性也超过 7g C/($m^2 \cdot a$),孟加拉国、韩国等 MCT 的不确定性较高,介于 4~7g C/($m^2 \cdot a$) 之间,印度、欧洲多数国家 MCT 不确定性介于 2~4g C/($m^2 \cdot a$),中国、巴西、巴基斯坦的 MCT 不确定性介于 1~2g C/($m^2 \cdot a$),俄罗斯、美洲及非洲、大洋洲的大多数国家,其 MCT 不确定性不足 1g C/($m^2 \cdot a$)。

CTP 不确定性也呈现明显的空间分布,且多数国家呈现较低的 CTP 不确定性(图 6.26)。毛里求斯、巴巴多斯、斐济等国土面积较小的国家具有较高的 CTP 不确定性,其

6.2 全球 CCT 的时空变异

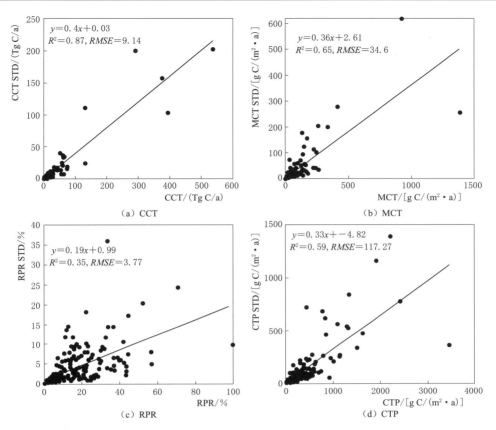

图 6.23 全球 CCT 及其组分年际变异幅度与其均值的关系

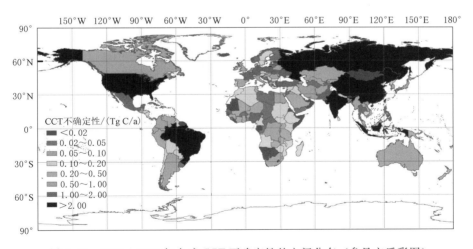

图 6.24 1961—2021 年全球 CCT 不确定性的空间分布（参见文后彩图）

值超过 80g C/(m² · a)。荷兰、新加坡、圭亚那、牙买加、斯威士兰等国，其 CTP 也有较高不确定性，CTP 不确定性超过 40g C/(m² · a)。危地马拉、多米尼加、巴拿马、哥伦比亚等南美各国及部分中东国家 CTP 不确定性介于 20～40g C/(m² · a) 之间。巴西、

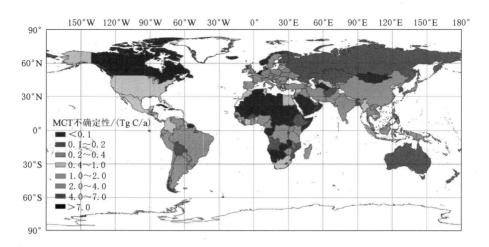

图 6.25　1961—2021 年全球 MCT 不确定性的空间分布（参见文后彩图）

埃及、秘鲁、日本等国家 CTP 不确定性小于 20g C/($m^2$·a)，但也超过 13g C/($m^2$·a)。其他国家（包括中国、美国、俄罗斯、加拿大及欧洲非洲多数国家）的 CTP 不确定性均小于 13g C/($m^2$·a)。

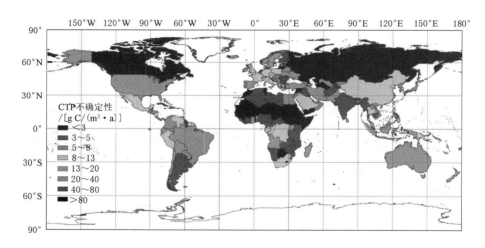

图 6.26　1961—2021 年全球 CTP 不确定性的空间分布（参见文后彩图）

CCT 及其组分不确定性的空间分布主要受其均值的影响（图 6.27）。随着 CCT 及其组分均值的增加，CCT 及其组分的不确定性均显著增大，单位 CCT 及其组分均值增大所引起的 CCT 及其组分不确定性（斜率）均小于 0.05，表明 CCT 及其组分的不确定性在其均值 5% 范围以内，具有较小的不确定性。同时，CCT 及其组分均值可以解释超过 77% 的 CCT 及其组分不确定性的空间变异，进一步表明 CCT 及其组分的均值对其不确定性的控制作用。

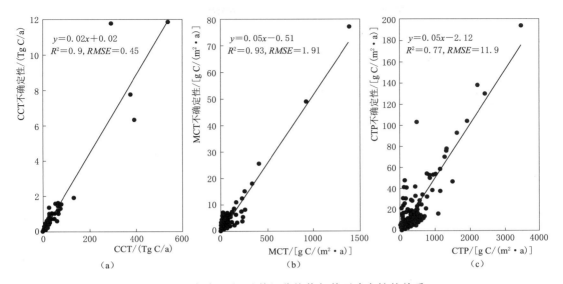

图 6.27　全球 CCT 及其组分均值与其不确定性的关系

## 6.3　高分辨率全球 MCT 的时空变异

高分辨率全球 MCT 栅格数据结果表明，全球 MCT 呈现明显的区域差异及地理格局（图 6.28）。全球 MCT 呈现明显的区域差异 [图 6.28（a）]，最大值出现在欧洲、印度北部、中国东南部及北美洲中北部和南美洲东南部等地，其值可以超过 300g C/($m^2$·a)，而北美西部、南美洲中北部、非洲大部呈现较小的 MCT 数值，其值可以小于 20g C/($m^2$·a) [图 6.28（a）]。MCT 的空间分布使其呈现明显的纬向变化趋势，自赤道向两极呈现增加趋势，并在南北半球中高纬地区（36°S、51°N）呈现较高的 MCT 数值，该地区 MCT 平均值接近 100g C/($m^2$·a) [图 6.28（b）]。MCT 的空间变异也使其呈现明显的经向地带分布，且在东西半球存在明显差异 [图 6.28（c）]，西半球 MCT 随着经度增加呈现明显的单峰型变化规律，最大值出现在 90°W 附近，可以达到 100g C/($m^2$·a)，而东半球各经度范围内 MCT 变化幅度较小，陆地范围内 MCT 均值普遍高于 50g C/($m^2$·a) [图 6.28（c）]。进一步分析 MCT 空间变异的影响因素可以发现，气候、土壤、生物及 RPR 共同解释了 93.93% 的 MCT 空间变化，并以 RPR 的贡献为最高，可以达到 80.50%，其他因素中以 $CO_2$ 浓度的作用为最高，贡献了 3.42% 的 MCT 空间变异 [图 6.28（d）]，MAT、PAR、LAI 及 MLAI 的作用也在 1% 以上，其他因素的作用则均低于 1% [图 6.28（d）]。

2000—2021 年 MCT 也呈现明显的年际波动，但 MCT 年际趋势呈现明显的空间变异（图 6.29）。大多数区域 MCT 呈现显著的增加趋势，尤其在欧洲大部、中国北部、美国中西部、印度大部及非洲中南部，MCT 的年际增加趋势更为明显，但在美国东部、中国东南部及南美洲中部等地，MCT 的年际趋势没有达到显著水平（$P>0.05$）。此外，中国南部、美国东南部、南美洲中部及东南亚等部分地区，MCT 呈现微弱减少趋势 [图

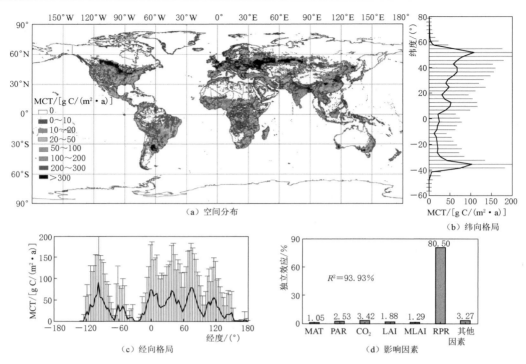

图 6.28　2000—2021 年全球 MCT 的空间分布、纬向及经向格局和影响因素（参见文后彩图）

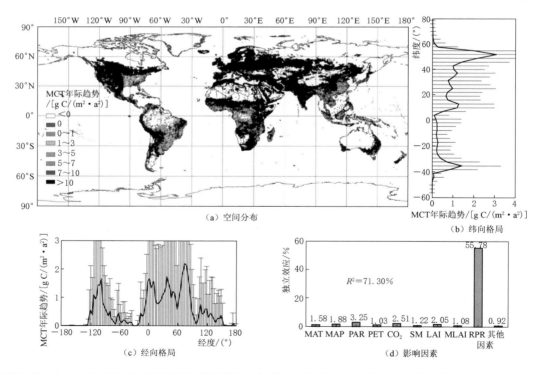

图 6.29　2000—2021 年全球 MCT 年际趋势的空间分布、纬向及经向格局和影响因素（参见文后彩图）

6.3 高分辨率全球 MCT 的时空变异

6.29（a）]。MCT 年际趋势的空间分布使其呈现明显的纬向递减及经向波动趋势 [图 6.29（b）和图 6.29（c）]。自赤道向两极，随着纬度增加，MCT 年际趋势均呈现增大的特点，MCT 年际趋势的最大值出现在 51°N 附近，其值可以达到 3g C/(m²·a)，北半球 MCT 年际趋势的数值明显高于南半球的对应数值 [图 6.29（b）]。随着经度增加，东西半球均呈现单峰型变化，但东半球增加速率明显大于西半球，最大值分别出现在 90°W 和 75°E 附近 [图 6.29（c）]。MCT 年际趋势的空间分布也是气候、土壤、生物及 RPR 共同作用的结果，所有因素共同贡献了 MCT 年际趋势空间变化的 71.30%，其中 RPR 的贡献最大，贡献了 55.78% 的 MCT 年际趋势空间变化，其他因素的作用普遍低于 2% [图 6.29（d）]。

MCT 年际变化幅度均呈现明显的空间差异（图 6.30）。MCT 年际变化幅度与 MCT 呈现相似的空间分布，最大值出现在北美中部、欧洲大部、印度北部及中国的华北平原，可年际变异幅度可以超过 50g C/(m²·a)，而南美洲及非洲大部分地区的 MCT 年际变化幅度均不足 10g C/(m²·a) [图 6.30（a）]。MCT 年际变化幅度的空间分布呈现明显的纬向变化 [图 6.30（b）] 和经向变化 [图 6.30（c）]。自赤道向两极，随着纬度增加，MCT 年际变化幅度均呈增大趋势，并在 51°N 和 36°S 附近达到最大值，其值均为 20g C/(m²·a) [图 6.30（b）]。在东西半球，随着经度增加，MCT 年际变化幅度整体呈现明显的单峰型变化，但东半球的变化幅度明显高于西半球 [图 6.30（c）]。MCT 年际变

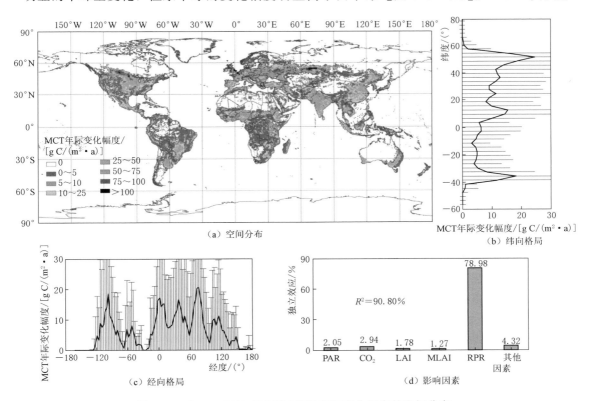

图 6.30 2000—2021 年全球 MCT 年际变化幅度的空间分布、纬向及经向格局和影响因素（参见文后彩图）

化幅度的空间变化也源自气候、土壤、生物及 RPR 的共同作用,并以 RPR 的贡献为主[图 6.30（d）]。气候土壤生物及 RPR 共同贡献了 90.80% 的 MCT 年际变化幅度空间变异,其中 RPR 贡献了 78.98% 的 MCT 年际变化幅度的空间变异,而其他因素的作用相对较为平均,最高也不超过 3% [图 6.30（d）]。

## 6.4 讨论

基于 FAO 统计的各国作物产量数据,本章量化了全球各个国家和地区的 CCT 及其空间分布,发现全球 CCT 总量达到（3.50±1.25）Pg C/a,高于已有研究模型模拟所得数值（Bondeau et al.,2007）,可能由两方面的原因所引起:①本章所选择的研究时段涵盖 1961—2021 年,模型模拟结果涵盖最新研究时段,且 CCT 在年际间呈现明显增加趋势（图 6.11）,使得本章计算所得 CCT 总量高于已有其他研究结果（Bondeau et al.,2007）。②本章计算了 FAO 数据库中 10 类 158 种作物的碳输出量,较模型模拟所用作物种类明显增多,且主要作物输出的碳量仅占 CCT 总量的一部分（图 6.5）。

不同国家和地区 CCT 的差异主要源于其面积的区别,而对 MCT 的响应相对较小,这主要源于国家和地区之间国土面积的巨大差异,国土面积最大的国家（俄罗斯,1700 万 km²）较国土面积最小的国家（梵蒂冈,0.44km²）,其国土面积可以相差数千万倍,而 MCT 最大值仅是其最小值的不足 1000 倍。同样的现象也体现在 CCT 年际趋势与年际变化幅度的空间变异上,受 MCT 年际趋势与年际变化幅度的影响相对较小。

尽管 MCT 数值及年际变化（年际趋势、年际变化幅度）对 CCT 数值及年际变化的空间分布产生的贡献较小,但却是构成各个国家和地区 CCT 数值的重要组成部分,且是引起各个国家和地区 CCT 年际变化的主要影响因素,使之在 CCT 时空变化中起着重要作用。而基于不同途径所得 MCT 及其年际变化的空间分布呈现明显差异,影响 MCT 及其年际变化空间分布的因素也在不同途径之间存在明显差别。基于统计数据所得 MCT 空间分布主要受制于国土面积所引起的 CTP 及 RPR 的差异,并由 CTP 的空间分布所主导,表现为面积较小的欧洲及热带国家具有较高的 MCT（图 6.8）,而栅格数据所得 MCT 则呈现明显纬向变化,MCT 的峰值出现在南北半球中高纬地区（图 6.28）。同样的现象也在 MCT 年际趋势与年际变化幅度上。这主要是因为,各个国家和地区的统计数据仅能反映该国家和地区的整体特征,不同国家和地区国土面积的差异引起 MCT 平均状态的不同,导致基于统计数据所得 MCT 及其年际变化的空间分布存在较大不确定性,需要基于统计数据生成栅格 MCT 后,使用相同空间分辨率的 MCT 数据分析 MCT 的空间变化特征。

基于栅格数据所得 MCT 及其年际变化的空间分布均呈现明显的 RPR 主导,这可能源于人类长期改进农田管理措施,使不同区域农田均尽量发挥其最优生产能力,表现为不同区域 CTP 差异相对较小。而 MCT 的年际变化又与 MCT 数值呈现相似的空间分布,导致 RPR 对 MCT 年际变化的主导作用。

## 6.5 小结

基于FAO统计数据，本章重点量化了全球不同国家和地区CCT总量的时空变化，揭示了各组分对CCT总量时空变化的影响，同步构建了高空间分辨率MCT数据的生成方法，揭示了MCT时空变化的主导因素，得到主要结果如下：

(1) 1961—2021年，全球CCT总量为 (3.50±1.25)Pg C/a，主要由亚洲、美洲及欧洲的CCT所构成，其空间分布主要受国土面积的影响，最大值出现在国土面积较大的国家。CCT总量年际之间呈现明显的增加趋势，年均增加0.64Pg C/a，其最大值也出现在国土面积较大的国家。

(2) 基于统计数据所得MCT可以结合气候、土壤、生物要素及RPR结果逐级校正生成高空间分辨率MCT栅格结果，为准确量化MCT及CCT时空变化提供数据支撑。

(3) 基于统计数据及栅格数据的MCT时空变化及影响因素存在明显差异，但栅格数据所得结果可以消除统计数据空间分辨率低的局限，是解析MCT时空变化的重要数据源。

(4) 在RPR主导下，全球MCT及其年际变化均呈现明显的纬向递增格局，最高值出现在51°N及36°S附近。

# 参 考 文 献

毕于运, 高春雨, 王亚静, 等, 2009. 中国秸秆资源数量估算 [J]. 农业工程学报, 25 (12): 211-217.

曹磊, 宋金明, 李学刚, 等, 2013. 中国滨海盐沼湿地碳收支与碳循环过程研究进展 [J]. 生态学报, 33 (17): 5141-5152.

陈斌, 王绍强, 刘荣高, 等, 2007. 中国陆地生态系统NPP模拟及空间格局分析 [J]. 资源科学, 29 (6): 45-53.

陈静清, 闫慧敏, 王绍强, 等, 2014. 中国陆地生态系统总初级生产力VPM遥感模型估算 [J]. 第四纪研究, 34 (4): 732-742.

丛秋滋, 欧阳明安, 王毅, 等, 1992. 天然石墨的组成和结构研究 [J]. 摩擦学学报, 12 (3): 275-284.

崔素萍, 刘伟, 2008. 水泥生产过程$CO_2$减排潜力分析 [J]. 中国水泥 (4): 57-59.

戴民汉, 翟惟东, 鲁中明, 等, 2004. 中国区域碳循环研究进展与展望 [J]. 地球科学进展, 19 (1): 120-130.

方精云, 2000. 中国森林生产力及其对全球气候变化的响应 [J]. 植物生态学报, 24 (5): 513-517.

方精云, 郭兆迪, 2007. 寻找失去的陆地碳汇 [J]. 自然杂志, 29 (1): 1-6.

方精云, 刘国华, 徐嵩龄, 1996. 中国陆地生态系统的碳循环及其全球意义 [M] //王庚辰, 温玉璞. 温室气体浓度和排放监测及相关过程. 北京: 中国环境科学出版社: 129-139.

方精云, 朴世龙, 赵淑清, 2001. $CO_2$失汇与北半球中高纬度陆地生态系统的碳汇 [J]. 植物生态学报, 25 (5): 594-602.

高胜利, 杨奇, 陈三平, 等, 2016. 化学元素周期表 (第四版) [M]. 北京: 科学出版社.

高艳妮, 于贵瑞, 张黎, 等, 2012. 中国陆地生态系统净初级生产力变化特征——基于过程模型和遥感模型的评估结果 [J]. 地理科学进展, 31 (1): 109-117.

胡春胜, 王玉英, 董文旭, 等, 2018. 华北平原农田生态系统碳过程与环境效应研究 [J]. 中国生态农业学报, 26 (10): 1515-1520.

金涛, 陆建飞, 2011. 江苏粮食生产地域分化的耕地因素分解 [J]. 经济地理, 31 (11): 1886-1896.

黎彤, 1992. 地壳元素丰度的若干统计特征 [J]. 地质与勘探, 28 (10): 1-7.

李成芳, 曹凑贵, 汪金平, 等, 2009. 不同耕作方式下稻田土壤$CH_4$和$CO_2$的排放及碳收支估算 [J]. 农业环境科学学报, 28 (12): 2482-2488.

李学刚, 李宁, 宋金明, 2004. 海洋沉积物中不同结合态无机碳的测定 [J]. 分析化学, 32 (4): 425-429.

连东洋, 杨经绥, 刘飞, 等, 2019. 金刚石分类、组成特征以及我国金刚石研究展望 [J]. 地球科学, 44 (10): 3409-3453.

刘慧, 成升魁, 张雷, 2002. 人类经济活动影响碳排放的国际研究动态 [J]. 地理科学进展, 21 (5): 420-429.

刘再华, 2012. 岩石风化碳汇研究的最新进展和展望 [J]. 科学通报, 57 (21): 95-102.

鲁春霞, 谢高地, 肖玉, 等, 2005. 我国农田生态系统碳蓄积及其变化特征研究 [J]. 中国生态农业学报, 13 (3): 35-37.

鲁如坤, 2000. 土壤农业化学分析方法 [M]. 北京: 中国农业科技出版社.

伦飞, 李文华, 王震, 等, 2012. 中国伐木制品碳储量时空差异 [J]. 生态学报, 32 (9): 2918-2928.

潘德炉, 李腾, 白雁, 2012. 海洋: 地球最巨大的碳库 [J]. 海洋学研究, 30 (3): 1-4.

朴世龙, 方精云, 郭庆华, 2001. 1982—1999年我国植被净第一性生产力及其时空变化 [J]. 北京大学学报 (自然科学版), 37 (4): 563-569.

朴世龙, 方精云, 贺金生, 等, 2004. 中国草地植被生物量及其空间分布格局 [J]. 植物生态学报, 28 (4): 491-498.

朴世龙, 方精云, 黄耀, 2010. 中国陆地生态系统碳收支 [J]. 中国基础科学, 12 (2): 20-22.

邱冬生, 庄大方, 胡云锋, 等, 2004. 中国岩石风化作用所致的碳汇能力估算 [J]. 地球科学, 29 (2): 177-182.

任小丽, 何洪林, 张黎, 等, 2017. 2001—2010年三江源区草地净生态系统生产力估算 [J]. 环境科学研究, 30 (1): 51-58.

盛浩, 代思汝, 周萍, 等, 2014. 亚热带城郊草坪土壤呼吸对春季天气变化的响应 [J]. 土壤, 46 (2): 308-312.

宋金明, 2011. 中国近海生态系统碳循环与生物固碳 [J]. 中国水产科学, 18 (3): 703-711.

陶波, 葛全胜, 李克让, 等, 2001. 陆地生态系统碳循环研究进展 [J]. 地理研究, 20 (5): 564-575.

滕吉文, 阮小敏, 张永谦, 2010. 地壳内部第二深度空间 (5000~10000m) 石油与天然气地球物理勘探: 化石能源发展的必由之路 [J]. 地球物理学进展, 25 (2): 359-375.

汪业勋, 赵士洞, 牛栋, 1999. 陆地土壤碳循环的研究动态 [J]. 生态学杂志, 19 (5): 29-35.

王殿坤, 张瑞祥, 辛殿明, 等, 1997. 碳源性质对金刚石合成的影响分析 [J]. 炭素 (1): 31-35.

王绍强, 周成虎, 罗承文, 1999. 中国陆地自然植被碳量空间分布特征探讨 [J]. 地理科学进展, 18 (3): 238-244.

王妍, 张旭东, 彭镇华, 等, 2006. 森林生态系统碳通量研究进展 [J]. 世界林业研究, 19 (3): 12-17.

王志恒, 唐志尧, 方精云, 2004. 生态学代谢理论: 基于个体新陈代谢过程解释物种多样性的地理格局 [J]. 生物多样性, 17 (6): 625-634.

魏军晓, 耿元波, 沈镭, 等, 2015. 中国水泥生产与碳排放现状分析 [J]. 环境科学与技术, 38 (8): 80-86.

吴启华, 李英年, 刘晓琴, 等, 2013. 牧压梯度下青藏高原高寒杂草类草甸生态系统呼吸和碳汇强度估算 [J]. 中国农业气象, 34 (4): 390-395.

谢光辉, 韩东倩, 王晓玉, 等, 2011a. 中国禾谷类大田作物收获指数和秸秆系数 [J]. 中国农业大学学报, 16 (1): 1-8.

谢光辉, 王晓玉, 韩东倩, 等, 2011b. 中国非禾谷类大田作物收获指数和秸秆系数 [J]. 中国农业大学学报, 16 (1): 9-17..

徐嵩龄, 方精云, 刘国华, 1995. 黄河水系对流域碳分布的影响 [J]. 生态学报, 15 (3): 287-295.

徐雨晴, 肖风劲, 於琍, 2020. 中国森林生态系统净初级生产力时空分布及其对气候变化的响应研究综述 [J]. 生态学报, 40 (14): 4710-4723.

闫雁, 王志辉, 白郁华, 等, 2005. 中国植被VOC排放清单的建立 [J]. 中国环境科学, 25 (1): 110-114.

殷建平, 王友绍, 徐继荣, 等, 2006. 海洋碳循环研究进展 [J]. 生态学报, 26 (2): 566-575.

于贵瑞, 2003. 全球变化与陆地生态系统碳循环和碳蓄积 [M]. 北京: 气象出版社.

于贵瑞, 2009. 人类活动与生态系统变化的前沿科学问题 [M]. 北京: 高等教育出版社.

于贵瑞, 2022. 陆地生态系统碳-氮-水耦合循环 [M]. 北京: 高等教育出版社.

于贵瑞, 方华军, 伏玉玲, 等, 2011a. 区域尺度陆地生态系统碳收支及其循环过程研究进展 [J]. 生态学报, 31 (19): 5449-5459.

于贵瑞, 孙晓敏, 2006. 陆地生态系统通量观测的原理与方法 [M]. 北京: 高等教育出版社.

## 参考文献

于贵瑞, 孙晓敏, 2018. 陆地生态系统通量观测的原理与方法（第二版）[M]. 北京：高等教育出版社.

于贵瑞, 王秋凤, 朱先进, 2011b. 区域尺度陆地生态系统碳收支评估方法及其不确定性分析 [J]. 地理科学进展, 30 (1)：103-113.

于贵瑞, 谢高地, 于振良, 等, 2002. 我国区域尺度生态系统管理中的几个重要生态学命题 [J]. 应用生态学报, 13 (7)：885-891.

袁文平, 蔡文文, 刘丹, 等, 2014. 陆地生态系统植被生产力遥感模型研究进展 [J]. 地球科学进展, 29 (5)：541-550.

袁增玉, 黄楚玉, 1963. 玉米果穗发育与光合产物的运转分配 [J]. 原子能科学技术 (9)：752-755.

岳超, 胡雪洋, 贺灿飞, 等, 2007. 1995—2007年我国省区碳排放及碳强度的分析——碳排放与社会发展Ⅲ [J]. 北京大学学报（自然科学版）, 46 (4)：510-516.

张福春, 朱志辉, 1990. 中国作物的收获指数 [J]. 中国农业科学, 23 (2)：83-87.

张宏福, 路凤香, 赵磊, 等, 2009. 中国原生金刚石的碳同位素组成及其来源 [J]. 地球科学（中国地质大学学报）, 34 (1)：37-42.

张洪铭, 李曙光, 2012. 深部碳循环及同位素示踪：回顾与展望 [J]. 中国科学：地球科学, 42 (10)：1459-1472.

张旭东, 彭镇华, 漆良华, 等, 2005. 生态系统通量研究进展 [J]. 应用生态学报, 16 (10)：1976-1982.

郑泽梅, 于贵瑞, 孙晓敏, 等, 2008. 涡度相关法和静态箱/气相色谱法在生态系统呼吸观测中的比较 [J]. 应用生态学报, 19 (2)：290-298.

中华人民共和国水利部, 2009. 中国河流泥沙公报2009 [M]. 北京：中国水利水电出版社.

朱先进, 王秋凤, 郑涵, 等, 2014. 2001—2010年中国陆地生态系统农林产品利用的碳消耗的时空变异研究 [J]. 第四纪研究, 34 (4)：762-768.

朱先进, 于贵瑞, 高艳妮, 等, 2012. 中国河流入海颗粒态碳通量及其变化特征 [J]. 地理科学进展, 31 (1)：118-122.

朱先进, 张函奇, 殷红, 2017. 增温影响陆地生态系统呼吸的研究进展 [J]. 沈阳农业大学学报, 48 (5)：513-521.

邹才能, 翟光明, 张光亚, 等, 2015. 全球常规-非常规油气形成分布、资源潜力及趋势预测 [J]. 石油勘探与开发, 42 (1)：13-25.

ABDOLLAHIPOUR A, AHMADI H and AMINNEJAD B, 2022. A review of downscaling methods of satellite-based precipitation estimates [J]. Earth Science Informatics, 15 (1)：1-20.

ACOSTA NAVARRO J C, SMOLANDER S, STRUTHERS H, et al., 2014. Global emissions of terpenoid VOCs from terrestrial vegetation in the last millennium [J]. Journal of Geophysical Research：Atmospheres, 119 (11)：6867-6885.

AINSWORTH E A, DAVEY P A, BERNACCHI C J, et al., 2002. A meta-analysis of elevated [$CO_2$] effects on soybean (*Glycine max*) physiology, growth and yield [J]. Global Change Biology, 8 (8)：695-709.

AINSWORTH E A, LONG S P, 2005. What have we learned from 15 years of free-air $CO_2$ enrichment (FACE)？A meta-analytic review of the responses of photosynthesis, canopy properties and plant production to rising $CO_2$ [J]. New Phytologist, 165 (2)：351-372.

ALBERGEL C, CALVET J C, GIBELIN A L, et al., 2010. Observed and modelled ecosystem respiration and gross primary production of a grassland in southwestern France [J]. Biogeosciences, 7 (5)：1657-1668.

ALTON P B, 2013. From site-level to global simulation：Reconciling carbon, water and energy fluxes over different spatial scales using a process-based ecophysiological land-surface model [J]. Agricultural and Forest Meteorology, 176 (0): 111-124.

ANAV A, FRIEDLINGSTEIN P, BEER C, et al., 2015. Spatiotemporal patterns of terrestrial gross primary production: A review [J]. Reviews of Geophysics, 53 (3): 785-818.

ARAGAO L E O C, ANDERSON L O, FONSECA M G, et al., 2018. 21st Century drought-related fires counteract the decline of Amazon deforestation carbon emissions [J]. Nature Communications, 9: 536.

ARNETH A, KELLIHER F M, MCSEVENY T M, et al., 1998. Net ecosystem productivity, net primary productivity and ecosystem carbon sequestration in a Pinus radiata plantation subject to soil water deficit [J]. Tree Physiology, 18 (12): 785-793.

ARNETH A, SITCH S, PONGRATZ J, et al., 2017. Historical carbon dioxide emissions caused by land-use changes are possibly larger than assumed [J]. Nature Geoscience, 10 (2): 79-84.

ARORA V K, 2003. Simulating energy and carbon fluxes over winter wheat using coupled land surface and terrestrial ecosystem models [J]. Agricultural and Forest Meteorology, 118 (1): 21-47.

ASAF D, ROTENBERG E, TATARINOV F, et al., 2013. Ecosystem photosynthesis inferred from measurements of carbonyl sulphide flux [J]. Nature Geoscience, 6 (3): 186-190.

AUBINET M, 2008. Eddy covariance $CO_2$ flux measurements in nocturnal conditions: An analysis of the problem [J]. Ecological Applications, 18 (6): 1368-1378.

AUBINET M, GRELLE A, IBROM A, et al., 2000. Estimates of the annual net carbon and water exchange of forests: The EUROFLUX methodology [J]. Advances in Ecological Research, 30: 113-175.

AUBINET M, HEINESCH B, LONGDOZ B, 2002. Estimation of the carbon sequestration by a heterogeneous forest: night flux corrections, heterogeneity of the site and inter-annual variability [J]. Global Change Biology, 8 (11): 1053-1071.

BABST F, POULTER B, TROUET V, et al., 2013. Site- and species-specific responses of forest growth to climate across the European continent [J]. Global Ecology and Biogeography, 22 (6): 706-717.

BAI J, CHEN X, LI L, et al., 2014. Quantifying the contributions of agricultural oasis expansion, management practices and climate change to net primary production and evapotranspiration in croplands in arid northwest China [J]. Journal of Arid Environments, 100: 31-41.

BAIG S, MEDLYN B E, MERCADO L M, et al., 2015. Does the growth response of woody plants to elevated $CO_2$ increase with temperature? A model-oriented meta-analysis [J]. Global Change Biology, 21 (12): 4303-4319.

BAKER I, DENNING A S, HANAN N, et al., 2003. Simulated and observed fluxes of sensible and latent heat and $CO_2$ at the WLEF-TV tower using SiB2.5 [J]. Global Change Biology, 9 (9): 1262-1277.

BAKER I T, PRIHODKO L, DENNING A S, et al., 2008. Seasonal drought stress in the Amazon: Reconciling models and observations [J]. Journal of Geophysical Research-Biogeosciences, 113: G00b01.

BAKER J T, VAN PELT S, GITZ D C, et al., 2009. Canopy Gas Exchange Measurements of Cotton in an Open System [J]. Agronomy Journal, 101 (1): 52-59.

BALDOCCHI D, 2008. Breathing of the terrestrial biosphere: Lessons learned from a global network of carbon dioxide flux measurement systems [J]. Australian Journal of Botany, 56 (1): 1-26.

BALDOCCHI D, 2014. Measuring fluxes of trace gases and energy between ecosystems and the atmosphere-the state and future of the eddy covariance method [J]. Global Change Biology, 20 (12): 3600-3609.

BALDOCCHI D, STURTEVANT C, CONTRIBUTORS F, 2015. Does day and night sampling reduce spurious correlation between canopy photosynthesis and ecosystem respiration? [J] Agricultural and

Forest Meteorology, 207: 117-126.

BALDOCCHI D D, 2003. Assessing the eddy covariance technique for evaluating carbon dioxide exchange rates of ecosystems: past, present and future [J]. Global Change Biology, 9 (4): 479-492.

BALDOCCHI D D, 2020. How eddy covariance flux measurements have contributed to our understanding of Global Change Biology [J]. Global Change Biology, 26 (1): 242-260.

BALLANTYNE A P, ALDEN C B, MILLER J B, et al., 2012. Increase in observed net carbon dioxide uptakeby land and oceans during the past 50 years [J]. Nature, 488 (7409): 70-72.

BALOGH J, PAPP M, PINT R K, et al., 2016. Autotrophic component of soil respiration is repressed by drought more than the heterotrophic one in dry grasslands [J]. Biogeosciences, 13 (18): 5171-5182.

BARMAN R, JAIN A K, LIANG M, 2014. Climate-driven uncertainties in modeling terrestrial gross primary production: a site level to global-scale analysis [J]. Global Change Biology, 20 (5): 1394-1411.

BATJES N H, 1996. Total carbon and nitrogen in the soils of the world [J]. European Journal of Soil Science, 47 (2): 151-163.

BAUER J E, CAI W J, RAYMOND P A, et al., 2013. The changing carbon cycle of the coastal ocean [J]. Nature, 504 (7478): 61-70.

BEER C, REICHSTEIN M, TOMELLERI E, et al., 2010. Terrestrial gross carbon dioxide uptake: Global distribution and covariation with climate [J]. Science, 329 (5993): 834-838.

BEHRENFELD M J, O'MALLEY R T, SIEGEL D A, et al., 2006. Climate-driven trends in contemporary ocean productivity [J]. Nature, 444 (7120): 752-755.

BERINGER J, MCHUGH I, HUTLEY L B, et al., 2017. Technical note: Dynamic INtegrated Gap-filling and partitioning for OzFlux (DINGO) [J]. Biogeosciences, 14 (6): 1457-1460.

BERRY J, WOLF A, CAMPBELL J E, et al., 2013. A coupled model of the global cycles of carbonyl sulfide and $CO_2$: A possible new window on the carbon cycle [J]. Journal of Geophysical Research: Biogeosciences, 118 (2): 842-852.

BEZYK Y, SOWKA I, GORKA M, 2021. Assessment of urban $CO_2$ budget: Anthropogenic and biogenic inputs [J]. Urban Climate, 39: 100949.

BILLESBACH D P, BERRY J A, SEIBT U, et al., 2014. Growing season eddy covariance measurements of carbonyl sulfide and $CO_2$ fluxes: COS and $CO_2$ relationships in Southern Great Plains winter wheat [J]. Agricultural and Forest Meteorology, 184: 48-55.

BOISVENUE C, RUNNING S W, 2006. Impacts of climate change on natural forest productivity evidence since the middle of the 20th century [J]. Global Change Biology, 12 (5): 862-882.

BONAN G B, LAWRENCE P J, OLESON K W, et al., 2011. Improving canopy processes in the Community Land Model version 4 (CLM4) using global flux fields empirically inferred from FLUXNET data [J]. Journal of Geophysical Research-Biogeosciences, 116: G02014.

BONDEAU A, SMITH P C, ZAEHLE S, et al., 2007. Modelling the role of agriculture for the 20th century global terrestrial carbon balance [J]. Global Change Biology, 13 (3): 679-706.

BOX E, 1978. Geographical dimensions of terrestrial net and gross primary productivity [J]. Radiation and Environmental Biophysics, 15 (4): 305-322.

BRACHO-NUNEZ A, KNOTHE N M, WELTER S, et al., 2013. Leaf level emissions of volatile organic compounds (VOC) from some Amazonian and Mediterranean plants [J]. Biogeosciences, 10 (9): 5855-5873.

BRADFORD M A, BERG B, MAYNARD D S, et al., 2016. Understanding the dominant controls on litter decomposition [J]. Journal of Ecology, 104 (1): 229-238.

BRAENDHOLT A, IBROM A, LARSEN K S, et al., 2018. Partitioning of ecosystem respiration in a beech forest [J]. Agricultural and Forest Meteorology, 252: 88–98.

BRIDGHAM S D, CADILLO-QUIROZ H, KELLER J K, et al., 2013. Methane emissions from wetlands: biogeochemical, microbial, and modeling perspectives from local to global scales [J]. Global Change Biology, 19 (5): 1325–1346.

BROQUET G, CHEVALLIER F, BREON F M, et al., 2013. Regional inversion of $CO_2$ ecosystem fluxes from atmospheric measurements: reliability of the uncertainty estimates [J]. Atmospheric Chemistry and Physics, 13 (17): 9039–9056.

BROWN M E, IHLI M, HENDRICK O, et al., 2016. Social network and content analysis of the North American Carbon Program as a scientific community of practice [J]. Social Networks, 44: 226–237.

BRUGNOLI E, CALFAPIETRA C, 2010. Carbonyl sulfide: a new tool for understanding the response of the land biosphere to climate change [J]. New Phytologist, 186 (4): 783–785.

BURD B J, THOMSON R E, 2022. A review of zooplankton and deep carbon fixation contributions to carbon cycling in the dark ocean [J]. Journal of Marine Systems, 236: 103800.

BURTON M R, SAWYER G M, GRANIERI D, 2013. Deep Carbon Emissions from Volcanoes [M]. In: Hazen R M, Jones A P, Baross J A (Editors), Carbon in Earth. Reviews in Mineralogy & Geochemistry: 323–354.

BUSCH F A, 2015. Reducing the gaps in our understanding of the global terrestrial carbon cycle [J]. New Phytologist, 206 (3): 886–888.

BUSTAMANTE M M C, ROITMAN I, AIDE T M, et al., 2016. Toward an integrated monitoring framework to assess the effects of tropical forest degradation and recovery on carbon stocks and biodiversity [J]. Global Change Biology, 22 (1): 92–109.

CAI Q, YAN X, LI Y, et al., 2018. Global patterns of human and livestock respiration [J]. Scientific Reports, 8 (1): 9278.

CALLE L, POULTER B, 2021. Ecosystem age-class dynamics and distribution in the LPJ-wsl v2.0 global ecosystem model [J]. Geoscientific Model Development, 14 (5): 2575–2601.

CAMPBELL J E, BERRY J A, SEIBT U, et al., 2017. Large historical growth in global terrestrial gross primary production [J]. Nature, 544 (7648): 84–87.

CANADELL J G, LE QU R C, RAUPACH M R, et al., 2007. Contributions to accelerating atmospheric $CO_2$ growth from economic activity, carbon intensity, and efficiency of natural sinks [J]. Proceedings of the National Academy of Sciences, 104 (47): 18866–18870.

CANADELL J G, MONTEIRO P M S, COSTA M H, et al., 2021. Global Carbon and other Biogeochemical Cycles and Feedbacks. Climate Change 2021: The Physical Science Basis [M]. In: Contribution of Working Group I to the Sixth Assessment Report of the Intergovernmental Panel on Climate Change. Cambridge University Press, Cambridge, United Kingdom and New York, NY, USA.

CANNELL M G R, SHEPPARD L J, MILNE R, 1988. Light use efficiency and woody biomass production of poplar and willow [J]. Forestry, 61 (2): 125–136.

CAO S, CAO C, LI Y, et al., 2023a. A statistical downscaling model based on multiway functional principal component analysis for Southern Australia winter rainfall [J]. Journal of Applied Meteorology and Climatology, 62 (6): 677–689.

CAO S P, YI H, ZHANG L F, et al., 2023b. Spatiotemporal dynamics of vegetation net ecosystem productivity and its response to drought in Northwest China [J]. GIScience & Remote Sensing, 60 (1): 2194597.

## 参考文献

CASTELLANO M J, MUELLER K E, OLK D C, et al., 2015. Integrating plant litter quality, soil organic matter stabilization, and the carbon saturation concept [J]. Global Change Biology, 21 (9): 3200–3209.

CHAI X, SHI P, ZONG N, et al., 2017. A growing season climatic index to simulate gross primary productivity and carbon budget in a Tibetan alpine meadow [J]. Ecological Indicators, 81: 285–294.

CHANG J F, VIOVY N, VUICHARD N, et al., 2013. Incorporating grassland management in ORCHIDEE: model description and evaluation at 11 eddy-covariance sites in Europe [J]. Geoscientific Model Development, 6 (6): 2165–2181.

CHANG X, XING Y, GONG W, et al., 2023. Evaluating gross primary productivity over 9 ChinaFlux sites based on random forest regression models, remote sensing, and eddy covariance data [J]. Science of the Total Environment, 875: 162601.

CHAPIN F S, MATSON P A and MOONEY H A, 2012. Principles of Terrestrial Ecosystem Ecology [M]. New York: Springer.

CHAPIN F S, MCFARLAND J, MCGUIRE A D, et al., 2009. The changing global carbon cycle: linking plant-soil carbon dynamics to global consequences [J]. Journal of Ecology, 97 (5): 840–850.

CHAPIN F S, WOODWELL G M, RANDERSON J T, et al., 2006. Reconciling carbon-cycle concepts, terminology, and methods [J]. Ecosystems, 9 (7): 1041–1050.

CHEN G, TIAN H, HUANG C, et al., 2013a. Integrating a process-based ecosystem model with Landsat imagery to assess impacts of forest disturbance on terrestrial carbon dynamics: Case studies in Alabama and Mississippi [J]. Journal of Geophysical Research: Biogeosciences, 118 (3): 1208–1224.

CHEN H, ZHU Q A, PENG C, et al., 2013b. Methane emissions from rice paddies natural wetlands, lakes in China: synthesis new estimate [J]. Global Change Biology, 19 (1): 19–32.

CHEN J, LUO Y Q, XIA J Y, et al., 2016. Differential responses of ecosystem respiration components to experimental warming in a meadow grassland on the Tibetan Plateau [J]. Agricultural and Forest Meteorology, 220: 21–29.

CHEN J M, LIU J, CIHLAR J, et al., 1999. Daily canopy photosynthesis model through temporal and spatial scaling for remote sensing applications [J]. Ecological Modelling, 124 (2–3): 99–119.

CHEN Y, HUANG B and ZENG H, 2022a. How does urbanization affect vegetation productivity in the coastal cities of eastern China? [J]. Science of the Total Environment, 811: 152356.

CHEN Z, HUANG G, LI Y, et al., 2022b. Effects of the lignite bioorganic fertilizer on greenhouse gas emissions and pathways of nitrogen and carbon cycling in saline-sodic farmlands at Northwest China [J]. Journal of Cleaner Production, 334: 130080.

CHEN Z, YU G, GE J, et al., 2015a. Roles of Climate, Vegetation and Soil in Regulating the Spatial Variations in Ecosystem Carbon Dioxide Fluxes in the Northern Hemisphere [J]. PLoS One, 10 (4): e0125265.

CHEN Z, YU G, ZHU X, et al., 2015b. Covariation between gross primary production and ecosystem respiration across space and the underlying mechanisms: A global synthesis [J]. Agricultural and Forest Meteorology, 203: 180–190.

CHEN Z H, ZHU J and ZENG N, 2013c. Improved simulation of regional $CO_2$ surface concentrations using GEOS-Chem and fluxes from VEGAS [J]. Atmospheric Chemistry and Physics, 13 (15): 7607–7618.

CHENG J, LIANG S, 2014. Estimating the broadband longwave emissivity of global bare soil from the MODIS shortwave albedo product [J]. Journal of Geophysical Research: Atmospheres, 119 (2): 614–634.

CHENG Y B, ZHANG Q, LYAPUSTIN A I, et al., 2014. Impacts of light use efficiency and fPAR parameterization on gross primary production modeling [J]. Agricultural and Forest Meteorology, 189-190: 187-197.

CHEVALLIER F, O'DELL C W, 2013. Error statistics of Bayesian $CO_2$ flux inversion schemes as seen from GOSAT [J]. Geophysical Research Letters, 40 (6): 1252-1256.

CHRISTIANSEN J R, OUTHWAITE J, SMUKLER S M, 2015. Comparison of $CO_2$, $CH_4$ and $N_2O$ soil-atmosphere exchange measured in static chambers with cavity ring-down spectroscopy and gas chromatography [J]. Agricultural and Forest Meteorology, 211: 48-57.

CHURKINA G, TENHUNEN J, THORNTON P, et al., 2003. Analyzing the ecosystem carbon dynamics of four European coniferous forests using a biogeochemistry model [J]. Ecosystems, 6 (2): 168-184.

CIAIS P, BASTOS A, CHEVALLIER F, et al., 2022. Definitions and methods to estimate regional land carbon fluxes for the second phase of the REgional Carbon Cycle Assessment and Processes Project (RECCAP-2) [J]. Geoscientific Model Development, 15 (3): 1289-1316.

CIAIS P, PEYLIN P, BOUSQUET P, 2000. Regional biospheric carbon fluxes as inferred from atmospheric $CO_2$ measurements [J]. Ecological Applications, 10 (6): 1574-1589.

CIAIS P, REICHSTEIN M, VIOVY N, et al., 2005. Europe-wide reduction in primary productivity caused by the heat and drought in 2003 [J]. Nature, 437 (7058): 529-533.

CIAIS P, TAN J, WANG X, et al., 2019. Five decades of northern land carbon uptake revealed by the interhemispheric $CO_2$ gradient [J]. Nature, 568 (7751): 221-225.

CIAIS P, WANG Y, ANDREW R, et al., 2020. Biofuel burning and human respiration bias on satellite estimates of fossil fuel $CO_2$ emissions [J]. Environmental Research Letters, 15 (7): 074036.

CIAIS P, YAO Y, GASSER T, et al., 2021. Empirical estimates of regional carbon budgets imply reduced global soil heterotrophic respiration [J]. National Science Review, 8 (2): nwaa145.

CLARK D B, MERCADO L M, SITCH S, et al., 2011. The Joint UK Land Environment Simulator (JULES), model description-Part 2: Carbon fluxes and vegetation dynamics [J]. Geoscientific Model Development, 4 (3): 701-722.

COLLALTI A, PRENTICE I C, 2019. Is NPP proportional to GPP? Waring's hypothesis 20 years on [J]. Tree Physiology, 39 (8): 1473-1483.

COLLATZ G J, RIBAS-CARBO M, BERRY J A, 1992. Coupled photosynthesis-stomatal conductance model for leaves of $C_4$ plants [J]. Australian Journal of Plant Physiology, 19 (5): 519-538.

CORDIER T, ANGELES I B, HENRY N, et al., 2022. Patterns of eukaryotic diversity from the surface to the deep-ocean sediment [J]. Science Advances, 8 (5): eabj9309.

CRAMER W, KICKLIGHTER D W, BONDEAU A, et al., 1999. Comparing global models of terrestrial net primary productivity (NPP): Overview and key results [J]. Global Change Biology, 5: 1-15.

CUSACK D F, TORN M S, MCDOWELL W H, et al., 2010. The response of heterotrophic activity and carbon cycling to nitrogen additions and warming in two tropical soils [J]. Global Change Biology, 16 (9): 2555-2572.

DAVI H, DUFRENE E, GRANIER A, et al., 2005. Modelling carbon and water cycles in a beech forest Part II: Validation of the main processes from organ to stand scale [J]. Ecological Modelling, 185 (2-4): 387-405.

DAVIES J A C, TIPPING E, ROWE E C, et al., 2016. Long-term P weathering and recent N deposition control contemporary plant-soil C, N, and P [J]. Global Biogeochemical Cycles, 30 (2): 231-249.

## 参考文献

DAVISON B, BRUNNER A, AMMANN C, et al., 2008. Cut-induced VOC emissions from agricultural grasslands [J]. Plant Biology, 10 (1): 76-85.

DEL GIORGIO P A, DUARTE C M, 2002. Respiration in the open ocean [J]. Nature, 420 (6914): 379-84.

DENG F, CHEN J M, 2011. Recent global $CO_2$ flux inferred from atmospheric $CO_2$ observations and its regional analyses [J]. Biogeosciences, 8 (11): 3263-3281.

DERENDORP L, HOLZINGER R, WISHKERMAN A, et al., 2010. VOC emissions from dry leaf litter and their dependence on temperature [J]. Biogeosciences Discussion, 7 (1): 823-854.

DEVRIES T, 2022. The Ocean Carbon Cycle [J]. Annual Review of Environment and Resources, 47: 317-341.

DIETZE M C, VARGAS R, RICHARDSON A D, et al., 2011. Characterizing the performance of ecosystem models across time scales: A spectral analysis of the North American Carbon Program site-level synthesis [J]. Journal of Geophysical Research, 116 (G4): G04029.

DONEY S C, FABRY V J, FEELY R A, et al., 2009. Ocean Acidification: The other $CO_2$ problem [J]. Annual Review of Marine Science, 1: 169-192.

DONG X, ANDERSON N J, YANG X, et al., 2012. Carbon burial by shallow lakes on the Yangtze floodplain and its relevance to regional carbon sequestration [J]. Global Change Biology, 18 (7): 2205-2217.

DRAGOMIR C M, KLAASSEN W, VOICULESCU M, et al., 2012. Estimating annual $CO_2$ flux for Lutjewad Station using three different gap-filling techniques [J]. Scientific World Journal: 842-893.

DUNGAIT J A J, HOPKINS D W, GREGORY A S, et al., 2012. Soil organic matter turnover is governed by accessibility not recalcitrance [J]. Global Change Biology, 18 (6): 1781-1796.

DUVENECK M J, THOMPSON J R, 2017. Climate change imposes phenological trade-offs on forest net primary productivity [J]. Journal of Geophysical Research: Biogeosciences, 122 (9): 2298-2313.

EKSTROEM M, GROSE M R, WHETTON P H, 2015. An appraisal of downscaling methods used in climate change research [J]. Wiley Interdisciplinary Reviews-Climate Change, 6 (3): 301-319.

EL-MASRI B, BARMAN R, MEIYAPPAN P, et al., 2013. Carbon dynamics in the Amazonian Basin: Integration of eddy covariance and ecophysiological data with a land surface model [J]. Agricultural and Forest Meteorology, 182-183: 156-167.

EL MASRI B, SCHWALM C, HUNTZINGER D N, et al., 2019. Carbon and water use efficiencies: A comparative analysis of ten terrestrial ecosystem models under changing climate [J]. Scientific Reports, 9: 14680.

EL MASRI B, SHU S, JAIN A K, 2015. Implementation of a dynamic rooting depth and phenology into a land surface model: Evaluation of carbon, water, and energy fluxes in the high latitude ecosystems [J]. Agricultural and Forest Meteorology, 211: 85-99.

ELMENDORF S C, HENRY G H R, HOLLISTER R D, et al., 2015. Experiment, monitoring, and gradient methods used to infer climate change effects on plant communities yield consistent patterns [J]. Proceedings of the National Academy of Sciences, 112 (2): 448-452.

FALGE E, BALDOCCHI D, OLSON R, et al., 2001. Gap filling strategies for defensible annual sums of net ecosystem exchange [J]. Agricultural and Forest Meteorology, 107 (1): 43-69.

FALGE E, BALDOCCHI D, TENHUNEN J, et al., 2002. Seasonality of ecosystem respiration and gross primary production as derived from FLUXNET measurements [J]. Agricultural and Forest Meteorology, 113 (1-4): 53-74.

FALKOWSKI P, SCHOLES R J, BOYLE E, et al., 2000. The Global carbon cycle: A test of our knowledge of earth as a system [J]. Science, 290 (5490): 291-296.

FAN J, MCCONKEY B G, LIANG B C, et al., 2019. Increasing crop yields and root input make Canadian farmland a large carbon sink [J]. Geoderma, 336: 49-58.

FAN J, ZHONG H, HARRIS W, et al., 2008. Carbon storage in the grasslands of China based on field measurements of above- and below-ground biomass [J]. Climatic Change, 86 (3): 375-396.

FANG F R, HAN X Y, LIU W Z, et al., 2020. Carbon dioxide fluxes in a farmland ecosystem of the southernChinese Loess Plateau measured using a chamber-based method. PeerJ, 8: e8994.

FANG J, CHEN A, PENG C, et al., 2001. Changes in forest biomass carbon storage in China between 1949 and 1998 [J]. Science, 292 (5525): 2320-2322.

FANG J, GUO Z, HU H, et al., 2014. Forest biomass carbon sinks in East Asia, with special reference to the relative contributions of forest expansion and forest growth [J]. Global Change Biology, 20 (6): 2019-2030.

FANG J Y, PIAO S, FIELD C B, et al., 2003. Increasing net primary production in China from 1982 to 1999 [J]. Frontiers in Ecology and the Environment, 1 (6): 293-297.

FARQUHAR G D, EHLERINGER J R, HUBICK K T, 1989. Carbon isotope discrimination and photosynthesis [J]. Annual Review of Plant Biology, 40: 503-537.

FARQUHAR G D and SHARKEY T D, 1982. Stomatal conductance and photosynthesis [J]. Annual Review of Plant Physiology, 33 (1): 317-345.

FARQUHAR G D, VON CAEMMERER S, BERRY J A, 1980. A biochemical model of photosynthetic $CO_2$ assimilation in leaves of $C_3$ species [J]. Planta, 149 (1): 78-90.

FEELY R A, SABINE C L, LEE K, et al., 2004. Impact of anthropogenic $CO_2$ on the $CaCO_3$ system in the oceans [J]. Science, 305 (5682): 362-366.

FERN NDEZ-MART NEZ M, VICCA S, JANSSENS I A, et al., 2014. Nutrient availability as the key regulator of global forest carbon balance [J]. Nature Climmate Change, 4 (6): 471-476.

FIELD C B, BEHRENFELD M T, RANDERSON J T, et al., 1998. Primary production of the biosphere: integrating terrestrial and oceanic components [J]. Science, 281 (5374): 237-240.

FIELD C B, RANDERSON J T, MALMSTROM C M, 1995. Global net primary production-combining ecology and remote-sensing [J]. Remote Sensing of Environment, 51 (1): 74-88.

FISCHER T P, AIUPPA A, 2020. AGU Centennial Grand Challenge: Volcanoes and Deep Carbon Global $CO_2$ Emissions From Subaerial Volcanism-Recent Progress and Future Challenges [J]. Geochemistry Geophysics Geosystems, 21 (3): e2019GC008690.

FRANK D, REICHSTEIN M, BAHN M, et al., 2015. Effects of climate extremes on the terrestrial carbon cycle: concepts, processes and potential future impacts [J]. Global Change Biology, 21 (8): 2861-2880.

FRIEDLINGSTEIN P, COX P, BETTS R, et al., 2006. Climate-carbon cycle feedback analysis: Results from the $C^4$MIP Model intercomparison [J]. Journal of Climate, 19 (14): 3337-3353.

FRIEND A D, 2010. Terrestrial plant production and climate change [J]. Journal of Experimental Botany, 61 (5): 1293-1309.

FU C, FANG H, YU G R, 2011. Carbon emissions from forest vegetation caused by three major disturbances in China [J]. Journal of Resources and Ecology, 2 (3): 202-209.

GAHLOT S, SHU S, JAIN A K, et al., 2017. Estimating trends and variation of net biome productivity in India for 1980-2012 using a land surface model [J]. Geophysical Research Letters, 44 (22): 11573-11579.

GAO Y, YU G, LI S, et al., 2015. A remote sensing model to estimate ecosystem respiration in Northern China and the Tibetan Plateau [J]. Ecological Modelling, 304: 34-43.

GAO Y, YU G, YAN H, et al., 2014. A MODIS - based Photosynthetic Capacity Model to estimate gross primary production in Northern China and the Tibetan Plateau [J]. Remote Sensing of Environment, 148: 108-118.

GARBULSKY M F, PE UELAS J, PAPALE D, et al., 2010. Patterns and controls of the variability of radiation use efficiency and primary productivity across terrestrial ecosystems [J]. Global Ecology and Biogeography, 19 (2): 253-267.

GE Y, JIN Y, STEIN A, et al., 2019. Principles and methods of scaling geospatial Earth science data [J]. Earth - Science Reviews, 197: 102897.

GEA - IZQUIERDO G, GUIBAL F, JOFFRE R, et al., 2015. Modelling the climatic drivers determining photosynthesis and carbon allocation in evergreen Mediterranean forests using multiproxy long time series [J]. Biogeosciences, 12 (12): 3695-3712.

GIRAULT F, ADHIKARI L B, FRANCE - LANORD C, et al., 2018. Persistent $CO_2$ emissions and hydrothermal unrest following the 2015 earthquake in Nepal [J]. Nature Communications, 9: 2956.

GRACE J, 2004. Understanding and managing the global carbon cycle [J]. Journal of Ecology, 92 (2): 189-202.

GRIFFIS T J, BLACK T A, GAUMONT - GUAY D, et al., 2004. Seasonal variation and partitioning of ecosystem respiration in a southern boreal aspen forest [J]. Agricultural and Forest Meteorology, 125 (3-4): 207-223.

GRIFFIS T J, SARGENT S D, BAKER J M, et al., 2008. Direct measurement of biosphere - atmosphere isotopic $CO_2$ exchange using the eddy covariance technique [J]. Journal of Geophysical Research - Atmospheres, 113 (D8): D08304.

GROTE R, KEENAN T, LAVOIR A V, et al., 2010. Process - based simulation of seasonality and drought stress in monoterpene emission models [J]. Biogeosciences, 7 (1): 257-274.

GU F X, CAO M K, WEN X F, et al., 2006. A comparison between simulated and measured $CO_2$ and water flux in a subtropical coniferous forest [J]. Science in China Series D - Earth Sciences, 49: 241-251.

GUENTHER A, HEWITT C N, ERICKSON D et al., 1995. A Global model of natural volatile organic compound emissions [J]. Journal of Geophysical Research - Atmospheres, 100 (D5): 8873-8892.

GUENTHER A, KARL T, HARLEY P, et al., 2006. Estimates of global terrestrial isoprene emissions using MEGAN (Model of Emissions of Gases and Aerosols from Nature) [J]. Atmospheric Chemistry and Physics, 6: 3181-3210.

GUEVARA - ESCOBAR A, GONZALEZ - SOSA E, CERVANTES - JIMENEZ M, et al., 2021. Machine learning estimates of eddy covariance carbon flux in a scrub in the Mexican highland [J]. Biogeosciences, 18 (2): 367-392.

GUO H, LI S, KANG S, et al., 2019. Annual ecosystem respiration of maize was primarily driven by crop growth and soil water conditions [J]. Agriculture Ecosystems & Environment, 272: 254-265.

HA W, GOWDA P H, HOWELL T A, 2013. A review of downscaling methods for remote sensing - based irrigation management: part I [J]. Irrigation Science, 31 (4): 831-850.

HABERL H, ERB K H, KRAUSMANN F, et al., 2007. Quantifying and mapping the human appropriation of net primary production in earth's terrestrial ecosystems [J]. Proceeding of the National Academy of Sciences of the United States of America, 104 (31): 12942-12947.

HAMMAN J J, NIJSSEN B, BOHN T J, et al., 2018. The Variable Infiltration Capacity model version 5 (VIC - 5): infrastructure improvements for new applications and reproducibility [J]. Geoscientific

Model Development, 11 (8): 3481-3496.

HAN L, YU G R, CHEN Z, et al., 2022. Spatiotemporal Pattern of Ecosystem Respiration in China Estimated by Integration of Machine Learning With Ecological Understanding [J]. Global Biogeochemical Cycles, 36 (11): e2022GB007439.

HAN P, ZENG N, ZHAO F, et al., 2017. Estimating global cropland production from 1961 to 2010 [J]. EarthSystem Dynamics, 8 (3): 875-887.

HANSON P J, AMTHOR J S, WULLSCHLEGER S D, et al., 2004. Oak forest carbon and water simulations: Model intercomparisons and evaluations against independent data [J]. Ecological Monographs, 74 (3): 443-489.

HAO Y, SU M, ZHANG L, et al., 2015. Integrated accounting of urban carbon cycle in Guangyuan, a mountainous city of China: the impacts of earthquake and reconstruction [J]. Journal of Cleaner Production, 103: 231-240.

HARMON M E, BOND-LAMBERTY B, TANG J, et al., 2011. Heterotrophic respiration in disturbed forests: A review with examples from North America [J]. Journal of Geophysical Research, 116: G00K04.

HARRIS I, OSBORN T J, JONES P, et al., 2020. Version 4 of the CRU TS monthly high-resolution gridded multivariate climate dataset [J]. Scientific Data, 7 (1): 109.

HARRIS R M B, GROSE M R, LEE G, et al., 2014. Climate projections for ecologists [J]. Wiley Interdisciplinary Reviews-Climate Change, 5 (5): 621-637.

HARTMANN J, WEST A J, RENFORTH P, et al., 2013. Enhanced chemical weathering as a geoengineering strategy to reduce atmospheric carbon dioxide, supply nutrients, and mitigate ocean acidification [J]. Reviews of Geophysics, 51 (2): 113-149.

HAVERD V, RAUPACH M R, BRIGGS P R, et al., 2013. The Australian terrestrial carbon budget [J]. Biogeosciences, 10 (2): 851-869.

HE W, JU W, SCHWAIM C R, et al., 2018. Large-scale droughts responsible for dramatic reductions of terrestrial net carbon uptake Over North America in 2011 and 2012 [J]. Journal of Geophysical Research-Biogeosciences, 123 (7): 2053-2071.

HEINZE C, 2014. The role of the ocean carbon cycle in climate change [J]. European Review, 22 (1): 97-105.

HERNANDEZ P A, MELIAN G, GIAMMANCO S et al., 2015. Contribution of $CO_2$ and $H_2S$ emitted to the atmosphere by plume and diffuse degassing from volcanoes: the Etna volcano case study [J]. Surveys in Geophysics, 36 (3): 327-349.

HIDY D, BARCZA Z, MARJANOVIĆ H, et al., 2016. Terrestrial ecosystem process model Biome-BGCMuSo v4.0: summary of improvements and new modeling possibilities [J]. Geoscientific Model Development, 9 (12): 4405-4437.

HILL T C, WILLIAMS M, WOODWARD F I, et al., 2011. Constraining ecosystem processes from tower fluxes and atmospheric profiles [J]. Ecological Applications, 21 (5): 1474-1489.

HOBBIE S E, CHAPIN F S, 1998. Response of tundra plant biomass, aboveground production, nitrogen, and $CO_2$ flux to experimental warming [J]. Ecology, 79 (5): 1526-1544.

HOU S, LEI L, ZENG Z, 2013. The response of global net primary productivity (NPP) to $CO_2$ increasing and climate change: Evaluation of coupled model simulations [J]. Journal of Food Agriculture & Environment, 11 (1): 937-944.

HOUWELING S, BAKER D, BASU S, et al., 2015. An intercomparison of inverse models for estimating sources and sinks of $CO_2$ using GOSAT measurements [J]. Journal of Geophysical Research: Atmospheres, 120 (10): 5253-5266.

HU J, MOORE D J P, RIVEROS-IREGUI D A, et al., 2010. Modeling whole-tree carbon assimilation rate using observed transpiration rates and needle sugar carbon isotope ratios [J]. New Phytologist, 185 (4): 1000-1015.

HUANG C, HE H S, LIANG Y, et al., 2018. Long-term effects of fire and harvest on carbon stocks of boreal forests in northeastern China [J]. Annals of Forest Science, 75 (2): 42.

HUANG M, JI J J, LI K R, et al., 2007. The ecosystem carbon accumulation after conversion of grasslands to pine plantations in subtropical red soil of south China [J]. Tellus Series B-Chemical and Physical Meteorology, 59 (3): 439-448.

HUANG S, ARAIN M A, ARORA V K, et al., 2011. Analysis of nitrogen controls on carbon and water exchanges in a conifer forest using the CLASS-CTEMN+ model [J]. Ecological Modelling, 222 (20-22): 3743-3760.

HUDIBURG T W, LAW B E, THORNTON P E, 2013. Evaluation and improvement of the Community Land Model (CLM4) in Oregon forests [J]. Biogeosciences, 10 (1): 453-470.

HUI D F, LUO Y Q, KATUL G, 2003. Partitioning interannual variability in net ecosystem exchange between climatic variability and functional change [J]. Tree Physiology, 23 (7): 433-442.

HUNER N P A, OQUIST G, HURRY V M, et al., 1993. Photosynthesis, photoinhibition and low-temperature acclimation in clod tolerant plants [J]. Photosynthesis Research, 37 (1): 19-39.

HUNT E R, PIPER S C, NEMANI R, et al., 1996. Global net carbon exchange and intra-annual atmospheric $CO_2$ concentrations predicted by an ecosystem process model and three-dimensional atmospheric transport model [J]. Global Biogeochemical Cycles, 10 (3): 431-456.

HUNTZINGER D N, SCHWALM C, MICHALAK A M, et al., 2013. The North American Carbon Program Multi-Scale Synthesis and Terrestrial Model Intercomparison Project-Part 1: Overview and experimental design [J]. Geoscientific Model Development, 6 (6): 2121-2133.

IGLESIAS-RODRIGUEZ M D, HALLORAN P R, RICKABY R E M, et al., 2008. Phytoplankton calcification in a high-$CO_2$ world [J]. Science, 320 (5874): 336-40.

ILYINSKAYA E, MOBBS S, BURTON R, et al., 2018. Globally significant $CO_2$ emissions from Katla, a subglacial volcano in iceland [J]. Geophysical Research Letters, 45 (19): 10332-10341.

IPCC, 2013. Climate Change 2013: The Physical Science Basis [R].

ITO A, 2010. Changing ecophysiological processes and carbon budget in East Asian ecosystems under near-future changes in climate: implications for long-term monitoring from a process-based model [J]. Journal of Plant Research, 123 (4): 577-588.

ITO A, INATOMI M, MO W, et al., 2007. Examination of model-estimated ecosystem respiration using flux measurements from a cool-temperate deciduous broad-leaved forest in central Japan [J]. Tellus Series B-Chemical and Physical Meteorology, 59 (3): 616-624.

ITO A, MURAOKA H, KOIZUMI H, et al., 2006. Seasonal variation in leaf properties and ecosystem carbon budget in a cool-temperate deciduous broad-leaved forest: simulation analysis at Takayama site, Japan [J]. Ecological Research, 21 (1): 137-149.

ITO A, SAIGUSA N, MURAYAMA S, et al., 2005. Modeling of gross and net carbon dioxide exchange over a cool-temperate deciduous broad-leaved forest in Japan: Analysis of seasonal and interannual change [J]. Agricultural and Forest Meteorology, 134 (1-4): 122-134.

JAIN A K, KHESHGI H S, HOFFERT M I, et al., 1995. Distribution of radiocarbon as a test of global carbon cycle models [J]. Global Biogeochemical Cycles, 9 (1): 153–166.

JAIN A K, KHESHGI H S, WUEBBLES D J, 1996. A globally aggregated reconstruction of cycles of carbon and its isotopes [J]. Tellus Series B–Chemical and physical Meteorology, 48 (4): 583–600.

JAIN A K, YANG X, 2005. Modeling the effects of two different land cover change data sets on the carbon stocks of plants and soils in concert with $CO_2$ and climate change [J]. Global Biogeochemical Cycles, 19 (2): GB002349.

JIA S, ZHU W, LU A, et al., 2011. A statistical spatial downscaling algorithm of TRMM precipitation based on NDVI and DEM in the Qaidam Basin of China [J]. Remote Sensing of Environment, 115 (12): 3069–3079.

JIA X, MU Y, ZHA T et al., 2020. Seasonal and interannual variations in ecosystem respiration in relation to temperature, moisture, and productivity in a temperate semi–arid shrubland [J]. Science of the Total Environment, 709: 136210.

JOMURA M, KOMINAMI Y, ATAKA M, 2012. Differences between coarse woody debris and leaf litter in the response of heterotrophic respiration to rainfall events [J]. Journal of Forest Research, 17 (3): 305–311.

JUBANSKI J, BALLHORN U, KRONSEDER K, et al., 2013. Detection of large above–ground biomass variability in lowland forest ecosystems by airborne LiDAR [J]. Biogeosciences, 10 (6): 3917–3930.

JUNG M, REICHSTEIN M, MARGOLIS H A, et al., 2011. Global patterns of land–atmosphere fluxes of carbon dioxide, latent heat, and sensible heat derived from eddy covariance, satellite, and meteorological observations [J]. Journal of Geophysical Research, 116: G00J07.

JUNG M, SCHWALM C, MIGLIAVACCA M, et al., 2020. Scaling carbon fluxes from eddy covariance sites to globe: synthesis and evaluation of the FLUXCOM approach [J]. Biogeosciences, 17 (5): 1343–1365.

JUNG M, VERSTRAETE M, GOBRON N, et al., 2008. Diagnostic assessment of European gross primary production [J]. Global Change Biology, 14 (10): 2349–2364.

JUSZCZAK R, HUMPHREYS E, ACOSTA M, et al., 2013. Ecosystem respiration in a heterogeneous temperate peatland and its sensitivity to peat temperature and water table depth [J]. Plant and Soil, 366 (1-2): 505–520.

KAHMEN A, SACHSE D, ARNDT S K, et al., 2011. Cellulose $\delta^{18}O$ is an index of leaf–to–air vapor pressure difference (VPD) in tropical plants [J]. Proceedings of the National Academy of Sciences, 108 (5): 1981–1986.

KEENAN T, GARCIA R, FRIEND A D, et al., 2009. Improved understanding of drought controls on seasonal variation in Mediterranean forest canopy $CO_2$ and water fluxes through combined in situ measurements and ecosystem modelling [J]. Biogeosciences, 6 (8): 1423–1444.

KEENAN T F, BAKER I, BARR A, et al., 2012. Terrestrial biosphere model performance for inter–annual variability of land–atmosphere $CO_2$ exchange [J]. Global Change Biology, 18 (6): 1971–1987.

KEIL R G, 2011. Terrestrial influences on carbon burial at sea [J]. Proceedings of the National Academy of Sciences of the United States of America, 108 (24): 9729–9730.

KHESHGI H S, JAIN A K, 2003. Projecting future climate change: Implications of carbon cycle model intercomparisons [J]. Global Biogeochemical Cycles, 17 (2): GB001842.

KHESHGI H S, JAIN A K, WUEBBLES D J, 1999. Model–based estimation of the global carbon budget and its uncertainty from carbon dioxide and carbon isotope records [J]. Journal of Geophysical Research: Atmospheres, 104 (D24): 31127-31143.

KHOMIK M, ARAIN M A, BRODEUR J J, et al., 2010. Relative contributions of soil, foliar, and woody tissue respiration to total ecosystem respiration in four pine forests of different ages [J]. Journal of Geophysical Research, 115 (G3): G03024.

KIM J S, KUG J S, JEONG S J, et al., 2017. Reduced North American terrestrial primary productivity linked to anomalous Arctic warming [J]. Nature Geoscience, 10 (8): 572-576.

KIMBALL J S, THORNTON P E, WHITE M A, et al., 1997. Simulating forest productivity and surface-atmosphere carbon exchange in the BOREAS study region [J]. Tree Physiology, 17 (8-9): 589-599.

KIMURA S D, MISHIMA S I, YAGI K, 2011. Carbon resources of residue and manure in Japanese farmland soils [J]. Nutrient Cycling in Agroecosystems, 89 (2): 291-302.

KING A W, POST W M, WULLSCHLEGER S D, 1997. The potential response of terrestrial carbon storage to changes in climate and atmospheric $CO_2$. Climatic Change, 35 (2): 199-227.

KING D A, TURNER D P, RITTS W D, 2011. Parameterization of a diagnostic carbon cycle model for continental scale application [J]. Remote Sensing of Environment, 115 (7): 1653-1664.

KIRSCHBAUM M U F, PUCHE N J B, GILTRAP D L, et al., 2020. Combining eddy covariance measurements with process-based modelling to enhance understanding of carbon exchange rates of dairy pastures [J]. Science of the Total Environment, 745: 140917.

KIRSCHKE S, BOUSQUET P, CIAIS P, et al., 2013. Three decades of global methane sources and sinks [J]. Nature Geoscience, 6 (10): 813-823.

KLAPSTEIN S J, TURETSKY M R, MCGUIRE A D, et al., 2014. Controls on methane released through ebullition in peatlands affected by permafrost degradation [J]. Journal of Geophysical Research: Biogeosciences, 119 (3): 418-431.

KOFIDOU M, STATHOPOULOS S, GEMITZI A, 2023. Review on spatial downscaling of satellite derived precipitation estimates [J]. Environmental Earth Sciences, 82 (18): 424.

KONDO M, ICHII K, TAKAGI H, et al., 2015. Comparison of the data-driven top-down and bottom-up global terrestrial $CO_2$ exchanges: GOSAT $CO_2$ inversion and empirical eddy flux upscaling [J]. Journal of Geophysical Research: Biogeosciences, 120 (7): 1226-1245.

KONDO M, PATRA P K, SITCH S, et al., 2020. State of the science in reconciling top-down and bottom-up approaches for terrestrial $CO_2$ budget [J]. Global Change Biology, 26 (3): 1068-1084.

KONG D, YUAN D, LI H, et al., 2023. Improving the estimation of gross primary productivity across global biomes by modeling light use efficiency through machine learning [J]. Remote Sensing, 15 (8): 2086.

KONINGS A G, BLOOM A A, LIU J, et al., 2019. Global satellite-driven estimates of heterotrophic respiration [J]. Biogeosciences, 16 (11): 2269-2284.

KOOPERMAN G J, CHEN Y, HOFFMAN F M, et al., 2018. Forest response to rising $CO_2$ drives zonally asymmetric rainfall change over tropical land [J]. Nature Climate Change, 8 (5): 434-440.

KRIEBITZSCH W U, MULLERSTAEL H, THEN C, 1996. Photosynthesis and growth of seedlings of two tree species from Southeast Asia [M]. In: Pfadenhauer J. (Editor), Verhandlungen Der Gesellschaft Fur Okologie, 26,: 127-132.

KRINNER G, VIOVY N, DE NOBLET-DUCOUDRE N, et al., 2005. A dynamic global vegetation model for studies of the coupled atmosphere-biosphere system [J]. Global Biogeochemical Cycles, 19 (1): Gb1015.

KUPPEL S, PEYLIN P, CHEVALLIER F, et al., 2012. Constraining a global ecosystem model with multi-site eddy-covariance data [J]. Biogeosciences, 9 (10): 3757-3776.

LADDIMATH R S, PATIL N S, 2019. Artificial neural network technique for statistical downscaling of global climate model [J]. Mapan-Journal of Metrology Society of India, 34 (1): 121-127.

LAJTHA K, GETZ J, 1993. Photosynthesis and water-use efficiency in pinyon-juniper communities along an elevation gradient in Northern New-Mexico [J]. Oecologia, 94 (1): 95-101.

LAL R, 2004. Soil carbon sequestration impacts on global climate change and food security [J]. Science, 304 (5677): 1623-1627.

LAW B E, FALGE E, GU L, et al., 2002. Environmental controls over carbon dioxide and water vapor exchange of terrestrial vegetation [J]. Agricultural and Forest Meteorology, 113 (1-4): 97-120.

LAWRENCE D M, OLESON K W, FLANNER M G, et al., 2011. Parameterization improvements and functional and structural advances in Version 4 of the Community Land Model [J]. Journal of Advances in Modeling Earth Systems, 3 (1): M03001.

LE QU R C, ANDRES R J, BODEN T, et al., 2013. The global carbon budget 1959-2011 [J]. Earth System Science Data, 5 (1): 165-185.

LEE X, MASSMAN W, 2011. A perspective on thirty years of the Webb, Pearman and Leuning density corrections [J]. Boundary-Layer Meteorology, 139 (1): 37-59.

LEE X H, 1998. On micrometeorological observations of surface-air exchange over tall vegetation [J]. Agricultural and Forest Meteorology, 91 (1-2): 39-49.

LEE X H, YU Q, SUN X M, et al., 2004. Micrometeorological fluxes under the influence of regional and local advection: a revisit [J]. Agricultural and Forest Meteorology, 122 (1-2): 111-124.

LEUNING R, KELLIHER F M, DEPURY D G G, et al., 1995. Leaf nitrogen, photosynthesis, conductance and transpiration-scaling from leaves to canopies [J]. Plant Cell and Environment, 18 (10): 1183-1200.

LI H, HUANG M, WIGMOSTA M S, et al., 2011. Evaluating runoff simulations from the Community Land Model 4.0 using observations from flux towers and a mountainous watershed [J]. Journal of Geophysical Research-Atmospheres, 116: D24120.

LI P, YANG Y, FANG J, 2013a. Variations of root and heterotrophic respiration along environmental gradients in Chinas forests [J]. Journal of Plant Ecology, 6 (5): 358-367.

LI X, LIANG S, YU G, et al., 2013b. Estimation of gross primary production over the terrestrial ecosystems in China [J]. Ecological Modelling, 261-262: 80-92.

LI Y, WANG R, CHEN Z, et al., 2023. Increasing net ecosystem carbon budget and mitigating global warming potential with improved irrigation and nitrogen fertilization management of a spring wheat farmland system in arid Northwest China [J]. Plant and Soil, 489 (1-2): 193-209.

LI Z Q, YU G R, XIAO X M, et al., 2007. Modeling gross primary production of alpine ecosystems in the Tibetan Plateau using MODIS images and climate data [J]. Remote Sensing of Environment, 107 (3): 510-519.

LIANG L, GENG D, YAN J, et al., 2022. Remote sensing estimation and spatiotemporal pattern analysis of terrestrial net ecosystem productivity in China [J]. Remote Sensing, 14 (8): 1902.

LIANG M-C, LASKAR A H, BARKAN E, et al., 2023. New constraints of terrestrial and oceanic global gross primary productions from the triple oxygen isotopic composition of atmospheric $CO_2$ and $O_2$ [J]. Scientific Reports, 13 (1): 2162.

LIANG N, HIRANO T, ZHENG Z M, et al., 2010. Continuous measurement of soil $CO_2$ efflux in a larch forest by automated chamber and concentration gradient techniques [J]. Biogeosciences, 7 (11): 3447-3457.

LIANG S, ZHAO X, LIU S, et al., 2013. A long-term Global LAnd Surface Satellite (GLASS) dataset for environmental studies [J]. International Journal of Digital Earth, 6 (sup1): 5-33.

LIAO Z, ZHOU B, ZHU J, et al., 2023. A critical review of methods, principles and progress for estimating the gross primary productivity of terrestrial ecosystems [J]. Frontiers in Environmental Science, 11: 1093095.

LIN S, HU Z, WANG Y, et al., 2023. Underestimated interannual variability of terrestrial vegetation production by terrestrial ecosystem models [J]. Global Biogeochemical Cycles, 37 (4): e2023GB007696.

LIU D, CAI W W, XIA J Z, et al., 2014. Global validation of a process-based model on vegetation gross primary production using eddy covariance observations [J]. PLoS One, 9 (11): e110407.

LIU M, YANG L, 2021. Human-caused fires release more carbon than lightning-caused fires in the conterminous United States [J]. Environmental Research Letters, 16 (1): 014013.

LIU S, BOND-LAMBERTY B, HICKE J A, et al., 2011. Simulating the impacts of disturbances on forest carbon cycling in North America: Processes, data, models, and challenges [J]. Journal of Geophysical Research, 116: G00K08.

LIU Y, WU C Y, 2020. Understanding the role of phenology and summer physiology in controlling net ecosystem production: a multiscale comparison of satellite, PhenoCam and eddy covariance data [J]. Environmental Research Letters, 15 (10): 104086.

LIU Z, GUAN D, CRAWFORD-BROWN D, et al., 2013. Energy policy: A low-carbon road map for China [J]. Nature, 500 (7461): 143-145.

LIU Z, GUAN D, WEI W, et al., 2015. Reduced carbon emission estimates from fossil fuel combustion and cement production in China [J]. Nature, 524 (7565): 335-338.

LLOYD J, TAYLOR J A, 1994. On the temperature-dependence of soil respiration [J]. Functional Ecology, 8 (3): 315-323.

LU C, TIAN H, LIU M, et al., 2012. Effect of nitrogen deposition on China's terrestrial carbon uptake in the context of multifactor environmental changes [J]. Ecological Applications, 22 (1): 53-75.

LU M, WU W, YOU L, et al., 2020. A cultivated planet in 2010 - Part 1: The global synergy cropland map [J]. Earth System Science Data, 12 (3): 1913-1928.

LU X, LIAO Y, 2017. Effect of tillage practices on net carbon flux and economic parameters from farmland on the Loess Plateau in China [J]. Journal of Cleaner Production, 162: 1617-1624.

LU X J, CHEN Y, SUN Y Y, et al., 2023. Spatial and temporal variations of net ecosystem productivity in Xinjiang Autonomous Region, China based on remote sensing [J]. Frontiers in Plant Science, 14: 1146388.

LUN F, LI W, LIU Y, 2012. Complete forest carbon cycle and budget in China, 1999-2008 [J]. Forest Ecology and Management, 264: 81-89.

LUO Y, AHLSTR M A, ALLISON S D, et al., 2016. Toward more realistic projections of soil carbon dynamics by Earth system models [J]. Global Biogeochemical Cycles, 30 (1): 40-56.

LUUS K A, LIN J C, 2015. The Polar Vegetation Photosynthesis and Respiration Model: a parsimonious, satellite-data-driven model of high-latitude $CO_2$ exchange [J]. Geoscientific Model Development, 8 (8): 2655-2674.

MA J, XIAO X, MIAO R, et al., 2019. Trends and controls of terrestrial gross primary productivity of

China during 2000 – 2016 [J]. Environmental Research Letters, 14 (8): 084032.

MA J, XIAO X, ZHANG Y, et al., 2018. Spatial – temporal consistency between gross primary productivity and solar – induced chlorophyll fluorescence of vegetation in China during 2007 – 2014 [J]. Science of the Total Environment, 639: 1241 – 1253.

MA Z, LIU H, MI Z, et al., 2017. Climate warming reduces the temporal stability of plant community biomass production [J]. Nature Communications, 8: 15378.

MAA L, ZUO H C, 2022. Quantifying net carbon fixation by Tibetan alpine ecosystems should consider multiple anthropogenic activities [J]. Proceedings of the National Academy of Sciences of the United States of America, 119 (5): e2115676119.

MACBEAN N, PEYLIN P, 2014. BIOGEOCHEMISTRY Agriculture and the global carbon cycle [J]. Nature, 515 (7527): 351 – 352.

MAESTRE F T, ESCOLAR C, DE GUEVARA M L, et al., 2013. Changes in biocrust cover drive carbon cycle responses to climate change in drylands [J]. Global Change Biology, 19 (12): 3835 – 3847.

MAHADEVAN P, WOFSY S C, MATROSS D M, et al., 2008. A satellite – based biosphere parameterization for net ecosystem $CO_2$ exchange: Vegetation Photosynthesis and Respiration Model (VPRM) [J]. Global Biogeochemical Cycles, 22 (2): Gb2005.

MAO X, WEI X, ENGEL B, et al., 2020. Network – based perspective on water – air interface GHGs flux on a cascade surface – flow constructed wetland in Qinghai – Tibet Plateau, China [J]. Ecological Engineering, 151: 105862.

MAO Y – H, LIAO H, HAN Y, et al., 2016. Impacts of meteorological parameters and emissions on decadal and interannual variations of black carbon in China for 1980 – 2010 [J]. Journal of Geophysical Research: Atmospheres, 121 (4): 1822 – 1843.

MARCOLLA B, CESCATTI A, MANCA G, et al., 2011. Climatic controls and ecosystem responses drive the inter – annual variability of the net ecosystem exchange of an alpine meadow [J]. Agricultural and Forest Meteorology, 151 (9): 1233 – 1243.

MARRA J F, 2015. Ocean productivity: A personal perspective since the first Liege Colloquium [J]. Journal of Marine Systems, 147: 3 – 8.

MASELLI F, CHIESI M, MORIONDO M, et al., 2009a. Modelling the forest carbon budget of a Mediterranean region through the integration of ground and satellite data [J]. Ecological Modelling, 220 (3): 330 – 342.

MASELLI F, PAPALE D, PULETTI N, et al., 2009b. Combining remote sensing and ancillary data to monitor the gross productivity of water – limited forest ecosystems [J]. Remote Sensing of Environment, 113 (3): 657 – 667.

MASEYK K, BERRY J A, BILLESBACH D, et al., 2014. Sources and sinks of carbonyl sulfide in an agricultural field in the Southern Great Plains [J]. Proceedings of the National Academy of Sciences, 111 (25): 9064 – 9069.

MATTEUCCI M, GRUENING C, BALLARIN I G, et al., 2015. Components, drivers and temporal dynamics of ecosystem respiration in a Mediterranean pine forest [J]. Soil Biology & Biochemistry, 88: 224 – 235.

MCGUIRE A D, SITCH S, CLEIN J S, et al., 2001. Carbon balance of the terrestrial biosphere in the twentieth century: Analyses of $CO_2$, climate and land use effects with four process – based ecosystem models [J]. Global Biogeochemical Cycles, 15 (1): 183 – 206.

MEI W, YIN Q, TIAN X, et al., 2022. Optimization of plant harvest and management patterns to enhance the carbon sink of reclaimed wetland in the Yangtze River estuary [J]. Journal of Environmental Management, 312: 114954.

MEIYAPPAN P, JAIN A K, HOUSE J I, 2015. Increased influence of nitrogen limitation on $CO_2$ emissions from future land use and land use change [J]. Global Biogeochemical Cycles, 29 (9): 1524-1548.

MELILLO J M, MCGUIRE A D, KICKLIGHTER D W, et al., 1993. Global climate change and terrestrial net primary production [J]. Nature, 363 (6426): 234-240.

MELTON J R, SHRESTHA R K, ARORA V K, 2015. The influence of soils on heterotrophic respiration exerts a strong control on net ecosystem productivity in seasonally dry Amazonian forests [J]. Biogeosciences, 12 (4): 1151-1168.

MIGLIAVACCA M, REICHSTEIN M, RICHARDSON A D, et al., 2011. Semiempirical modeling of abiotic andbiotic factors controlling ecosystem respiration across eddy covariance sites [J]. Global Change Biology, 17 (1): 390-409.

MIKALOFF FLETCHER S E, GRUBER N, JACOBSON A R, et al., 2006. Inverse estimates of anthropogenic $CO_2$ uptake, transport, and storage by the ocean [J]. Global Biogeochemical Cycles, 20 (2): GB2002.

MIKHAYLOV O A, MIGLOVETS M N, ZAGIROVA S V, 2015. Vertical methane fluxes in mesooligotrophic boreal peatland in European Northeast Russia [J]. Contemporary Problems of Ecology, 8 (3): 368-375.

MITCHARD E T A, 2018. The tropical forest carbon cycle and climate change [J]. Nature, 559 (7715): 527-534.

MOFFAT A M, BRUEMMER C, 2017. Improved parameterization of the commonly used exponential equation for calculating soil-atmosphere exchange fluxes from closed-chamber measurements [J]. Agricultural and Forest Meteorology, 240: 18-25.

MOHAMAD R S, VERRASTRO V, AL BITAR L, et al., 2016. Effect of different agricultural practices on carbon emission and carbon stock in organic and conventional olive systems [J]. Soil Research, 54 (2): 173-181.

MOHREN G M J, BARTELINK H H, KRAMER K, et al., 1999. Modelling long-term effects of $CO_2$ increase and climate change on European forests, with emphasis on ecosystem carbon budgets [C] // Forest Ecosystem Modelling, Upscaling and Remote Sensing, 179-192.

MONTEITH J L, 1972. Solar Radiation and Productivity in Tropical Ecosystems [J]. Journal of Applied Ecology, 9 (3): 747-766.

MURCHIE E H, PINTO M, HORTON P, 2009. Agriculture and the new challenges for photosynthesis research [J]. New Phytologist, 181 (3): 532-552.

MURRAY K, CONNER M M, 2009. Methods to quantify variable importance: implications for the analysis of noisy ecological data [J]. Ecology, 90 (2): 348-355.

NAI H, ZHONG J, YI Y, et al., 2023. Anthropogenic disturbance stimulates the export of dissolved organic carbon to rivers on the Tibetan Plateau [J]. Environmental Science & Technology, 57 (25): 9214-9223.

NANDA T, SAHOO B, CHATTERJEE C, 2019. Enhancing real-time streamflow forecasts with wavelet-neural network based error-updating schemes and ECMWF meteorological predictions in Variable Infiltration Capacity model [J]. Journal of Hydrology, 575: 890-910.

NIE S, ZHOU J, YANG F, et al., 2022. Analysis of theoretical carbon dioxide emissions from cement production: Methodology and application [J]. Journal of Cleaner Production, 334: 130270.

NOVAES R M L, PAZIANOTTO R A A, BRAND O M, et al., 2017. Estimating 20 - year land - use change and derived $CO_2$ emissions associated with crops, pasture and forestry in Brazil and each of its 27 states [J]. Global Change Biology, 23 (9): 3716 - 3728.

OLA O, MAROTO - VALER M M, 2015. Review of material design and reactor engineering on $TiO_2$ photocatalysis for $CO_2$ reduction [J]. Journal of Photochemistry and Photobiology C - Photochemistry Reviews, 24: 16 - 42.

OLSON J S, WATTS J A, ALLISON L J, 1983. Carbon in live vegetation of major world ecosystems [R]. Oak Ridge National Lab, TN (USA).

PAN Y, BIRDSEY R A, FANG J, et al., 2011. A large and persistent carbon sink in the world's forests [J]. Science, 333 (6045): 988 - 993.

PANSU M, SARMIENTO L, RUJANO M A, et al., 2010. Modeling organic transformations bymicroorganisms of soils in six contrasting ecosystems: Validation of the MOMOS model [J]. Global Biogeochemical Cycles, 24 (1): GB1008.

PARK N W, KIM Y, KWAK G H, 2019. An overview of theoretical and practical issues in spatial downscaling of coarse resolution satellite-derived products [J]. Korean Journal of Remote Sensing, 35 (4): 589 - 607.

PAUL M J, FOYER C H, 2001. Sink regulation of photosynthesis [J]. Journal of Experimental Botany, 52 (360): 1383 - 400.

PENG C, LIU J, DANG Q, et al., 2002. TRIPLEX: a generic hybrid model for predicting forest growth and carbon and nitrogen dynamics [J]. Ecological Modelling, 153 (1): 109 - 130.

PENG H, HONG B, HONG Y, et al., 2015. Annual ecosystem respiration variability of alpine peatland on the eastern Qinghai - Tibet Plateau and its controlling factors [J]. Environmental Monitoring and Assessment, 187 (9): 550.

PENG J, LOEW A, MERLIN O, et al., 2017. A review of spatial downscaling of satellite remotely sensed soil moisture [J]. Reviews of Geophysics, 55 (2): 341 - 366.

PENG L, SEARCHINGER T D D, ZIONTS J, et al., 2023. The carbon costs of global wood harvests [J]. Nature, 620 (7972): 110 - 115.

PETERSON F S, LAJTHA K J, 2013. Linking aboveground net primary productivity to soil carbon and dissolved organic carbon in complex terrain [J]. Journal of Geophysical Research: Biogeosciences, 118 (3): 1225 - 1236.

PEYLIN P, LAW R M, GURNEY K R, et al., 2013. Global atmospheric carbon budget: results from an ensemble of atmospheric $CO_2$ inversions [J]. Biogeosciences, 10 (10): 6699 - 6720.

PFEIFFER M, SPESSA A, KAPLAN J O, 2013. A model for global biomass burning in preindustrial time: LPJ - LMfire (v1.0) [J]. Geoscientific Model Development, 6 (3): 643 - 685.

PIAO S, CIAIS P, LOMAS M, et al., 2011. Contribution of climate change and rising $CO_2$ to terrestrial carbon balance in East Asia: A multi - model analysis [J]. Global and Planetary Change, 75 (3 - 4): 133 - 142.

PIAO S, FANG J, CIAIS P, et al., 2009. The carbon balance of terrestrial ecosystems in China [J]. Nature, 458 (7241): 1009 - 1013.

PIAO S, FANG J, ZHOU L, et al., 2007a. Changes in biomass carbon stocks in China's grasslands between 1982 and 1999 [J]. Global Biogeochemical Cycles, 21 (2): GB2002.

PIAO S, FANG J, ZHOU L, et al., 2005. Changes in vegetation net primary productivity from 1982 to 1999 in China [J]. Global Biogeochemical Cycles, 19 (2): GB2027.

PIAO S, HE Y, WANG X, et al., 2022a. Estimation of China's terrestrial ecosystem carbon sink: Methods, progress and prospects [J]. Science China - Earth Sciences, 65 (4): 641-651.

PIAO S, LUYSSAERT S, CIAIS P, et al., 2010. Forest annual carbon cost: a global - scale analysis of autotrophic respiration [J]. Ecology, 91 (3): 652-661.

PIAO S, TAN K, NAN H, et al., 2012a. Impacts of climate and $CO_2$ changes on the vegetation growth and carbon balance of Qinghai - Tibetan grasslands over the past five decades [J]. Global and Planetary Change, 98-99: 73-80.

PIAO S, YUE C, DING J, et al., 2022b. Perspectives on the role of terrestrial ecosystems in the 'carbon neutrality' strategy [J]. Science China - Earth Sciences, 65 (6): 1178-1186.

PIAO S L, FRIEDLINGSTEIN P, CIAIS P, et al., 2007b. Growing season extension and its impact on terrestrial carbon cycle in the Northern Hemisphere over the past 2 decades [J]. Global Biogeochemical Cycles, 21 (3): Gb3018.

PIAO S L, ITO A, LI S G, et al., 2012b. The carbon budget of terrestrial ecosystems in East Asia over the last two decades [J]. Biogeosciences, 9 (9): 3571-3586.

PIERCE D W, CAYAN D R, THRASHER B L, 2014. Statistical Downscaling Using Localized Constructed Analogs (LOCA) [J]. Journal of Hydrometeorology, 15 (6): 2558-2585.

PILLAI N D, NANDY S, PATEL N R, et al., 2019. Integration of eddy covariance and process - based model for the intra - annual variability of carbon fluxes in an Indian tropical forest [J]. Biodiversity and Conservation, 28 (8-9): 2123-2141.

POST W M, KING A W, WULLSCHLEGER S D, 1997. Historical variations in terrestrial biospheric carbon storage [J]. Global Biogeochemical Cycles, 11 (1): 99-109.

POTTER C, KLOOSTER S, MYNENI R, et al., 2003. Continental - scale comparisons of terrestrial carbon sinks estimated from satellite data and ecosystem modeling 1982-1998 [J]. Global and Planetary Change, 39 (3-4): 201-213.

POTTER C S, RANDERSON J T, FIELD C B, et al., 1993. Terrestrial ecosystem production - a process model - based on global satellite and surface data [J]. Global Biogeochemical Cycles, 7 (4): 811-841.

POULTER B, FRANK D, CIAIS P, et al., 2014. Contribution of semi - arid ecosystems to interannual variability of the global carbon cycle [J]. Nature, 509 (7502): 600-603.

POULTER B, FRANK D C, HODSON E L, et al., 2011. Impacts of land cover and climate data selection on understanding terrestrial carbon dynamics and the $CO_2$ airborne fraction [J]. Biogeosciences, 8 (8): 2027-2036.

POWELL T L, GALBRAITH D R, CHRISTOFFERSEN B O, et al., 2013. Confronting model predictions of carbon fluxes with measurements of Amazon forests subjected to experimental drought [J]. New Phytologist, 200 (2): 350-365.

PRENTICE I C, KELLEY D I, FOSTER P N, et al., 2011. Modeling fire and the terrestrial carbon balance [J]. Global Biogeochemical Cycles, 25 (3): GB3005.

QIU S Y, LIANG L, WANG Q J, et al., 2023. Estimation of European terrestrial ecosystem NEP based on an improved CASA model [J]. Ieee Journal of Selected Topics in Applied Earth Observations and Remote Sensing, 16: 1244-1255.

RACZKA B M, DAVIS K J, HUNTZINGER D, et al., 2013. Evaluation of continental carbon cycle simulations with North American flux tower observations [J]. Ecological Monographs, 83 (4): 531-556.

RAICH J W, RASTETTER E B, MELILLO J M, et al., 1991. Potential net primary productivity in

South America: Application of a global model [J]. Ecological Applications, 1 (4): 399-429.

RAN L, LU X X, XIN Z, 2014. Erosion-induced massive organic carbon burial and carbon emission in the Yellow River basin, China [J]. Biogeosciences, 11 (4): 945-959.

REGNIER P, FRIEDLINGSTEIN P, CIAIS P, et al., 2013. Anthropogenic perturbation of the carbon fluxes from land to ocean [J]. Nature Geoscience, 6 (8): 597-607.

REGNIER P, RESPLANDY L, NAJJAR R G, et al., 2022. The land-to-ocean loops of the global carbon cycle [J]. Nature, 603 (7901): 401-410.

REICHSTEIN M, BAHN M, CIAIS P, et al., 2013. Climate extremes and the carbon cycle [J]. Nature, 500 (7462): 287-295.

REICHSTEIN M, FALGE E, BALDOCCHI D, et al., 2005. On the separation of net ecosystem exchange into assimilation and ecosystem respiration: review and improved algorithm [J]. Global Change Biology, 11 (9): 1424-1439.

REN W, TIAN H, TAO B, et al., 2011. Impacts of tropospheric ozone and climate change on net primaryproductivity and net carbon exchange of China's forest ecosystems [J]. Global Ecology and Biogeography, 20 (3): 391-406.

RESTREPO-COUPE N, LEVINE N M, CHRISTOFFERSEN B O, et al., 2017. Do dynamic global vegetation models capture the seasonality of carbon fluxes in the Amazon basin? A data-model intercomparison [J]. Global Change Biology, 23 (1): 191-208.

RICCIUTO D M, KING A W, DRAGONI D, et al., 2011. Parameter and prediction uncertainty in an optimized terrestrial carbon cycle model: Effects of constraining variables and data record length [J]. Journal of Geophysical Research: Biogeosciences, 116 (G1): G01033.

RICHARDSON A D, HOLLINGER D Y, ABER J D, et al., 2007. Environmental variation is directly responsible for short- but not long-term variation in forest-atmosphere carbon exchange [J]. Global Change Biology, 13 (4): 788-803.

RIEBESELL U, SCHULZ K G, BELLERBY R G J, et al., 2007. Enhanced biological carbon consumption in a high $CO_2$ ocean [J]. Nature, 450 (7169): 545-548.

RIEBESELL U, ZONDERVAN I, ROST B, et al., 2000. Reduced calcification of marine plankton in response to increased atmospheric $CO_2$ [J]. Nature, 407 (6802): 364-367.

ROBINSON C, 2019. Microbial respiration, the Engine of ocean deoxygenation [J]. Frontiers in Marine Science, 5: 533.

ROEBROEK C T J, DUVEILLER G, SENEVIRATNE S I, et al., 2023. Releasing global forests from human management: How much more carbon could be stored? [J] Science, 380 (6646): 749-753.

ROUSK J, HILL P W, JONES D L, 2015. Priming of the decomposition of ageing soil organic matter: concentration dependence and microbial control [J]. Functional Ecology, 29 (2): 285-296.

ROUSK K, MICHELSEN A, ROUSK J, 2016. Microbial control of soil organic matter mineralization responses to labile carbon in subarctic climate change treatments [J]. Global Change Biology, 22 (12): 4150-4161.

ROWLAND L, HARPER A, CHRISTOFFERSEN B O, et al., 2015. Modelling climate change responses in tropical forests: similar productivity estimates across five models, but different mechanisms and responses [J]. Geoscientific Model Development, 8 (4): 1097-1110.

RUIMY A, KERGOAT L, BONDEAU A, et al., 1999. Comparing global models of terrestrial net primary productivity (NPP): analysis of differences in light absorption and light-use efficiency [J]. Global Change Biology, 5: 56-64.

RUNNING S W, COUGHLAN J C, 1988. A general model of forest ecosystem processes for regional applications I. Hydrologic balance, canopy gas exchange and primary production processes [J]. Ecological Modelling, 42 (2): 125-154.

RUNNING S W, HUNT J E R, 1993. Generalization of a forest ecosystem process model for other biomes, BIOME-BGC, and an application for global-scale models [C] //In: Ehleringer J R, Field C B (Editors), Scaling Physiological Processes: Leaf to Globe. Inc, New York: Academic Press: 141-158.

RUNNING S W, NEMANI R R, HEINSCH F A, et al., 2004. A continuous satellite-derived measure of global terrestrial primary production [J]. Bioscience, 54 (6): 547-560.

RYAN M G, LAVIGNE M B, GOWER S T, 1997. Annual carbon cost of autotrophic respiration in boreal forest ecosystems in relation to species and climate [J]. Journal of Geophysical Research, 102 (D24): 28871-28883.

RYU Y, BERRY J A, BALDOCCHI D D, 2019. What is global photosynthesis? History, uncertainties and opportunities [J]. Remote Sensing of Environment, 223: 95-114.

SABINE C L, FEELY R A, GRUBER N, et al., 2004. The oceanic sink for anthropogenic $CO_2$ [J]. Science, 305 (5682): 367-71.

SANDOVAL-SOTO L, STANIMIROV M, VON HOBE M, et al., 2005. Global uptake of carbonyl sulfide (COS) by terrestrial vegetation: Estimates corrected by deposition velocities normalized to the uptake of carbon dioxide ($CO_2$) [J]. Biogeosciences, 2 (2): 125-132.

SANTAREN D, PEYLIN P, VIOVY N, et al., 2007. Optimizing a process-based ecosystem model with eddy-covariance flux measurements: A pine forest in southern France [J]. Global Biogeochemical Cycles, 21 (2): Gb2013.

SANTOS E, WAGNER-RIDDLE C, LEE X, et al., 2012. Use of the isotope flux ratio approach to investigate the $C^{18}O^{16}O$ and $^{13}CO_2$ exchange near the floor of a temperate deciduous forest [J]. Biogeosciences, 9 (7): 2385-2399.

SAVAGE K E, DAVIDSON E A, 2003. A comparison of manual and automated systems for soil $CO_2$ flux measurements: trade-offs between spatial and temporal resolution [J]. Journal of Experimental Botany, 54 (384): 891-899.

SCANLON B R, ZHANG Z, SAVE H, et al., 2018. Global models underestimate large decadal declining and rising water storage trends relative to GRACE satellite data [J]. Proceedings of the National Academy of Sciences of the United States of America, 115 (6): E1080-E1089.

SCARTAZZA A, MOSCATELLO S, MATTEUCCI G, et al., 2013. Seasonal and inter-annual dynamics of growth, non-structural carbohydrates and C stable isotopes in a Mediterranean beech forest [J]. Tree Physiology, 33 (7): 730-742.

SCHAEFER K, COLLATZ G J, TANS P, et al., 2008. Combined Simple Biosphere/Carnegie-Ames-Stanford Approach terrestrial carbon cycle model [J]. Journal of Geophysical Research-Biogeosciences, 113 (G3): G03034.

SCHAEFER K, SCHWALM C R, WILLIAMS C, et al., 2012. A model-data comparison of gross primary productivity: Results from the North American Carbon Program site synthesis [J]. Journal of Geophysical Research: Biogeosciences, 117 (G3): G03010.

SCHIEDUNG H, BAUKE S, BORNEMANN L, et al., 2016. A simple method for in-situ assessment of soil respiration using alkali absorption [J]. Applied Soil Ecology, 106: 33-36.

SCHMITZ O J, WILMERS C C, LEROUX S J, et al., 2018. Animals and the zoogeochemistry of the carbon cycle [J]. Science, 362 (6419): eaar3213.

SCHOLZE M, BUCHWITZ M, DORIGO W, et al., 2017. Reviews and syntheses: Systematic Earth observations for use in terrestrial carbon cycle data assimilation systems [J]. Biogeosciences, 14 (14): 3401-3429.

SCHWALM C R, WILLIAMS C A, SCHAEFER K, et al., 2010. A model-data intercomparison of $CO_2$ exchange across North America: Results from the North American Carbon Program site synthesis [J]. Journal of Geophysical Research-Biogeosciences, 115: G00h05.

SECO R, PENUELAS J, FILELLA I, 2007. Short-chain oxygenated VOCs: Emission and uptake by plants and atmospheric sources, sinks, and concentrations [J]. Atmospheric Environment, 41 (12): 2477-2499.

SELECKY T, BELLINGRATH-KIMURA S D, KOBATA Y, et al., 2017. Changes in Carbon Cycling during Development of Successional Agroforestry [J]. Agriculture-Basel, 7 (3): 25.

SELLERS P J, RANDALL D A, COLLATZ G J, et al., 1996. A revised land surface parameterization (SiB2) for atmospheric GCMS. Part I: Model Formulation [J]. Journal of Climate, 9 (4): 676-705.

SHANGGUAN W, DAI Y, DUAN Q, et al., 2014. A global soil data set for earth system modeling [J]. Journalof Advances in Modeling Earth Systems, 6 (1): 249-263.

SHE W, WU Y, HUANG H, et al., 2017. Integrative analysis of carbon structure and carbon sink function for major crop production in China's typical agriculture regions [J]. Journal of Cleaner Production, 162: 702-708.

SHEN W, CAO L, LI Q, et al., 2015. Quantifying $CO_2$ emissions from China's cement industry [J]. Renewable & Sustainable Energy Reviews, 50: 1004-1012.

SIEWERT M B, HANISCH J, WEISS N, et al., 2015. Comparing carbon storage of Siberian tundra and taiga permafrost ecosystems at very high spatial resolution [J]. Journal of Geophysical Research: Biogeosciences, 120 (10): 1973-1994.

SILESHI G W, 2014. A critical review of forest biomass estimation models, common mistakes and corrective measures [J]. Forest Ecology and Management, 329: 237-254.

SIMS D A, RAHMAN A F, CORDOVA V D, et al., 2008. A new model of gross primary productivity for North American ecosystems based solely on the enhanced vegetation index and land surface temperature from MODIS [J]. Remote Sensing of Environment, 112 (4): 1633-1646.

SITCH S, FRIEDLINGSTEIN P, GRUBER N, et al., 2015. Recent trends and drivers of regional sources and sinks of carbon dioxide [J]. Biogeosciences, 12 (3): 653-679.

SITCH S, SMITH B, PRENTICE I C, et al., 2003. Evaluation of ecosystem dynamics, plant geography and terrestrial carbon cycling in the LPJ dynamic global vegetation model [J]. Global Change Biology, 9 (2): 161-185.

SMIL V, 2011. Harvesting the biosphere: The human impact [J]. Population and Development Review, 37 (4): 613-636.

SMITH P, NABUURS G J, JANSSENS I A, et al., 2008. Sectoral approaches to improve regional carbon budgets [J]. Climatic Change, 88 (3-4): 209-249.

SOMMERS W T, LOEHMAN R A, HARDY C C, 2014. Wild land fire emissions, carbon, and climate: Science overview and knowledge needs [J]. Forest Ecology and Management, 317: 1-8.

SONG C, WANG G, SUN X, et al., 2016. Control factors and scale analysis of annual river water, sediments and carbon transport in China [J]. Scientific Reports, 6: 25963.

SONG X, CHEN Q, WANG K, et al., 2022. Nonlinear response of ecosystem respiration to gradient warming in paddy field in Northeast China [J]. Agricultural and Forest Meteorology, 312: 108721.

## 参考文献

SONG X, TIAN H, XU X, et al., 2013. Projecting terrestrial carbon sequestration of the southeastern United States in the 21st century [J]. Ecosphere, 4 (7): art88.

STEFFEN W, CANADELL J, APPS M, et al., 1998. The Terrestrial Carbon Cycle: Implications for the Kyoto Protocol [J]. Science, 280 (5368): 1393-1394.

STEINKAMP K, GRUBER N, 2015. Decadal trends of ocean and land carbon fluxes from a regional joint ocean-atmosphere inversion [J]. Global Biogeochemical Cycles, 29 (12): 2108-2126.

STOY P C, DIETZE M C, RICHARDSON A D, et al., 2013. Evaluating the agreement between measurements and models of net ecosystem exchange at different times and timescales using wavelet coherence: an example using data from the North American Carbon Program Site-Level Interim Synthesis [J]. Biogeosciences, 10 (11): 6893-6909.

SU H, FENG J, AXMACHER J C, et al., 2015. Asymmetric warming significantly affects net primary production, but not ecosystem carbon balances of forest and grassland ecosystems in northern China [J]. Scientific Reports, 5: 9115.

SUN Y, QU F, ZHU X, et al., 2020. Non-linear responses of net ecosystem productivity to gradient-warming in a paddy field in Northeast China [J]. PeerJ, 8: e9327.

SUO X, CAO S, 2021. Cost-benefit analysis of China's farming system [J]. Agronomy Journal, 113 (3): 2407-2416.

TAGESSON T, FENSHOLT R, CAPPELAERE B, et al., 2016. Spatiotemporal variability in carbon exchange fluxes across the Sahel [J]. Agricultural and Forest Meteorology, 226: 108-118.

TAGESSON T, TIAN F, SCHURGERS G, et al., 2021. A physiology-based Earth observation model indicates stagnation in the global gross primary production during recent decades [J]. Global Change Biology, 27 (4): 836-854.

TAMOOH F, MEYSMAN F J R, BORGES A V, et al., 2014. Sediment and carbon fluxes along a longitudinal gradient in the lower Tana River (Kenya) [J]. Journal of Geophysical Research: Biogeosciences: 2013JG002358.

TAN K, CIAIS P, PIAO S L, et al., 2010. Application of the ORCHIDEE global vegetation model to evaluate biomass and soil carbon stocks of Qinghai-Tibetan grasslands [J]. Global Biogeochemical Cycles, 24: Gb1013.

TANG J W, BOLSTAD P V, DESAI A R, et al., 2008. Ecosystem respiration and its components in an old-growth forest in the Great Lakes region of the United States [J]. Agricultural and Forest Meteorology, 148 (2): 171-185.

TANG J Y, ZHUANG Q L, 2008. Equifinality in parameterization of process-based biogeochemistry models: A significant uncertainty source to the estimation of regional carbon dynamics [J]. Journal of Geophysical Research-Biogeosciences, 113 (G4): G04010.

TANG X G, ZHOU Y L, LI H P, et al., 2020. Remotely monitoring ecosystem respiration from various grasslands along a large-scale east-west transect across northern China [J]. Carbon Balance and Management, 15 (1): 6.

TENG D X, HE X M, WANG J Z, et al., 2020. Uncertainty in gap filling and estimating the annual sum of carbon dioxide exchange for the desert Tugai forest, Ebinur Lake Basin, Northwest China [J]. PeerJ, 8: e8530.

TIAN H, LU C, CIAIS P, et al., 2016. The terrestrial biosphere as a net source of greenhouse gases to the atmosphere [J]. Nature, 531 (7593): 225-228.

TIAN H, MELILLO J, LU C, et al., 2011a. China's terrestrial carbon balance: Contributions from multiple global change factors [J]. Global Biogeochemical Cycles, 25 (1): GB1007.

TIAN H, XU X, LU C, et al., 2011b. Net exchanges of $CO_2$, $CH_4$, and $N_2O$ between China's terrestrial ecosystems and the atmosphere and their contributions to global climate warming [J]. Journal of Geophysical Research, 116 (G2): G02011.

TRAMONTANA G, JUNG M, SCHWALM C R, et al., 2016. Predicting carbon dioxide and energy fluxes across global FLUXNET sites with regression algorithms [J]. Biogeosciences, 13 (14): 4291-4313.

TRAORE A K, CIAIS P, VUICHARD N, et al., 2014. Evaluation of the ORCHIDEE ecosystem model over Africa against 25 years of satellite-based water and carbon measurements [J]. Journal of Geophysical Research: Biogeosciences, 119 (8): 2014JG002638.

TSURUTA A, AALTO T, BACKMAN L, et al., 2017. Global methane emission estimates for 2000-2012 from CarbonTracker Europe-CH4 v1.0 [J]. Geoscientific Model Development, 10 (3): 1261-1289.

TURNER D P, RITTS W D, STYLES J M, et al., 2006. A diagnostic carbon flux model to monitor the effects of disturbance and interannual variation in climate on regional NEP [J]. Tellus Series B - Chemical and physical Meteorology, 58 (5): 476-490.

TURNER D P, RITTS W D, WHARTON S, et al., 2015. Assessing FPAR source and parameter optimization scheme in application of a diagnostic carbon flux model [J]. Remote Sensing of Environment, 113 (7): 1529-1539.

UMAIR M, KIM D, RAY R L, et al., 2018. Estimating land surface variables and sensitivity analysis for CLM and VIC simulations using remote sensing products [J]. Science of the Total Environment, 633: 470-483.

VALENTINI R, MATTEUCCI G, DOLMAN A J, et al., 2000. Respiration as the main determinant of carbon balance in European forests [J]. Nature, 404 (6780): 861-865.

VAN DER WERF G R, RANDERSON J T, GIGLIO L, et al., 2010. Global fire emissions and the contribution of deforestation, savanna, forest, agricultural, and peat fires (1997-2009) [J]. Atmospheric Chemistry and Physics, 10 (23): 11707-11735.

VAN OOST K, QUINE T A, GOVERS G, et al., 2007. The impact of agricultural soil erosion on the global carbon cycle [J]. Science, 318 (5850): 626-629.

VAN VUUREN D P, SMITH S J, RIAHI K, 2010. Downscaling socioeconomic and emissions scenarios for global environmental change research: a review [J]. Wiley Interdisciplinary Reviews - Climate Change, 1 (3): 393-404.

VANDENBYGAART A J, KROETSCH D, GREGORICH E G, et al., 2012. Soil C erosion and burial in cropland [J]. Global Change Biology, 18 (4): 1441-1452.

VERMA M, FRIEDL M A, RICHARDSON A D, et al., 2014. Remote sensing of annual terrestrial gross primary productivity from MODIS: an assessment using the FLUXNET La Thuile data set [J]. Biogeosciences, 11 (8): 2185-2200.

VEROUSTRAETE F, SABBE H, EERENS H, 2002. Estimation of carbon mass fluxes over Europe using the C-Fix model and Euroflux data [J]. Remote Sensing of Environment, 83 (3): 376-399.

VERSPAGEN J M H, VAN DE WAAL D B, FINKE J F, et al., 2014. Contrasting effects of rising $CO_2$ on primary production and ecological stoichiometry at different nutrient levels [J]. Ecology Letters, 17 (8): 951-960.

WANG H, ZHANG J, HE L, et al., 2022. Monitoring and Assessing Gross Primary Productivity of Paddy Rice (*Oryza sativa*) Cropland in Southern China Between 2000 and 2015 [J]. International Journal of Plant Production, 16 (4): 579-593.

WANG H, ZHAO P, ZOU L L, et al., 2014a. $CO_2$ uptake of a mature Acacia mangium plantation estimated from sap flow measurements and stable carbon isotope discrimination [J]. Biogeosciences, 11 (5): 1393-1411.

WANG J, DONG J, LIU J, et al., 2014b. Comparison of Gross Primary Productivity Derived from GIMMS NDVI3g, GIMMS, and MODIS in Southeast Asia [J]. Remote Sensing, 6 (3): 2108-2133.

WANG J, JIN Z, HILTON R G, et al., 2016. Earthquake-triggered increase in biospheric carbon export from a mountain belt [J]. Geology, 44 (6): 471-474.

WANG Q, ZHENG H, ZHU X, et al., 2015. Primary estimation of Chinese terrestrial carbon sequestration during 2001-2010 [J]. Science Bulletin, 60 (6): 577-590.

WANG S, ZHANG Y, JU W, et al., 2021. Tracking the seasonal and inter-annual variations of global gross primary production during last four decades using satellite near-infrared reflectance data [J]. Science of the Total Environment, 755: 142569.

WANG X, 2016. Changes in $CO_2$ Emissions Induced by Agricultural Inputs in China over 1991-2014 [J]. Sustainability, 8 (5): 414.

WANG X, TAN K, CHEN B, et al., 2017a. Assessing the Spatiotemporal Variation and Impact Factors of Net Primary Productivity in China [J]. Scientific Reports, 7: 44415.

WANG Y, HU J, LI R, et al., 2023. Remote sensing of daily evapotranspiration and gross primaryproductivity of four forest ecosystems in East Asia using satellite multi-channel passive microwave measurements [J]. Agricultural and Forest Meteorology, 339: 109595.

WANG Y, ZHOU G, 2012. Light Use Efficiency over Two Temperate Steppes in Inner Mongolia, China [J]. PLoS One, 7 (8): e43614.

WANG Y D, WANG H M, MA Z Q, et al., 2009. Contribution of Aboveground Litter Decomposition to Soil Respiration in a Subtropical Coniferous Plantation in Southern China [J]. Asia-Pacific Journal of Atmospheric Sciences, 45 (2): 137-147.

WANG Y P, LAW R M, PAK B, 2010. A global model of carbon, nitrogen and phosphorus cycles for the terrestrial biosphere [J]. Biogeosciences, 7 (7): 2261-2282.

WANG Y P, LEUNING R, 1998. A two-leaf model for canopy conductance, photosynthesis and partitioning of available energy I: Model description and comparison with a multi-layered model [J]. Agricultural and Forest Meteorology, 91 (1-2): 89-111.

WANG Z, HOFFMANN T, SIX J, et al., 2017b. Human-induced erosion has offset one-third of carbon emissions from land cover change [J]. Nature Climate Change, 7 (5): 345-349.

WANG Z Q, 2019. Estimating of terrestrial carbon storage and its internal carbon exchange under equilibrium state [J]. Ecological Modelling, 401: 94-110.

WEI Y, LIU S, HUNTZINGER D N, et al., 2014. The North American Carbon Program Multi-scale Synthesis and Terrestrial Model Intercomparison Project-Part 2: Environmental driver data [J]. Geoscientific Model Development, 7 (6): 2875-2893.

WELP L R, KEELING R F, MEIJER H A J, et al., 2011. Interannual variability in the oxygen isotopes of atmospheric $CO_2$ driven by El Nino [J]. Nature, 477 (7366): 579-582.

WI S, RAY P, DEMARIA E M C, et al., 2017. A user-friendly software package for VIC hydrologic model development [J]. Environmental Modelling & Software, 98: 35-53.

WILEY E, ROGERS B J, HODGKINSON R, et al., 2016. Nonstructural carbohydrate dynamics of lodgepole pine dying from mountain pine beetle attack [J]. New Phytologist, 209 (2): 550-562.

WIRSENIUS S, 2003. The Biomass Metabolism of the Food System: A model-based survey of the global and regional turnover of food biomass [J]. Journal of Industrial Ecology, 7 (1): 47-80.

WMO, 2015. WMO Greenhouse Gas Bulletin (GHG Bulletin) - No. 11: The State of Greenhouse Gases in the Atmosphere Based on Global Observations through 2014 [R], Geneva.

WMO, 2016. WMO Statement on the status of the global climate in 2015 [R], Geneva.

WOHLFAHRT G, BRILLI F, HOERTNAGL L, et al., 2012. Carbonyl sulfide (COS) as a tracer for canopy photosynthesis, transpiration and stomatal conductance: potential and limitations [J]. Plant Cell and Environment, 35 (4): 657-667.

WOHLFAHRT G, GU L, 2015. The many meanings of gross photosynthesis and their implication for photosynthesis research from leaf to globe [J]. Plant Cell and Environment, 38 (12): 2500-2507.

WOLF J, WEST T O, LE PAGE Y, et al., 2015. Biogenic carbon fluxes from global agricultural production and consumption [J]. Global Biogeochemical Cycles, 29 (10): 1617-1639.

WU C, CHEN K, E C, et al., 2022. Improved CASA model based on satellite remote sensing data: simulating net primary productivity of Qinghai Lake basin alpine grassland [J]. Geoscientific Model Development, 15 (17): 6919-6933.

WU C, GONSAMO A, ZHANG F, et al., 2014a. The potential of the greenness and radiation (GR) model to interpret 8-day gross primary production of vegetation [J]. ISPRS Journal of Photogrammetry and Remote Sensing, 88: 69-79.

WU C, NIU Z, GAO S, 2010a. Gross primary production estimation from MODIS data with vegetation index and photosynthetically active radiation in maize [J]. Journal of Geophysical Research, 115 (D12): D12127.

WU C, ZHANG Y, XU X, et al., 2014b. Influence of interactions between litter decomposition and rhizosphere activity on soil respiration and on the temperature sensitivity in a subtropical montane forest in SW China [J]. Plant and Soil, 381 (1-2): 215-224.

WU J, VAN DER LINDEN L, LASSLOP G, et al., 2012. Effects of climate variability and functional changes on the interannual variation of the carbon balance in a temperate deciduous forest [J]. Biogeosciences, 9 (1): 13-28.

WU J, ZHANG X, WANG H, et al., 2010b. Respiration of downed logs in an old-growth temperate forest in north-eastern China [J]. Scandinavian Journal of Forest Research, 25 (6): 500-506.

WU W X, WANG S Q, XIAO X M, et al., 2008. Modeling gross primary production of a temperate grassland ecosystem in Inner Mongolia, China, using MODIS imagery and climate data [J]. Science in China Series D - Earth Sciences, 51 (10): 1501-1512.

WU X, BABST F, CIAIS P, et al., 2014c. Climate-mediated spatiotemporal variability in terrestrial productivity across Europe [J]. Biogeosciences, 11 (11): 3057-3068.

XI F, DAVIS S J, CIAIS P, et al., 2016. Substantial global carbon uptake by cement carbonation [J]. Nature Geoscience, 9 (12): 880-883.

XIA J, NIU S, CIAIS P, et al., 2015. Joint control of terrestrial gross primary productivity by plant phenology and physiology [J]. Proceedings of the National Academy of Sciences, 112 (9): 2788-2793.

XIAO J, CHEVALLIER F, GOMEZ C, et al., 2019. Remote sensing of the terrestrial carbon cycle: A review of advances over 50 years [J]. Remote Sensing of Environment, 233: 111383.

XIAO J, OLLINGER S V, FROLKING S, et al., 2014. Data-driven diagnostics of terrestrial carbon dynamics over North America [J]. Agricultural and Forest Meteorology, 197: 142-157.

XIAO J F, ZHUANG Q L, LAW B E, et al., 2010. A continuous measure of gross primary production for the conterminous United States derived from MODIS and AmeriFlux data [J]. Remote Sensing of

Environment, 114 (3): 576-591.

XIAO X M, ZHANG Q Y, BRASWELL B, et al., 2004. Modeling gross primary production of temperate deciduous broadleaf forest using satellite images and climate data [J]. Remote Sensing of Environment, 91 (2): 256-270.

XIE Z, WANG L, JIA B, et al., 2016. Measuring and modeling the impact of a severe drought on terrestrial ecosystem $CO_2$ and water fluxes in a subtropical forest [J]. Journal of Geophysical Research: Biogeosciences, 121 (10): 2576-2587.

XIN Q, DAI Y, LIU X, 2019. A simple time-stepping scheme to simulate leaf area index, phenology, and gross primary production across deciduous broadleaf forests in the eastern United States [J]. Biogeosciences, 16 (2): 467-484.

XING Z, BOURQUE C P A, MENG F R, et al., 2008. Process-based model designed for filling of large data gaps in tower-based measurements of net ecosystem productivity [J]. Ecological Modelling, 213 (2): 165-179.

XU S, WANG R, GASSER T, et al., 2022. Delayed use of bioenergy crops might threaten climate and food security [J]. Nature, 609 (7926): 299-306.

XU Z, HAN Y, YANG Z, 2019. Dynamical downscaling of regional climate: A review of methods and limitations [J]. Science China-Earth Sciences, 62 (2): 365-375.

XU Z W, YU G R, ZHANG X Y, et al., 2015. The variations in soil microbial communities, enzyme activities and their relationships with soil organic matter decomposition along the northern slope of Changbai Mountain [J]. Applied Soil Ecology, 86: 19-29.

XUE L, LIU X, LU S, et al., 2021. China's food loss and waste embodies increasing environmental impacts [J]. Nature Food, 2 (7): 519-528.

YAMASHITA Y, NAKANE M, MORI Y, et al., 2022. Fate of dissolved black carbon in the deep Pacific Ocean [J]. Nature Communications, 13 (1): 307.

YAN X, AKIYAMA H, YAGI K, et al., 2009. Global estimations of the inventory and mitigation potential of methane emissions from rice cultivation conducted using the 2006 Intergovernmental Panel on Climate Change Guidelines [J]. Global Biogeochemical Cycles, 23 (2): GB2002.

YANG B, 2022. The Impact of Climate Factors on Alaska Fire Carbon Emission from 2001 to 2018 [C] //2nd International Conference on Applied Mathematics, Modelling, and Intelligent Computing (CAMMIC). Proceedings of SPIE, Electr Network.

YANG X, WITTIG V, JAIN A K, et al., 2009. Integration of nitrogen cycle dynamics into the Integrated Science Assessment Model for the study of terrestrial ecosystem responses to global change [J]. Global Biogeochemical Cycles, 23 (4): GB4029.

YANG Y, SHANG S, GUAN H, et al., 2013. A novel algorithm to assess gross primary production for terrestrial ecosystems from MODIS imagery [J]. Journal of Geophysical Research: Biogeosciences, 118 (2): 590-605.

YAO Y T, LI Z J, WANG T, et al., 2018a. A new estimation of China's net ecosystem productivity based on eddy covariance measurements and a model tree ensemble approach [J]. Agricultural and Forest Meteorology, 253: 84-93.

YAO Y T, WANG X H, LI Y, et al., 2018b. Spatiotemporal pattern of gross primary productivity and its covariation with climate in China over the last thirty years [J]. Global Change Biology, 24 (1): 184-196.

YI Y, KIMBALL J S, JONES L A, et al., 2013. Recent climate and fire disturbance impacts on boreal and arctic ecosystem productivity estimated using a satellite-based terrestrial carbon flux model [J].

Journal of Geophysical Research: Biogeosciences, 118 (2): 606 - 622.

YING L, KE F, 2012. Improve the prediction of summer precipitation in the Southeastern China by a hybrid statistical downscaling model [J]. Meteorology and Atmospheric Physics, 117 (3 - 4): 121 - 134.

YOO C, JUNGHO I, PARK S, et al., 2020. Spatial Downscaling of MODIS Land Surface Temperature: Recent Research Trends, Challenges, and Future Directions [J]. Korean Journal of Remote Sensing, 36 (4): 609 - 626.

YU G R, ZHU X J, FU Y L, et al., 2013. Spatial patterns and climate drivers of carbon fluxes in terrestrial ecosystems of China [J]. Global Change Biology, 19 (3): 798 - 810.

YU G, CHEN Z, ZHANG L, et al., 2017. Recognizing the Scientific Mission of Flux Tower Observation Networks—Lay the Solid Scientific Data Foundation for Solving Ecological Issues Related to Global Change [J]. Journal of Resources and Ecology, 8 (2): 115 - 120.

YU G, REN W, CHEN Z, et al., 2016. Construction and progress of Chinese terrestrial ecosystem carbon, nitrogen and water fluxes coordinated observation [J]. Journal of Geographical Sciences, 26 (7): 803 - 826.

YU G R, WEN X F, SUN X M, et al., 2006. Overview of ChinaFLUX and evaluation of its eddy covariance measurement [J]. Agricultural and Forest Meteorology, 137 (3 - 4): 125 - 137.

YU R, YAO Y, TANG Q, et al., 2023. Coupling a light use efficiency model with a machine learning - based water constraint for predicting grassland gross primary production [J]. Agricultural and Forest Meteorology, 341: 109634.

YUAN H, DAI Y, XIAO Z, et al., 2011a. Reprocessing the MODIS Leaf Area Index products for land surface and climate modelling [J]. Remote Sensing of Environment, 115 (5): 1171 - 1187.

YUAN W, CAI W, NGUY - ROBERTSON A L, et al., 2015. Uncertainty in simulating gross primary production of cropland ecosystem from satellite - based models [J]. Agricultural and Forest Meteorology, 207: 48 - 57.

YUAN W, CAI W, XIA J, et al., 2014. Global comparison of light use efficiency models for simulating terrestrial vegetation gross primary production based on the LaThuile database [J]. Agricultural and Forest Meteorology, 192 - 193: 108 - 120.

YUAN W, LUO Y, LI X, et al., 2011b. Redefinition and global estimation of basal ecosystem respiration rate [J]. Global Biogeochemical Cycles, 25 (4): GB4002.

YUAN W P, LIU S, ZHOU G S, et al., 2007. Deriving a light use efficiency model from eddy covariance flux data for predicting daily gross primary production across biomes [J]. Agricultural and Forest Meteorology, 143 (3 - 4): 189 - 207.

YUE C, CIAIS P, ZHU D, et al., 2016a. How have past fire disturbances contributed to the current carbon balance of boreal ecosystems? [J]. Biogeosciences, 13 (3): 675 - 690.

YUE Y, NI J R, CIAIS P, et al., 2016b. Lateral transport of soil carbon and land - atmosphere $CO_2$ flux induced by water erosion in China [J]. Proceedings of the National Academy of Sciences of the United States of America, 113 (24): 6617 - 6622.

YVON - DUROCHER G, ALLEN A P, BASTVIKEN D, et al., 2014. Methane fluxes show consistent temperature dependence across microbial to ecosystem scales [J]. Nature, 507 (7493): 488 - 491.

ZAMANIAN K, PUSTOVOYTOV K, KUZYAKOV Y, 2016. Pedogenic carbonates: Forms and formation processes [J]. Earth - Science Reviews, 157: 1 - 17.

ZAMPIERI M, SERPETZOGLOU E, ANAGNOSTOU E N, et al., 2012. Improving the representation of river - groundwater interactions in land surface modeling at the regional scale: Observational evidence and parameterization applied in the Community Land Model [J]. Journal of Hydrology, 420: 72-86.

ZENG J Y, MATSUNAGA T, TAN Z H, et al., 2020. Global terrestrial carbon fluxes of 1999-2019 estimated by upscaling eddy covariance data with a random forest [J]. Scientific Data, 7 (1): 313.

ZENG N, 2003. Glacial-interglacial atmospheric $CO_2$ change-The glacial burial hypothesis [J]. Advances in Atmospheric Sciences, 20 (5): 677-693.

ZENG N, MARIOTTI A, WETZEL P, 2005. Terrestrial mechanisms of interannual $CO_2$ variability [J]. Global Biogeochemical Cycles, 19 (1): GB002273.

ZHANG F, LI C, WANG Z, et al., 2016a. Long-term effects of management history on carbon dynamics in agricultural soils in Northwest China [J]. Environmental Earth Sciences, 75 (1): 65.

ZHANG H F, CHEN B Z, VAN DER LAAN-LUIJKX I T, et al., 2014a. Net terrestrial $CO_2$ exchange over China during 2001-2010 estimated with an ensemble data assimilation system for atmospheric $CO_2$ [J]. Journal of Geophysical Research: Atmospheres, 119 (6): 2013JD021297.

ZHANG J, LEE X, SONG G, et al., 2011. Pressure correction to the long-term measurement of carbon dioxide flux [J]. Agricultural and Forest Meteorology, 151 (1): 70-77.

ZHANG L, GUO H, JIA G, et al., 2014b. Net ecosystem productivity of temperate grasslands in northern China: An upscaling study [J]. Agricultural and Forest Meteorology, 184: 71-81.

ZHANG T, ZHANG Y, XU M, et al., 2016b. Ecosystem response more than climate variability drives theinter-annual variability of carbon fluxes in three Chinese grasslands [J]. Agricultural and Forest Meteorology, 225: 48-56.

ZHANG Y, QIN D, YUAN W, et al., 2016c. Historical trends of forest fires and carbon emissions in China from 1988 to 2012 [J]. Journal of Geophysical Research-Biogeosciences, 121 (9): 2506-2517.

ZHANG Y, YU G, YANG J, et al., 2014c. Climate-driven global changes in carbon use efficiency [J]. Global Ecology and Biogeography, 23 (2): 144-155.

ZHANG Z, BABST F, BELLASSEN V, et al., 2017. Converging climate sensitivities of European forests between observed radial tree growth and vegetation models [J]. Ecosystems, 21 (3): 410-425.

ZHANG Z, CHATTERJEE A, OTT L, et al., 2022. Effect of assimilating SMAP soil moisture on $CO_2$ and $CH_4$ fluxes through direct insertion in a land surface model [J]. Remote Sensing, 14 (10): 2405.

ZHAO M S, RUNNING S W, 2010. Drought-induced reduction in global terrestrial net primary production from 2000 through 2009 [J]. Science, 329 (5994): 940-943.

ZHAO P, LU P, MA L, et al., 2005. Combining sap flow measurement-based canopy stomatal conductance and $^{13}C$ discrimination to estimate forest carbon assimilation [J]. Chinese Science Bulletin, 50 (18): 2021-2027.

ZHENG D, HEATH L S, DUCEY M J, et al., 2011. Carbon changes in conterminous US forests associated with growth and major disturbances: 1992-2001 [J]. Environmental Research Letters, 6 (1): 019502.

ZHENG J H, ZHANG Y J, WANG X H, et al., 2023. Estimation of Net Ecosystem Productivity on the Tibetan Plateau Grassland from 1982 to 2018 Based on Random Forest Model [J]. Remote Sensing, 15 (9): 2375.

ZHOU S, CHEN T, ZENG N, et al., 2022. The impact of cropland abandonment of post-soviet countries on the terrestrial carbon cycle based on optimizing the cropland distribution map [J]. Biology-Basel, 11 (5): 620.

ZHU D D, LIU J L, QIAO S Z, 2016a. Recent advances in inorganic heterogeneous electrocatalysts for reduction of carbon dioxide [J]. Advanced Materials, 28 (18): 3423-3452.

ZHU Q, LIU J, PENG C, et al., 2014a. Modelling methane emissions from natural wetlands by development and application of the TRIPLEX – GHG model [J]. Geoscientific Model Development, 7 (3): 981 – 999.

ZHU Q, PENG C, CHEN H, et al., 2015. Estimating global natural wetland methane emissions using process modelling: spatio – temporal patterns and contributions to atmospheric methane fluctuations [J]. Global Ecology and Biogeography, 24 (8): 959 – 972.

ZHU Q, ZHUANG Q L, 2014. Parameterization and sensitivity analysis of a process – based terrestrial ecosystem model using adjoint method [J]. Journal of Advances in Modeling Earth Systems, 6 (2): 315 – 331.

ZHU W, ZHAO C, XIE Z, 2023a. An end – to – end satellite – based GPP estimation model devoid of meteorological and land cover data [J]. Agricultural and Forest Meteorology, 331: 109337.

ZHU X J, QU F Y, FAN R X, et al., 2022. Effects of ecosystem types on the spatial variations in annual gross primary productivity over terrestrial ecosystems of China [J]. Science of the Total Environment, 833: 155242.

ZHU X J, YU G R, CHEN Z, et al., 2023b. Mapping Chinese annual gross primary productivity with eddy covariance measurements and machine learning [J]. Science of the Total Environment, 857: 159390.

ZHU X J, YU G R, CHEN Z, et al., 2023c. Ecosystem responses dominate the trends of annual gross primary productivity over terrestrial ecosystems of China during 2000 – 2020 [J]. Agricultural and Forest Meteorology, 343: 109758.

ZHU X J, YU G R, HE H L, et al., 2014b. Geographical statistical assessments of carbon fluxes in terrestrial ecosystems of China: Results from upscaling network observations [J]. Global and Planetary Change, 118: 52 – 61.

ZHU X J, YU G R, WANG Q F et al., 2016b. Approaches of climate factors affecting the spatial variation of annual gross primary productivity among terrestrial ecosystems in China [J]. Ecological Indicators, 62: 174 – 181.

ZHU X J, ZHANG H Q, GAO Y N, et al., 2018. Assessing the regional carbon sink with its forming processes – a case study of Liaoning province, China [J]. Scientific Reports, 8 (1): 15161.

ZHU X J, ZHANG H Q, ZHAO T H, et al., 2017. Divergent drivers of the spatial and temporal variations of cropland carbon transfer in Liaoning province, China [J]. Scientific Reports, 7 (1): 13095.

ZHU X, HE H, LIU M, et al., 2010. Spatio – temporal variation of photosynthetically active radiation in China in recent 50 years [J]. Journal of Geographical Sciences, 20 (6): 803 – 817.

ZHU X, HE H, MA M, et al., 2020. Estimating ecosystem respiration in the grasslands of Northern China using machine learning: model evaluation and comparison [J]. Sustainability, 12 (5): 2099.

ZHUANG Q, HE J, LU Y, et al., 2010. Carbon dynamics of terrestrial ecosystems on the Tibetan Plateau during the 20th century: an analysis with a process – based biogeochemical model [J]. Global Ecology and Biogeography, 19 (5): 649 – 662.

ZHUANG Q, MCGUIRE A D, MELILLO J M, et al., 2003. Carbon cycling in extratropical terrestrial ecosystems of the Northern Hemisphere during the 20th century: a modeling analysis of the influences of soil thermal dynamics [J]. Tellus Series B – Chemical and physical Meteorology, 55 (3): 751 – 776.

ZOBACK M D, GORELICK S M, 2012. Earthquake triggering and large – scale geologic storage of carbon dioxide [J]. Proceedings of the National Academy of Sciences of the United States of America, 109 (26): 10164 – 10168.

ZONDERVAN J R, HILTON R G, DELLINGER M, et al., 2023. Rock organic carbon oxidation $CO_2$ release offsets silicate weathering sink [J]. Nature, 623: 329 – 333.

# 彩 图

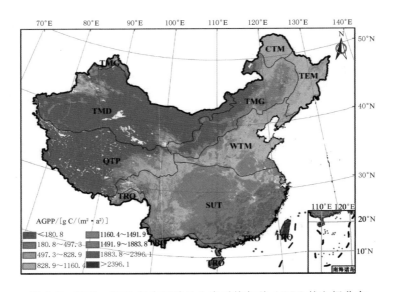

图 3.3　2000—2011 年中国陆地生态系统年总 AGPP 的空间分布
SUT—亚热带常绿阔叶林区；TRO—热带季雨林区；WTM—暖温带落叶阔叶林区；TMD—温带荒漠区；
CTM—冷温带针叶林区；QTP—青藏高原区；TEM—温带针阔混交林区；TMG—温带草地区

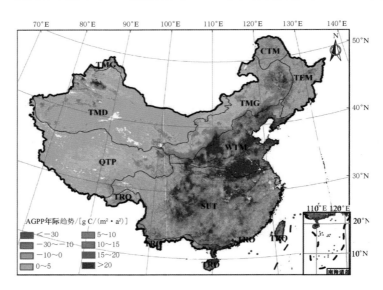

图 3.10　2000—2011 年中国陆地生态系统 AGPP 年际趋势的空间分布
SUT—亚热带常绿阔叶林区；TRO—热带季雨林区；WTM—暖温带落叶阔叶林区；TMD—温带荒漠区；
CTM—冷温带针叶林区；QTP—青藏高原区；TEM—温带针阔混交林区；TMG—温带草地区

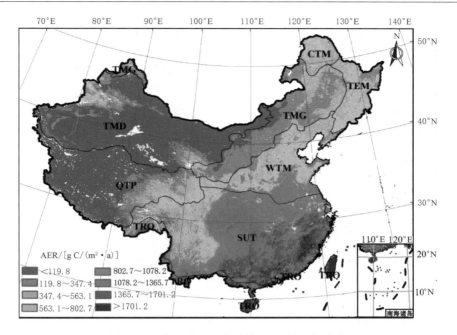

图 3.18 中国陆地生态系统 AER 的空间分布

SUT—亚热带常绿阔叶林区；TRO—热带季雨林区；WTM—暖温带落叶阔叶林区；TMD—温带荒漠区；
CTM—冷温带针叶林区；QTP—青藏高原区；TEM—温带针阔混交林区；TMG—温带草地区

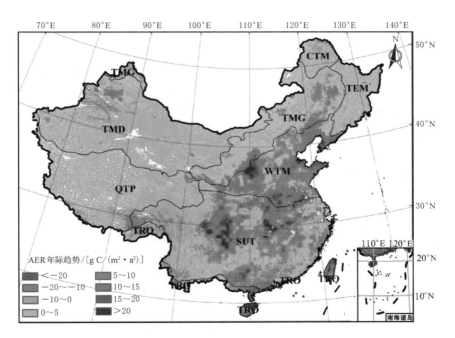

图 3.25 中国 AER 年际趋势的空间分布

SUT—亚热带常绿阔叶林区；TRO—热带季雨林区；WTM—暖温带落叶阔叶林区；TMD—温带荒漠区；
CTM—冷温带针叶林区；QTP—青藏高原区；TEM—温带针阔混交林区；TMG—温带草地区

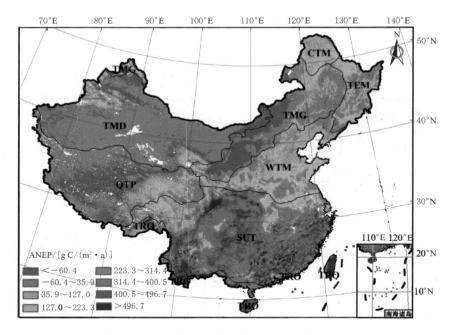

图 3.33 中国陆地生态系统 ANEP 的空间分布

SUT—亚热带常绿阔叶林区；TRO—热带季雨林区；WTM—暖温带落叶阔叶林区；TMD—温带荒漠区；
CTM—冷温带针叶林区；QTP—青藏高原区；TEM—温带针阔混交林区；TMG—温带草地区

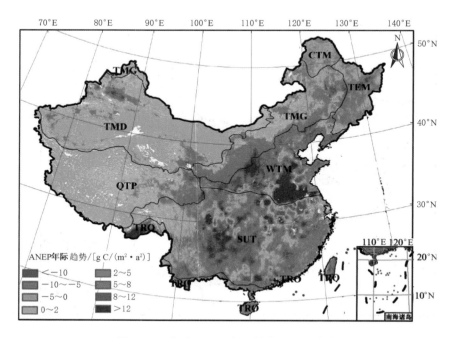

图 3.40 中国 ANEP 年际趋势的空间分布

SUT—亚热带常绿阔叶林区；TRO—热带季雨林区；WTM—暖温带落叶阔叶林区；TMD—温带荒漠区；
CTM—冷温带针叶林区；QTP—青藏高原区；TEM—温带针阔混交林区；TMG—温带草地区

彩图

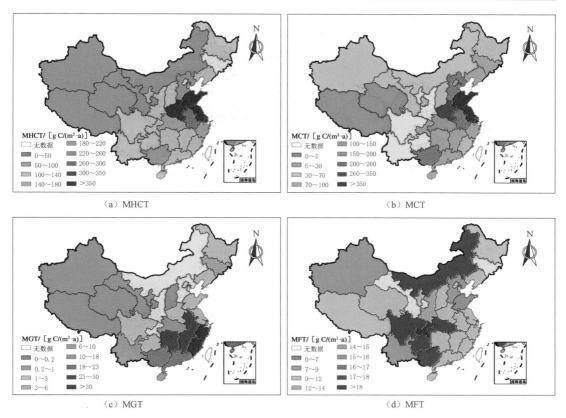

图 4.1 人为干扰碳输出强度（MHCT）及其组分的空间分布
[缺失干草产量的省份，其碳输出强度采用全国其他所有省份的干草产量（全国产量－已知省份产量之和）除以所有缺失省份的面积得到平均强度来替代]

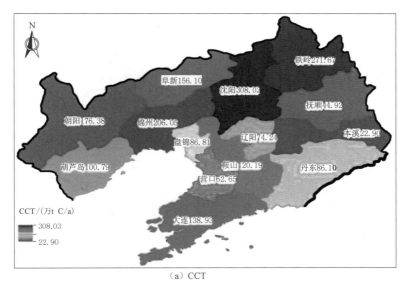

（a）CCT

图 4.3（一） 1992—2014 年辽宁省农田碳输出量及其组分的空间分布

201

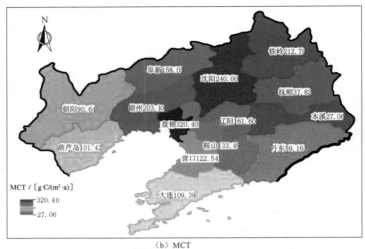

(b) MCT

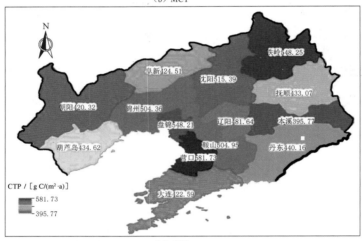

(c) CTP

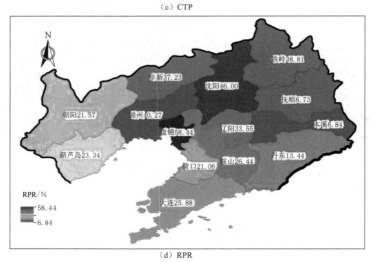

(d) RPR

图 4.3（二） 1992—2014 年辽宁省农田碳输出量及其组分的空间分布

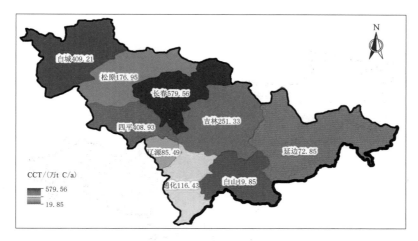

图 4.6　1991—2015 年吉林省各地市 CCT 的空间分布

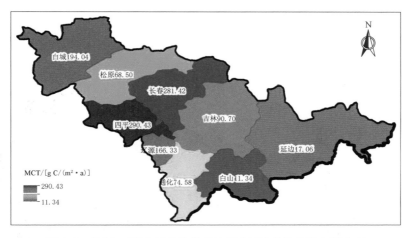

图 4.7　1991—2015 年吉林省各地市 MCT 平均值的空间分布

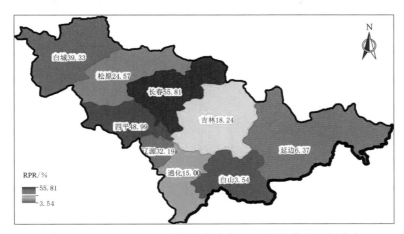

图 4.8　1991—2015 年吉林省各地市 RPR 平均值的空间分布

彩图

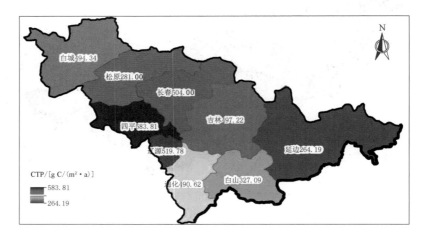

图 4.9　1991—2015 年吉林省各地市 CTP 平均值的空间分布

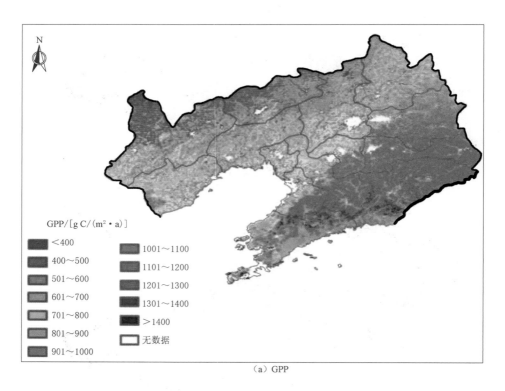

(a) GPP

图 5.4（一）　辽宁省陆地生态系统碳汇及其形成过程中各通量的空间分布
(Zhu et al., 2018)

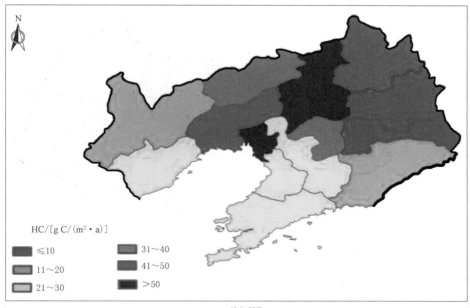

(b) HC

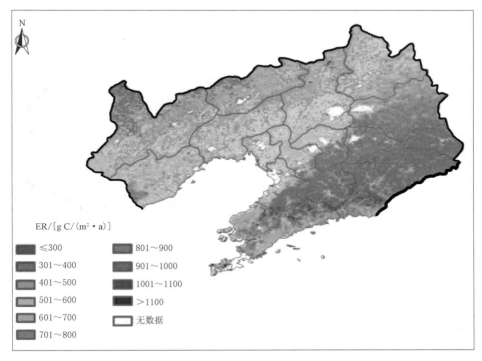

(c) ER

图 5.4（二） 辽宁省陆地生态系统碳汇及其形成过程中各通量的空间分布
（Zhu et al.，2018）

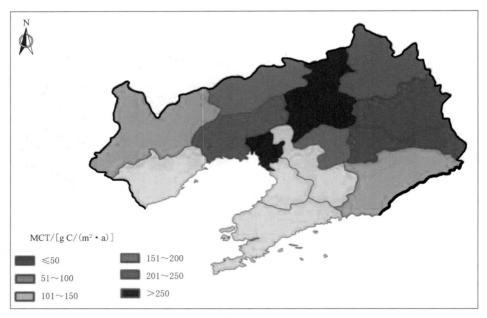

(d) MCT

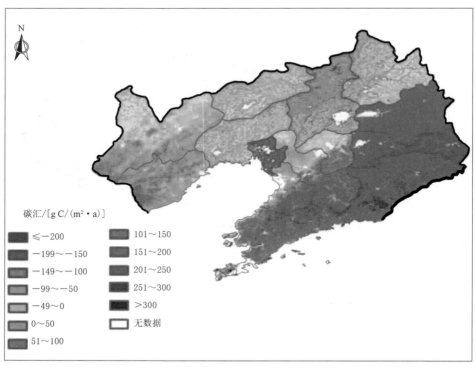

(e) 碳汇

图 5.4（三） 辽宁省陆地生态系统碳汇及其形成过程中各通量的空间分布
(Zhu et al., 2018)

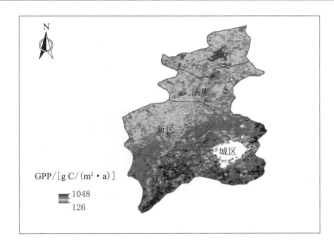

图 5.8　2000—2014 年沈阳市陆地生态系统 GPP 的空间分布

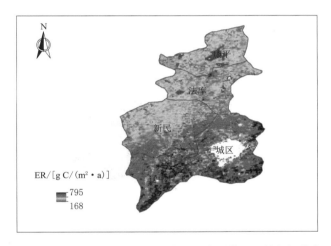

图 5.9　2000—2014 年沈阳市陆地生态系统 ER 的空间分布

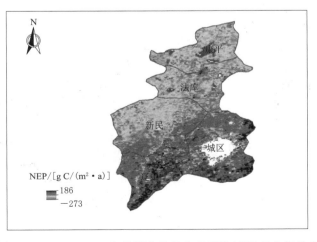

图 5.10　2000—2014 年沈阳市陆地生态系统 NEP 的空间分布

彩图

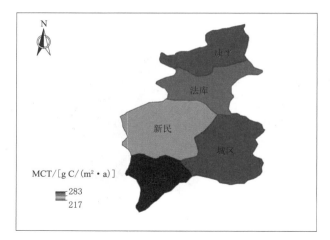

图 5.11　2000—2014 年沈阳市陆地生态系统 MCT 的空间分布

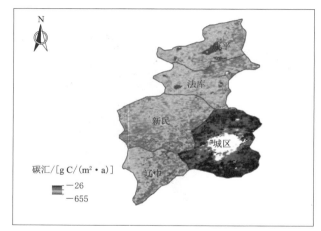

图 5.12　2000—2014 年沈阳市陆地生态系统碳汇的空间分布

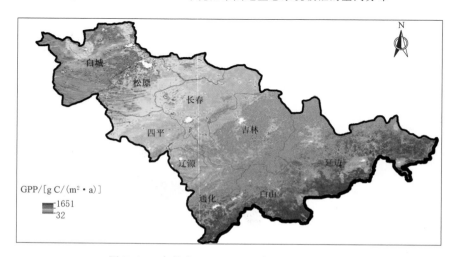

图 5.13　吉林省 2000—2015 年 GPP 空间分布

彩图

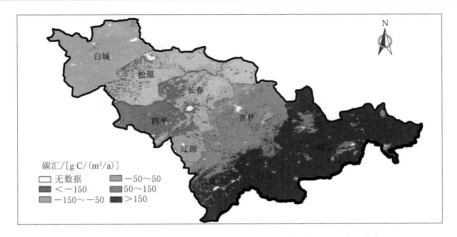

图 5.17 2000—2015 年吉林省各地市年均碳汇的空间分布

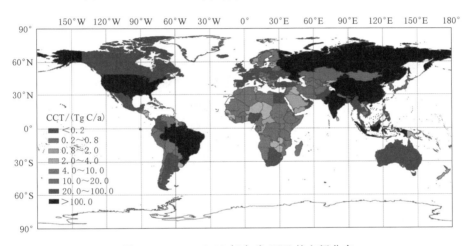

图 6.6 1961—2021 年全球 CCT 的空间分布

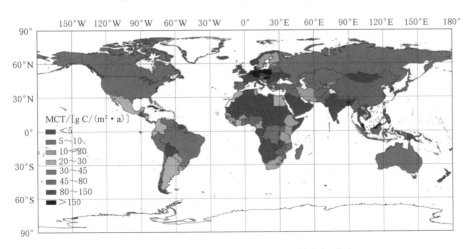

图 6.7 1961—2021 年全球 MCT 的空间分布

彩图

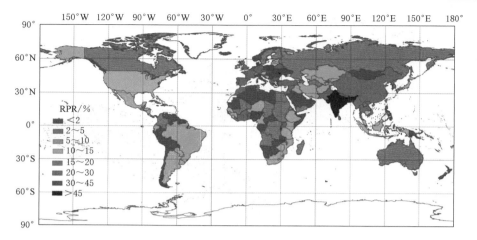

图 6.8　1961—2021 年全球 RPR 的空间分布

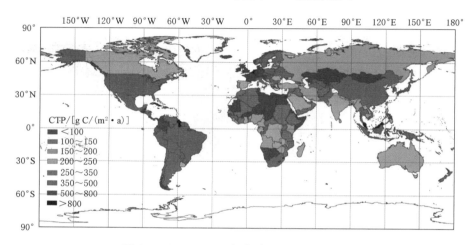

图 6.9　1961—2021 年全球 CTP 的空间分布

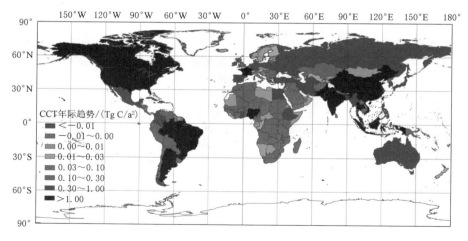

图 6.12　全球 CCT 年际趋势的空间分布

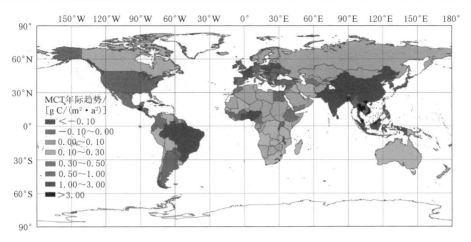

图 6.13　全球 MCT 年际趋势的空间分布

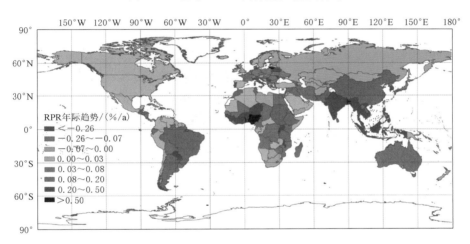

图 6.14　全球 RPR 年际变异趋势的空间分布

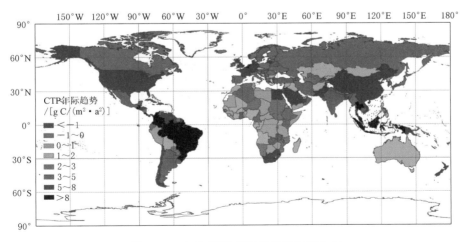

图 6.15　全球 CTP 年际趋势的空间分布

彩图

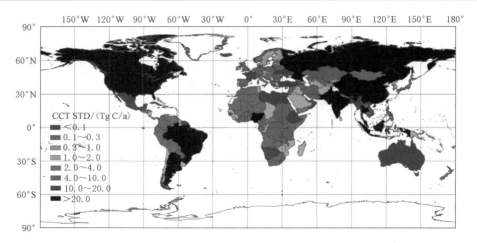

图 6.16　全球 CCT 年际变异幅度（STD）的空间分布

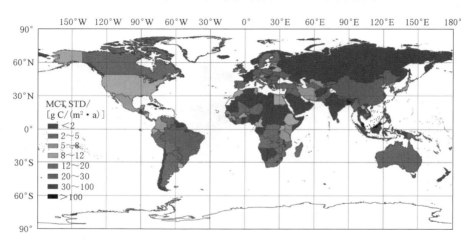

图 6.17　全球 MCT 年际变异幅度（STD）的空间分布

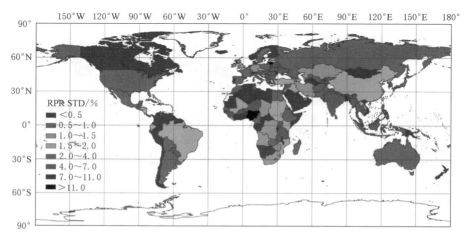

图 6.18　全球 RPR 年际变异幅度（STD）的空间分布

彩图

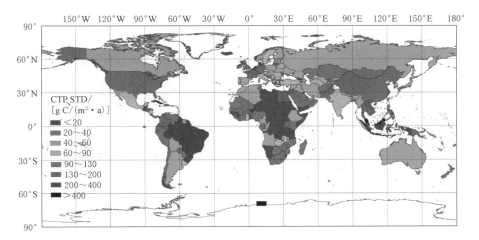

图 6.19　全球 CTP 年际变异幅度（STD）的空间分布

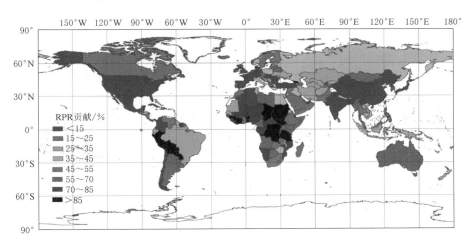

图 6.20　RPR 对 MCT 年际变异贡献的空间分布

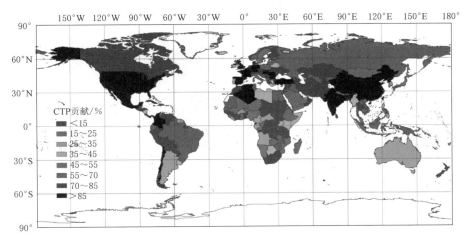

图 6.21　CTP 对 MCT 年际变异贡献的空间分布

213

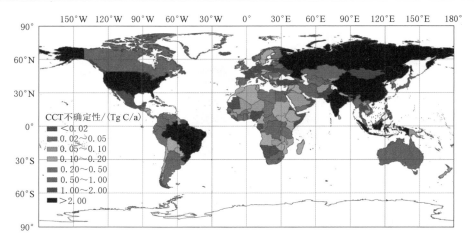

图 6.24　1961—2021 年全球 CCT 不确定性的空间分布

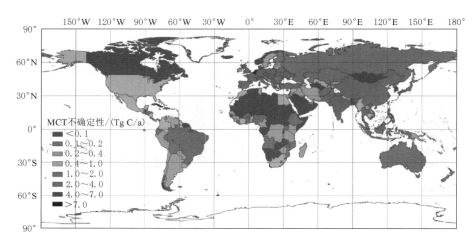

图 6.25　1961—2021 年全球 MCT 不确定性的空间分布

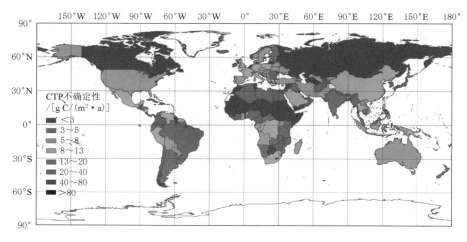

图 6.26　1961—2021 年全球 CTP 不确定性的空间分布

彩图

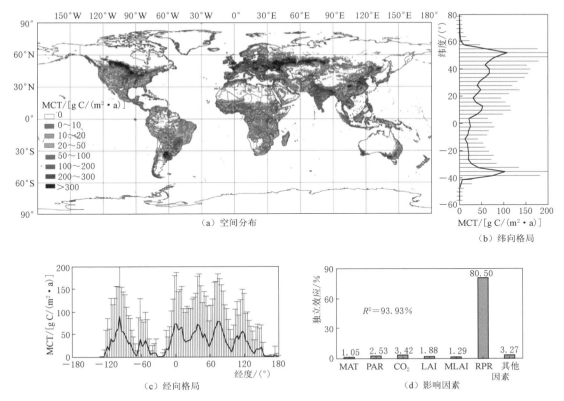

图 6.28　2000—2021 年全球 MCT 的空间分布、
纬向及经向格局和影响因素

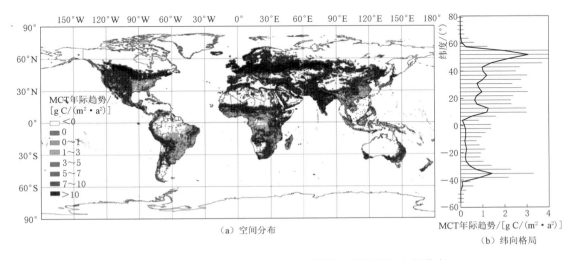

图 6.29（一）　2000—2021 年全球 MCT 年际趋势的空间分布、
纬向及经向格局和影响因素

215

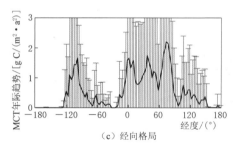

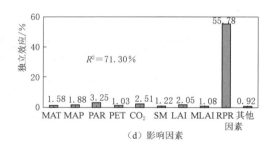

图 6.29（二） 2000—2021 年全球 MCT 年际趋势的空间分布、
纬向及经向格局和影响因素

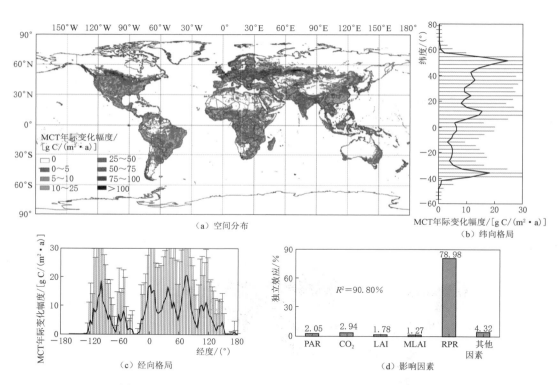

图 6.30　2000—2021 年全球 MCT 年际变化幅度的空间分布、
纬向及经向格局和影响因素